全国土壤污染状况详查技术与方法系列丛书

全国农用地土壤污染状况详查技术与方法

生态环境部土壤生态环境司
全国土壤污染状况详查工作办公室
编著

中国环境出版集团·北京

图书在版编目（CIP）数据

全国农用地土壤污染状况详查技术与方法/生态环境部土壤生态环境司，全国土壤污染状况详查工作办公室编著. —北京：中国环境出版集团，2023.11

（全国土壤污染状况详查技术与方法系列丛书）

ISBN 978-7-5111-5717-1

Ⅰ. ①全… Ⅱ. ①生…②全… Ⅲ. ①农业用地—污染土壤—调查方法—中国 Ⅳ. ①X53

中国国家版本馆 CIP 数据核字（2023）第 237018 号

出 版 人 武德凯
责任编辑 葛 莉 史雯雅
加工编辑 王 洋
封面设计 彭 杉

扫码获取本书视频资源

出版发行 中国环境出版集团
（100062 北京市东城区广渠门内大街 16 号）
网 址：http://www.cesp.com.cn
电子邮箱：bjgl@cesp.com.cn
联系电话：010-67112765（编辑管理部）
发行热线：010-67125803，010-67113405（传真）

印 刷 北京鑫益晖印刷有限公司
经 销 各地新华书店
版 次 2023 年 11 月第 1 版
印 次 2023 年 11 月第 1 次印刷
开 本 787×1092 1/16
印 张 17.5
字 数 327 千字
定 价 148.00 元

全国土壤污染状况详查技术与方法系列丛书

编 委 会

《全国农用地土壤污染状况详查技术与方法》

著者及参编单位名单

主要著者： 林玉锁　王国庆　吕春生　单艳红　成杭新　郧文聚　郑顺安
安　毅　王文杰　孙　丽　李勖之　师华定　孙在金　杜　兵
夏　新　姜晓旭　李宗超

著者成员（按姓氏笔画排序）：

王文杰　王　永　王国庆　王　维　尹爱经　田志仁　冯艳红
石海佳　吕春生　刘　飞　刘寒冰　刘　菁　孙在金　孙　丽
安　毅　师华定　成杭新　朱玮玮　朱超飞　吴泽嬴　吴颖欣
应蓉蓉　张　亚　张晓雨　张蕾娜　李名升　李宗超　李奕杰
李晓华　李菊梅　李勖之　杜　兵　杜俊洋　杜蕴慧　杨　兵
杨　楠　单艳红　周亚龙　周笑白　周静妍　屈　冉　林玉锁
武丽娜　芦园园　陆晓松　陈　征　陈运帷　姜晓旭　封　雪
胡大鹏　费伟良　赵晓军　赵彩衣　郧文聚　郑丽萍　郑顺安
柴西龙　倪润祥　倪鹏程　夏　新　徐靖文　高　戈　彭　敏
焦　乐　黄　伟　黄国鑫　熊文成　樊飞跃　霍莉莉

参编单位：

生态环境部南京环境科学研究所
生态环境部土壤与农业农村生态环境监管技术中心
中国环境监测总站
生态环境部华南环境科学研究所
中国环境科学研究院
生态环境部环境规划院
生态环境部环境工程评估中心

生态环境部卫星环境应用中心
生态环境部环境发展中心
国家环境分析测试中心
生态环境部对外合作与交流中心
中国地质科学院地球物理地球化学勘查研究所
自然资源部国土整治中心
农业农村部农业生态与资源保护总站
农业农村部环境保护科研监测所
中国农业科学研究院农业资源与农业区划研究所

序

土壤是生命赖以生存的重要基础。作为地球上最具多样性的栖息地和主要碳库，健康的土壤对粮食生产、宜居的环境、清洁和充足的供水以及稳定的气候至关重要。科学、合理地开发、利用、改造、保护土地，正确处理人与土地的关系，并在利用土地、获得土地产品的过程中，实现土地的可持续利用和人类自身的可持续发展，一直是我国生态环境系统的重要职责。

党的十八大以来，以习近平同志为核心的党中央以前所未有的力度推动生态文明建设，美丽中国建设迈出重大步伐，我国生态环境保护发生历史性、转折性、全局性变化。2016 年，国家发布实施《土壤污染防治行动计划》，明确的第一项任务便是开展全国土壤污染状况详查（以下简称土壤详查）；2019 年，国家施行《中华人民共和国土壤污染防治法》。这一系列重大战略措施对我国土壤的保护、风险管控、治理修复起到了非常重要的作用。

土壤详查是目前国内外开展的覆盖面较广、系统性较强、工作量巨大、质量管理严格、工作程度较深、各部门合作密切的土壤环境调查工作之一，广大详查参与人员创新思路、扎实苦干，克服时间紧、技术基础弱、质量管理挑战大、新冠疫情影响突出等诸多困难，如期高质量完成了任务，其工作成果夯实了土壤环境管理基础，提升了土壤生态环境管理水平，为管控土壤环境风险发挥了重要支撑作用，也为全国土壤监测网络的设计与建设提供了重要参考，还可为将来土壤环境质量标准的制修订提供科学依据。

为了应对工作过程中面临的诸多挑战，本次土壤详查加强顶层设计，形成了严密的组织体系和高效的工作推进模式；制定了科学合理的技术路线；充分利用智能终端、地理信息系统、物联网和卫星遥感、现代分析测试等先进技术手段，提升了工作效率；创新建立了土壤环境调查全过程质量管理体系和质量控制技术与方法，真正实现了对调查全过程独立质量控制，为开展全国性土壤调查积累了宝贵的经验。为了科学总结土壤详查技术方法与工作经验，生态环境部土壤生态环境司、全国土壤污染状况详查工作办公室组织编写了“全国土壤污染状况详查技术与方法系列丛书”（以下简称丛书）。

丛书针对土壤详查中不同任务的工作特点，共分为《全国农用地土壤污染状况详查技术与方法》《全国重点行业企业用地土壤污染状况调查技术与方法》《全国土壤污染状况详查质量保证与质量控制》3 个分册，在编写上既考虑了专业技术人员的需要，又考虑了普通读者的需求，并辅以实际案例对组织与技术内容进行解释说明，增强了可读性，使丛书成为技术人员和管理人员可以按图索骥、解决实际问题的常备工具书。

作为全国土壤污染状况详查工作专家咨询委员会主任，本人密切参与并跟踪土壤详查工作的顶层设计、组织实施、数据分析与成果集成，充分体会到土壤详查工作顶层设计科学严谨、组织实施严密细致，获得的成果科学、翔实、可靠，为全国土壤污染防治工作的开展奠定了坚实基础。将土壤详查的主要成果体现在一套丛书之中，是广大参与土壤详查工作人员集体智慧的结晶，是一件非常有意义的事。希望丛书能够对土壤生态环境保护工作者、关心和支持土壤生态环境保护工作的社会各界读者有所借鉴，并为今后开展同类调查或其他相关调查工作提供参考。让我们共同努力，为践行习近平生态文明思想、实现美丽中国建设目标而不懈奋斗！

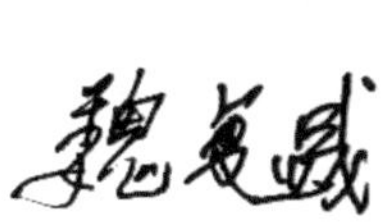

2023 年 7 月

序

万物土中生。土壤是经济社会可持续发展的物质基础，支撑着人类的繁衍和国家的发展，良好的土壤环境关系到人民群众的身体健康、生态环境安全和美丽中国建设。党和国家高度重视土壤生态环境保护和土壤污染风险管控。2000 年以来，生态环境、自然资源、农业农村等相关部门相继开展了全国性的土壤污染状况、土壤地球化学状况、农产品产地土壤重金属污染状况等调查，掌握了我国土壤环境质量变化和土壤污染的基本情况，积累了大量第一手调查数据。2012 年，党的十八大吹响了向环境污染宣战的号角，提出坚决打好污染防治攻坚战的总要求。为深入打好净土保卫战，科学精准管控土壤污染风险，2016 年 5 月，国务院发布《土壤污染防治行动计划》，其中首要任务就是要在以往土壤环境调查基础上，进一步查清农用地土壤污染面积、分布及其对农产品质量的影响，掌握重点行业企业用地土壤污染风险情况，为农用地土壤环境质量分类管控和建设用地准入管理提供科学支撑。

为此，2017—2021 年，生态环境、自然资源、农业农村等部门联合组织开展了全国土壤污染状况详查（以下简称土壤详查），整合各自领域优势学科资源，集中行业专业技术力量，调动了国家和地方几百支/个专业队伍、科研机构和第三方检测实验室的数万人参加，是我国土壤环境领域历史上一次空前的“大会战”，各部门、各单位密切配合，团结协作，真正实现了“五统一”（统一调查方案、统一实验室筛选要求、统一评价标准、统一质量控制、统一调查时限）。本次土壤详查克服了时间紧、任务重、要求高、工作量大以及新冠疫情影响等困难和挑战，圆满完成了土壤详查的目标任务，确保调查数据“真、准、全”，交出了一份满意的答卷。

本次土壤详查有许多方面值得总结，除项目组织管理、条件保障等工作做得好之外，离不开土壤详查总体方案的顶层设计、调查技术路线与方法等方面的创新与实践。“全国土壤污染状况详查技术与方法系列丛书”（以下简称丛书）系统总结了土壤详查的技术与方法，由 3 个分册组成，分别为《全国农用地土壤污染状况详查技术与方法》《全国重点行业企业用地土壤污染状况调查技术与方法》《全国土壤污染状况详查质量保证与质量控制》。丛书内容全面、系统，图文并茂，可读性强，全方位展示了我国土壤环境调查专业技术人员的智慧和经验。相信丛书的出版，一定会在国内外产生积极的影响，对促进土壤环境领域调查技术方法进步、提升调查工作水平，具有很强的实际指导意义。希望丛书能够对土壤生态环境保护工作者、关心和支持土壤生态环境保护工作的社会各界读者有所帮助，为今后开展同类调查或其他相关调查提供借鉴和参考。

蔡道基

2023 年 7 月

前　言

全国土壤污染状况详查（以下简称土壤详查）是一次重大的基础国情调查，也是目前国内外开展的覆盖范围最广的调查活动之一，是多部门团结协作并取得高质量成果的典范工程。2016 年 12 月，经国务院批准，环境保护部、财政部、国土资源部、农业部、国家卫生计生委联合印发实施《全国土壤污染状况详查总体方案》，全面部署土壤详查工作，包括农用地土壤污染状况详查（以下简称农用地详查）和重点行业企业用地土壤污染状况调查（以下简称企业用地调查）两方面。在各地方、各部门的精心组织和密切配合下，广大详查人员历时 4 年，圆满完成土壤详查工作各项任务，取得了丰硕的成果。

本次土壤详查工作探索形成了一整套覆盖调查全过程的技术体系、方法和组织管理模式，在点位布设、采样调查、分析测试、综合评价、成果集成和信息技术应用等方面统一规范，制定了系列技术规定和操作指南。采用了多源数据融合科学确定调查范围和对象，通过重点采样和分层抽样方法，确保了有限条件下调查的科学性和有效性；全过程按照统一调查方案、统一实验室筛选要求、统一评价标准、统一质量控制、统一调查时限的“五统一”原则，建立了完备的质量管理体系，确保了数据的真实性和可靠性。本次土壤详查超过 3 万人参与，进一步提升了我国土壤环境调查的专业化技术能力和水平，为今后开展全国土壤污染状况调查等工作积累了宝贵经验。

土壤详查成果在支撑中央宏观决策和战略规划制定、《中华人民共和国土壤污染防治法》贯彻实施、《土壤污染防治行动计划》目标任务落实等方面发挥了积极作用，夯实了土壤环境管理基础，提升了土壤生态环境管理水平。“十四五”时期是我国开启全面建设社会主义现代化国家新征程、向第二个百年奋斗目标进军、积极推进美丽中国建设的第一个五年，我们希望充分发挥土壤详查成果的基础性作用，贯彻习近平生态文明思想，深入打好净土保卫战，为落实精准治污、科学治污、依法治污要求提供重要支撑，为全面建设社会主义现代化国家、全面推进中华民族伟大复兴做出新的更大贡献。为此，生态环境部土壤生态环境司、全国土壤污染状况详查工作办公室组织编写了“全国土壤污染状况详查技术与方法系列丛书”（以下简称丛书），包括《全国农用地土壤污染状况详查技术与方法》《全国重点行业企业用地土壤污染状况调查技术与方法》《全国土壤污染状况详查质量保证与质量控制》3个分册。丛书系统、全面、准确总结了农用地和企业用地土壤环境调查方法以及质量保证与质量控制技术方法，希望能够对土壤生态环境保护工作者、关心和支持土壤生态环境保护工作的社会各界读者有所借鉴，为今后开展同类调查或其他相关调查工作提供重要参考。

土壤详查是落实党中央和国务院部署的重要工作，得到了生态环境部、财政部、自然资源部、农业农村部、国家卫健委以及各省（区、市）人民政府和新疆生产建设兵团有关领导、有关部门负责同志的大力支持。在工作过程中，国家级及省级的生态环境、自然资源、农业农村等部门的有关技术单位，中国科学院南京土壤研究所、地理科学与资源研究所、生态环境研究中心、沈阳应用生态研究所等相关科研院所，以及清华大学、浙江大学、中国地质大学、南方科技大学、南京农业大学、北京大学、成都理工大学、贵州大学等高校的专家学者和技术人员深度参与、精诚协作，为顺利完成土壤详查工作做出了重要贡献。特别感谢魏复盛、蔡道基、陶澍、朱利中、朱永官、周成虎、孙九林、毛景文等院士，以及王水、王亚平、王英英、王衍亮、田西昭、史舟、代杰瑞、兰希平、朱焰、刘飞、刘伟、刘国、刘毅、李广贺、李玉浸、李发生、李国刚、杨忠芳、吴天生、吴爱民、吴攀、谷庆宝、宋云、张天柱、张甘霖、张古斌、张秀芝、张建辉、张榆霞、陈梦舫、陈蓓、赵方杰、郝爱兵、荆继红、胡冠九、胡清、钟重、侯德义、姜林、骆永明、夏天翔、夏学奇、顾铁新、奚小环、高尚宾、郭书海、黄宏坤、黄明祥、黄标、龚宇阳、蒋新、雷梅（按姓氏笔画排序）等专家在土壤详查工作开展过程中强有力的技术指导与支持；感谢各级各部门领导对土壤详查工作的支持，感谢全体参与土壤详查工作的技术人员、管理者的辛勤付出。参加本丛书编写的各位编著者，都深度参与了土壤详查工作，他们在此基础上对详查工作的技术方法进行了系统科学的凝练总结，向他们表示诚挚的感谢！

自土壤详查工作启动至丛书出版，历时7年多时间，相关资料、技术方法在整理过程中会有不尽如人意之处，敬请读者谅解指正。

丛书主编　苏克敬

2023年7月

目　录

第1章 概 况

为全面落实《土壤污染防治行动计划》，国家多部门联合组织开展全国土壤污染状况详查，在前期调查工作基础上，重点针对耕地、园地和牧草地开展农用地土壤污染状况详查。本章系统分析了我国土壤环境污染演变过程、总体格局和基本特征，介绍了农用地土壤污染状况详查工作的历史背景，重点介绍了农用地土壤污染状况详查工作的目标、内容和组织模式。

1.1 我国土壤环境自然状况

我国位于亚洲东部，濒临太平洋。陆地国土面积约 960 万 km^2，占世界陆地面积的 1/15，居世界第三位。领土北起漠河以北的黑龙江主航道中心线（北纬 53°34′），南到南沙群岛南端的曾母暗沙（北纬 3°51′），南北相距约 5 500 km，跨纬度近 50°。东起黑龙江和乌苏里江的主航道汇合处（东经 135°03′），西至帕米尔高原（东经 73°22′），东西相距约 5 200 km，跨经度约 62°。陆地边界长约 2.28 万 km，海域面积约 473 万 km^2，海岸线总长度约 3.2 万 km。[1]

1.1.1 地形地貌

我国地形复杂多样，山地、高原、丘陵、盆地、平原等各类地形齐全。土地总面积中山地约占 33%，高原约占 26%，盆地约占 19%，平原约占 12%，丘陵约占 10%。[1] 全国近 70%的县（区）分布于山区。我国地势西高东低，高山、高原都分布在大兴安岭—太行山—巫山—雪峰山一线以西，丘陵和平原主要分布在这一线以东。黄河、长江、珠江等主要河流发源于西部的高原、山区，顺着地势的倾斜，东流入海。西高东低的地势按海拔差别呈三级阶梯，自西而东，逐级下降。第一级阶梯为号称“世界屋脊”的青藏高原，平均海拔在 4 000 m 以上。第二级阶梯介于青藏高原与大兴安岭—太行山—巫山—雪峰山之间，主要为高原和盆地，海拔一般为 1 000～2 000 m，包括内蒙古高原、黄土高原、云贵高原和塔里木盆地、准噶尔盆地、柴达木盆地、四川盆地等。第三级阶梯位于大兴安岭—太行山—巫山—雪峰山以东，自北而南，主要为丘陵和平原，包括海拔 200 m 以下的东北平原、华北平原和长江中下游平原。

1.1.2 成土母质

我国成土母质类型繁多。总体上我国土壤的成土母质可分为基岩风化物和松散沉积物两大系列。其中，基岩风化物包括浅色结晶岩风化物、深色结晶岩风化物、碎屑沉积岩及相应的变质岩风化物和石灰质沉积岩及相应的变质岩风化物等 4 个类型；松散沉积物包括洪积物、第四纪红色黏土、冲积物、湖积物、滨海沉积物、珊瑚礁堆积物、黄土和黄土状物质、风沙、冰碛物等 9 个类型。[2]全国主要成土母质类型、性质、特点及其主要分布区域见表 1-1。

表 1-1 全国主要成土母质类型、性质、特点及其主要分布区域

母质类型	性质和特点	主要分布区域
浅色结晶岩风化物	富含二氧化硅和浅色矿物，为红壤、赤红壤和暗棕壤等的成土母质	我国东部沿海和东北等地
深色结晶岩风化物	新生代基性或超基性火山岩的喷出物，是砖红壤、暗棕壤和栗钙土等的成土母质	雷州半岛、海南岛北部等地
碎屑沉积岩及相应的变质岩风化物	砂页岩和紫色砂页岩风化物	分布较广
石灰质沉积岩及相应的变质岩风化物	石灰性紫色砂页岩风化物	四川等地
洪积物	富含砾石等物质	西北干旱地区和华北、东北等地
第四纪红色黏土	洪积-冲积混合物	赣、湘、浙低盆地等地
冲积物	水稻土、潮土、草甸土和部分沼泽土的成土母质	东部各大平原和西北部河谷冲积区
湖积物	母质颗粒较细，富含有机质	长江中下游以及干旱地区等地
滨海沉积物	海陆相混合冲积物	东南沿海、台湾东部和西部与河口三角洲
珊瑚礁堆积物	富含钙磷，是磷质石灰土的成土母质	雷州半岛、海南岛沿岸和南海诸岛
黄土和黄土状物质	土层深厚，富含碳酸钙	黄河中游、长江中下游、东北和新疆等地
风沙	分为固定风沙和流动风沙	东部半干旱草地和西部干旱荒漠地区
冰碛物	冰川冲积物	青藏高原等地

空间上，在秦岭—淮河一线以南地区，我国土壤的成土母质类型多是各种岩石在原地风化形成的风化壳，并以红色风化壳分布最广；昆仑山—秦岭—山东丘陵一线以北地区，主要的成土母质类型是黄土和黄土状物质与风沙；在各大江河中下游平原，成土母质类型主要是冲积物；平原湖泊地区的成土母质类型主要是湖积物；高山、高原地区除各种岩石的原地风化物外，还有冰碛物。

成土母质是土壤形成的物质基础。母质性质在土壤形成中具有极重要的作用，它直接影响土壤矿物组成和土壤颗粒组成，并在很大程度上影响土壤的物理、化学性质以及土壤生产力的高低。例如，花岗岩、砂岩等的风化物含石英颗粒多，质地粗，透水性好，除花岗岩因含长石较多而钾含量较高外，一般都缺乏矿质养分。玄武岩、页岩等的风化物含石英颗粒少，黏细物质含量较高，且富含铁、镁等矿物质，透水性较差，矿物质养分含量较丰富。石灰岩及其他含碳酸钙岩石的风化物质地比较黏重，碳酸钙含量不等，矿物质养分也较丰富。

1.1.3 土壤类型

我国土壤类型众多，世界上的主要土壤类型在我国几乎均有分布。根据土壤发生分类方法，我国土壤类型共有 12 个土纲，61 个土类，235 个亚类。[3]12 个土纲分别为铁铝土、淋溶土、半淋溶土、钙层土、干旱土、漠土、初育土、半水成土、水成土、盐碱土、人为土、高山土。

铁铝土是我国湿润热带、亚热带的主要土壤类型，包括红壤、赤红壤、砖红壤和黄壤等 4 个土类和 14 个亚类。红壤、赤红壤和砖红壤分布于长江以南，黄壤主要集中分布于川、黔一带中山地区。[4]

淋溶土是我国东部湿润季风气候区中具有淋溶特征的主要土壤类型，包括暗棕壤、棕壤、黄棕壤、棕色针叶林土、黄褐土、白浆土和漂灰土等 7 个土类和 25 个亚类。主要分布于华东、华北、东北各省（区、市），中南、西南、西北各省（区、市）的山地垂直带中也有分布。

半淋溶土是我国半干旱区弱度淋溶的主要土壤类型，包括褐土、黑土、灰褐土、灰色森林土和燥红土等 5 个土类和 21 个亚类。主要分布于河北、山西、陕西、甘肃、宁夏、河南和山东等省（区）交界的丘陵地区。

钙层土是我国温带半湿润与半干旱区的草原土壤类型，包括栗钙土、黑钙土、栗褐土、黑垆土等 4 个土类和 20 个亚类。主要分布于内蒙古高原的中东部及与宁夏、甘肃、青海、陕西等省（区）的交界处。松辽平原，新疆的昭苏盆地，天山、阿尔泰山、昆仑山等山地也有分布。

干旱土是由草原向荒漠过渡的土壤类型，包括棕钙土、灰钙土等 2 个土类和 10 个亚类。分布于黄土高原西部、鄂尔多斯高原西部、内蒙古高原西部、新疆准噶尔盆地周围及天山北麓洪积-冲积扇地区，在某些山地垂直带下部也有分布。

漠土是我国西北荒漠地区的主要土壤类型，包括灰漠土、灰棕漠土、棕漠土等 3 个土类和 15 个亚类。主要分布于新疆准噶尔盆地南部、天山南北两麓山前倾斜平原及噶顺戈壁、将军戈壁，甘肃河西走廊中、西段的祁连山山前平原和赤金盆地西缘，青海柴达木盆地，内蒙古鄂尔多斯高原西北部，宁夏石嘴山市的东北部等地。

初育土包括风沙土、紫色土、黄绵土、石质土、粗骨土、石灰（岩）土等 10 个土类和 34 个亚类，在我国各地均有分布，主要分布于西北内陆干旱半干旱的沙漠地区，黄土高原水土流失严重地区，四川盆地及云贵高原等地。

半水成土包括草甸土、潮土、林灌草甸土、砂姜黑土、山地草甸土等 5 个土类和 23 个亚类。广泛分布于河流平原，如东北的三江平原、松嫩平原、辽河平原，华北的黄淮海平原、长江中下游平原、内蒙古的河套平原，宁夏的银川平原等，上述地区是我国旱地作物的主要产区。

水成土包括沼泽土、泥炭土等 2 个土类和 8 个亚类。以三江平原和川西北高原若尔盖地区分布最多。

盐碱土包括盐土、滨海盐土、漠境盐土、寒原盐土、酸性硫酸盐土和碱土等 6 个土类和 19 个亚类。主要分布于华北、东北和西北的内陆干旱、半干旱地区及所有的滨海地带。

人为土包括灌漠土、灌淤土、水稻土等 3 个土类和 17 个亚类。其中，水稻土在我国分布很广，占全国耕地面积的 37.5%，有 90%以上分布在秦岭—淮河一线以南地区，主要集中在长江中下游平原、四川盆地、珠江三角洲和台湾西部平原。

高山土包括寒钙土、草毡土、寒冻土、黑毡土等 9 个土类和 21 个亚类。主要分布于青藏高原和天山、阿尔泰山等海拔 3 400～5 500 m 的高山带。

1.2 我国土壤环境污染演变过程

随着我国经济社会的快速发展，特别是近 40 年来，工业化、城市化、农业现代化过程中，土壤环境形势发生了很大变化，土壤环境问题呈现多样化、复杂化和区域性的发展态势，给我国经济社会发展带来了新压力、新挑战。我国土壤环境问题的形成与发展大概经历了以下三个阶段：

第一个阶段：20 世纪 80 年代及之前，我国土壤环境质量状况总体良好，污染以局部地区的点源污染为主，如污水灌溉区土壤污染、矿区周边土壤重金属污染，农田土壤六六六和滴滴涕农药残留污染等。

第二个阶段：20 世纪 90 年代，我国进入工业化发展时期。一方面，随着工业企业数量剧增，企业（特别是乡镇企业）规模小，企业生产设备落后、环境管理与污染治理措施不到位，导致大气污染、水污染、固体废物污染问题十分突出，最终大量污染物通过各种途径进入土壤，造成土壤污染不断加重、逐步累积，污染面积不断扩大；另一方面，随着农业集约化发展，大量使用化肥、农药和农膜，也造成农业面源污染问题十分突出。另外，随着农村居民生活逐步提高，生活垃圾、生活污水也成为农村地区突出的环境问题。所有这些都成为我国农田土壤污染速度加快和污染程度加剧、农产品安全问题加重的重要原因。

第三个阶段：进入 21 世纪，我国土壤环境问题进入频发时期。随着城市化进一步快速发展，城市推行“退二进三”，老工业城区改造升级，污染企业关闭搬迁，企业进入工业园区等，大量原来工业企业用地变为规划用地，特别是变为住宅类用地，导致工业企业污染场地在再开发利用过程中，出现了环境安全隐患，引发了人居环境安全问题，被老百姓称为“毒地”。与此同时，我国还面临着耕地污染引发的粮食安全问题，矿区关闭后的环境综合治理与土壤修复问题，以及饮用水水源地环境安全问题等。

相对其他国家和地区来说，我国土壤环境问题具有以下明显特征：

一是多种土壤污染成因同期叠加。国外许多国家和地区工业化、城市化和农业现代化经历了长达 100～200 年的过程，产生的环境污染问题也是分不同时期和阶段出现。而我国是在短短的几十年中，多种污染同期、同步出现和叠加。

二是土壤污染类型复杂。污染物种类多、数量大，既有重金属污染问题，也有有机物污染问题；既有农用地污染问题，也有污染场地问题；既有工业污染造成的，也有农业污染和生活污染造成的；既有人为活动造成的，也有地质过程造成的；既有污水灌溉造成的，也有大气沉降以及固体废物堆放、填埋和处理不当造成的。

三是土壤污染导致风险多样。农田土壤污染物被农作物吸收，经食物链传递，引发农产品和食品安全问题；人居环境土壤污染导致暴露人群直接接触，引发人体健康风险；土壤污染导致地表水和地下水污染，引发饮用水水源安全问题；土壤污染还对环境生物产生不利影响，引发生态安全等问题。

1.3 国家高度重视土壤环境污染问题

土壤环境质量关系到广大人民群众“菜篮子”“米袋子”和“水缸子”安全，是事关经济社会发展和子孙后代生存安全的重大民生问题。党中央、国务院对此高度重视，做出了一系列重要部署。从 2000 年开始，我国持续推动并组织开展了全国范围的土壤环境污染状况相关调查，为摸清污染家底、查明原因、提出综合对策措施提供了第一手资料和科学数据。

“十五”期间（2001—2005 年），国土资源部中国地质调查局开展了多目标区域地球化学试点调查，发现我国中东部重要经济区土地地球化学状况出现异常。国家环境保护总局组织开展了典型区域土壤环境质量状况探查研究，初步掌握了我国珠江三角洲、长江三角洲和环渤海地区土壤环境质量状况及其存在的突出问题。

“十一五”期间（2006—2010 年），国家环境保护总局（环境保护部）、国土资源部重点实施“全国土壤现状调查及污染防治”专项（又称“全国土壤污染状况调查”），全面掌握了我国土壤主要污染物含量及点位超标率情况。

“十二五”期间（2011—2015 年），农业部组织开展了全国农产品产地土壤污染状况普查，全面摸清了全国主要农产品产地耕地土壤重金属污染状况。

“十三五”期间（2016—2020 年），按照 2016 年 5 月发布的《土壤污染防治行动计划》工作安排，[5]环境保护部、财政部、国土资源部、农业部、国家卫生和计划生育委员会联合组织开展了全国土壤污染状况详查，包括全国农用地土壤污染状况详查和重点行业企业用地土壤污染状况调查，要求查明全国农用地污染面积、分布及其对农产品质量的影响，并初步掌握全国重点行业企业用地污染地块的分布及其风险情况。调查成果直接支撑农用地分类管理及受污染耕地风险管控与安全利用、建设用地准入管理及受污染地块的风险管控与安全利用。

1.4 我国土壤环境污染总体格局和基本特征

2014 年 4 月，环境保护部和国土资源部发布了《全国土壤污染状况调查公报》[6]。“十一五”期间开展的全国土壤污染状况调查结果表明，全国土壤环境状况总体不容乐观，部分地区土壤污染较重，耕地土壤环境质量堪忧，工矿业废弃地土壤环境问题突出。工矿业、农业等人为活动和土壤环境背景值高是土壤污染或污染物超标的主要原因。

全国土壤总的污染点位超标率为16.1%，其中轻微、轻度、中度和重度污染点位比例分别为11.2%、2.3%、1.5%和1.1%。污染类型以无机物为主，有机物次之，复合型污染比重较小，无机污染物超标点位数占全部超标点位数的82.8%。

从污染分布情况看，南方土壤污染重于北方；长江三角洲、珠江三角洲、东北老工业基地等部分区域土壤污染问题较为突出，西南、中南地区土壤重金属超标较严重；镉、汞、砷、铅4种无机污染物含量分布呈现从西北到东南、从东北到西南逐渐升高的态势。

专栏1-1 主要污染物超标情况

无机污染物：镉、汞、砷、铜、铅、铬、锌、镍8种无机污染物点位超标率分别为7.0%、1.6%、2.7%、2.1%、1.5%、1.1%、0.9%、4.8%。

有机污染物：六六六、滴滴涕、多环芳烃3类有机污染物点位超标率分别为0.5%、1.9%、1.4%。

数据来源：《全国土壤污染状况调查公报》。

专栏1-2 不同土地利用类型土壤的环境质量状况

耕地：土壤点位超标率为19.4%，其中轻微、轻度、中度和重度污染点位比例分别为13.7%、2.8%、1.8%和1.1%，主要污染物为镉、镍、铜、砷、汞、铅、滴滴涕和多环芳烃。

林地：土壤点位超标率为10.0%，其中轻微、轻度、中度和重度污染点位比例分别为5.9%、1.6%、1.2%和1.3%，主要污染物为砷、镉、六六六和滴滴涕。

草地：土壤点位超标率为10.4%，其中轻微、轻度、中度和重度污染点位比例分别为7.6%、1.2%、0.9%和0.7%，主要污染物为镍、镉和砷。

未利用地：土壤点位超标率为11.4%，其中轻微、轻度、中度和重度污染点位比例分别为8.4%、1.1%、0.9%和1.0%，主要污染物为镍和镉。

数据来源：《全国土壤污染状况调查公报》。

专栏 1-3　典型地块及其周边土壤污染状况

重污染企业用地：在调查的 690 家重污染企业用地及周边的 5 846 个土壤点位中，超标点位占 36.3%，主要涉及黑色金属、有色金属、皮革制品、造纸、石油煤炭、化工医药、化纤橡塑、矿物制品、金属制品、电力等行业。

工业废弃地：在调查的 81 块工业废弃地的 775 个土壤点位中，超标点位占 34.9%，主要污染物为锌、汞、铅、铬、砷和多环芳烃，主要涉及化工业、矿业、冶金业等行业。

工业园区：在调查的 146 家工业园区的 2 523 个土壤点位中，超标点位占 29.4%。其中，金属冶炼类工业园区及其周边土壤的主要污染物为镉、铅、铜、砷和锌，化工类园区及周边土壤的主要污染物为多环芳烃。

固体废物集中处理处置场地：在调查的 188 处固体废物处理处置场地的 1 351 个土壤点位中，超标点位占 21.3%，以无机污染物为主，垃圾焚烧和填埋场造成的有机污染严重。

采油区：在调查的 13 个采油区的 494 个土壤点位中，超标点位占 23.6%，主要污染物为石油烃和多环芳烃。

采矿区：在调查的 70 个矿区的 1 672 个土壤点位中，超标点位占 33.4%，主要污染物为镉、铅、砷和多环芳烃。有色金属矿区周边土壤镉、砷、铅等污染较为严重。

污水灌溉区：在调查的 55 个污水灌溉区中，有 39 个存在土壤污染。在 1 378 个土壤点位中，超标点位占 26.4%，主要污染物为镉、砷和多环芳烃。

干线公路两侧：在调查的 267 条干线公路两侧的 1 578 个土壤点位中，超标点位占 20.3%，主要污染物为铅、锌、砷和多环芳烃，一般集中在公路两侧 150 m 范围内。

数据来源：《全国土壤污染状况调查公报》。

1.5　我国土壤污染成因

土壤环境是一个开放的系统，土壤环境质量受多重因素叠加影响，在局域范围内，人为活动的影响更为突出。我国土壤污染是在工业化发展过程中长期累积形成的。工矿业、农业生产等人类活动和成土母质中元素背景值高是土壤污染问题的主要原因。调查结果表明，局域性土壤污染严重是工矿企业排放污染物造成的，较大范围的耕地土壤污染主要受农业生产活动的影响，一些区域性、流域性土壤重金属严重超标则是工矿活动与自然背景值叠加的结果（图 1-1）。

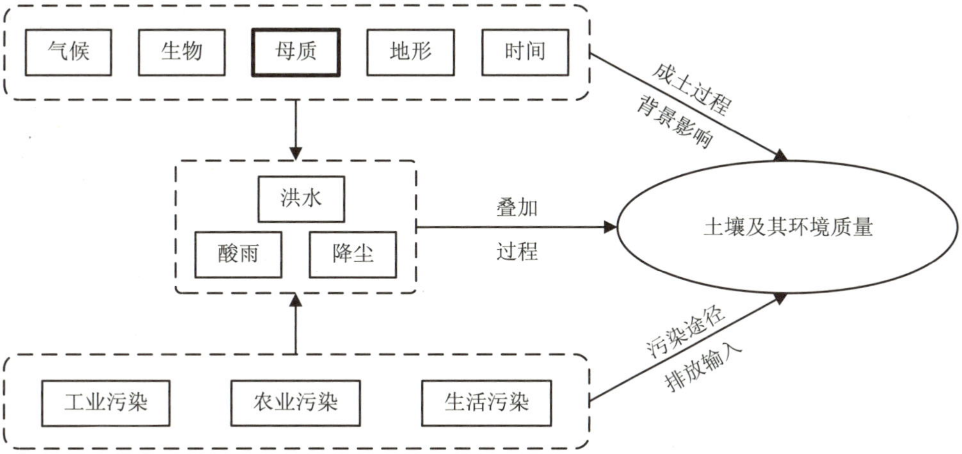

图 1-1 影响土壤环境质量状况的主要因素

1.5.1 工矿企业污染物排放

工矿企业污染物排放是局域性土壤重污染和高风险的主要原因，污染物来源如下。

（1）金属矿冶活动

有色、黑色金属冶炼是采矿区和矿产资源型城市土壤重金属污染的主要原因。金属冶炼过程中，含重金属粉尘的沉降是其周边土壤重金属污染的一个重要原因，矿冶废水直接排放和土法冶炼也会造成企业周边土壤重金属污染。

（2）重污染企业生产活动

重污染企业在生产过程中，存在设备老化、生产工艺落后等情况，造成污染物无组织排放，导致企业周边土壤污染。重污染企业排放的工业废水中含有大量重金属和有机污染物，直接造成企业周边土壤污染。

（3）工业废弃地

20 世纪 90 年代以来，随着产业结构和土地利用规划的调整，大批工业企业搬迁或关闭，部分工业废弃地环境风险较高，成为新的污染源，对周边土壤环境质量构成威胁。

（4）废弃物堆放场地

在矿产资源开发利用过程中，堆放于地表的废石、尾砂、废渣、粉煤灰通过风化和淋滤等作用，其中的重金属被活化并以各种形式逸散到周围环境中，最终进入土壤导致环境污染。废旧电器和报废汽车含有铅、汞、镉和铬等重金属，以及多溴联苯、多溴联苯醚和石油烃等有机污染物，处理不当会对土壤环境造成污染。我国的垃圾处理处置是以堆放、填埋为主，致使大量成分复杂、污染物含量极高的渗滤液进入土壤和地下水中，造成周围土壤污染，非卫生填埋场周边的土壤污染尤其严重。疏浚河道和湖泊，其底泥中的重金属、持久性有机污染物含量一般都较高，如不加处理直接施用于城市绿地或农田，会导致土壤污染。

（5）燃煤排放

燃煤排放产生大量的汞、铅、多环芳烃等污染物，通过大气沉降进入土壤并形成累积，造成大范围或区域性的土壤污染。

1.5.2 农业生产活动

农业生产活动是耕地土壤大范围污染的主要原因，污染物来源如下。

（1）污水灌溉

工业废水直接灌溉或受污染的江（河）水灌溉农田是耕地土壤污染的主要原因之一。我国传统的污水灌溉主要集中在北方水资源严重短缺的海河、辽河、黄河、淮河流域，约占全国污水灌溉面积的 85%。大型污水灌溉区主要分布于我国北方大中城市的近郊区。长期污水灌溉导致污染物在土壤中累积，并可能通过各种途径进入食物链，威胁区域生态安全和人群健康。

（2）农药、化肥、农膜等农业投入品的使用

滴滴涕和六六六等有机氯农药于 20 世纪 80 年代全面禁用，但由于其具有较高的稳定性和持久性，在土壤环境中降解缓慢，目前土壤中还能够普遍检出，有的地区还存在较高的残留。常用的化肥，如磷肥中含有一定量的重金属，较为突出的是镉，长期施用磷肥是局部农田土壤镉污染的原因之一。另外，大量使用农膜是设施农业土壤中邻苯二甲酸酯类污染的主要来源，农膜中邻苯二甲酸酯类化合物的含量很高，而且农膜中的邻苯二甲酸酯类易于从塑料中解析并进入土壤环境，造成土壤环境邻苯二甲酸酯类污染。

（3）畜禽养殖

畜禽养殖是土壤重金属污染的重要因素之一。主要原因是饲料添加剂（如硫酸铜、硫酸锌、洛克沙胂等）含有大量铜、锌、镉、砷等重金属物质。畜禽粪便作为有机肥料施用到农田中会导致土壤重金属污染。一些受规模化畜禽养殖废水灌溉及施用养殖场有机肥影响的耕地土壤中，砷、镉、铜、锌等重金属超标严重。

（4）污泥施用

污泥中含有重金属、有机污染物等，农田长期施用污泥可导致土壤污染。

1.5.3 自然因素

自然背景值高等因素是一些区域和流域土壤重金属超标的主要原因，具体表现如下。

（1）自然背景值高引起重金属超标

我国西南、中南地区分布着大面积的有色金属成矿带，镉、汞、砷、铅等元素的自然背景值较高，加上金属矿冶、高镉磷肥施用等人为活动，导致这些地区重金属普遍超标，加剧了区域性的土壤重金属复合污染。

（2）流水搬运与洪灾造成污染

在镉成矿带和高背景值地区，由于洪水等外营力作用，土壤镉可在流域上游和中下游形成富集区或富集带。例如，江汉平原因为上游神农架、恩施属于磷灰石、闪锌矿等含镉丰富的石灰岩地区，自然风化过程将石灰岩和含磷底层及其伴生的镉带入长江，形成长江高镉沉积物。当洪水泛滥，泥沙（沉积物）随着洪水进入江汉平原，就会使江汉平原的土壤形成镉高值区。

1.6 农用地详查工作目标与内容

全国农用地土壤污染状况详查工作目标，是在前期调查工作基础上，重点针对耕地、园地和牧草地开展农用地土壤污染状况详查，综合评价土壤污染环境风险，进一步查明农用地土壤污染的面积、分布及对农产品质量的影响，为农用地分类管理和安全利用提供科学依据。为此，2016 年，环境保护部、财政部、国土资源部、农业部、国家卫生和计划生育委员会联合制定了《全国土壤污染状况详查总体方案》，[7]明确了全国农用地土壤污染状况详查的工作内容。

（1）开展多源数据汇总分析

系统汇总收集了环境保护部、国土资源部和农业部等部门已有的调查数据，并按照统一的评价标准和方法，进一步确定了全国农用地土壤污染重度、中度和轻度点位超标区，明确了全国农用地土壤污染状况详查调查区域范围。同时，系统筛选确定了土壤重点污染行业及土壤污染重点行业企业名录，并根据污染扩散规律及特征，进一步划定了土壤重点污染源对周边农用地的影响范围。在此基础上，利用第二次全国土地调查成果，最终划出农用地详查的布点单元（又称“详查单元”）。

（2）开展农用地土壤污染面积与分布调查

综合考虑农用地利用方式、地形地貌等诸多因素，以及周边重点污染源的分布特点，在详查单元内进行差异化加密布点，统一组织土壤表层和深层样品集中采集、制备、保存和流转，并进行土壤重金属总量和可提取态含量测定，依据国家现行标准开展土壤污染环境风险评价，最终划定农用地土壤污染的面积与分布。

（3）开展土壤污染对农产品质量影响分析

综合考虑土壤类型、污染特征、农产品种类等因素，选择代表性地区，开展土壤污染对农产品质量影响的协同调查。在南、北方详查区域内，采集土壤样品时，按照一定比例分别同步采集水稻、小麦样品，分析土壤和农产品中重金属含量数据，初步判断土壤污染对农产品质量的影响。

（4）开展数据汇总与成果集成

汇总全国农用地土壤污染状况详查数据与评价结果，编写省级和全国农用地详查报告，制作土壤污染状况图集，建立国家和省级土壤样品库，建设全国统一、数据共享、动态更新的土壤污染状况详查数据库和信息化管理平台，以有效服务土壤环境风险管控和满足基于土壤环境质量的多目标管理需求。

1.7 组织实施

1.7.1 建立组织架构

2017 年 7 月，环境保护部、财政部、国土资源部、农业部和国家卫生和计划生育委员会联合成立全国土壤污染状况详查工作协调小组及其办公室，协调小组负责详查工作的统一领导和协调监督，办公室负责协调小组的日常工作。环境保护部部长任协调小组组长，五部委分管部领导任协调小组成员；环境保护部土壤环境管理司司长任协调小组办公室主任，部际和部内有关司局分管领导任成员、有关处室负责同志任联络员。

成立专家咨询委员会，由生态环境、自然资源、农业农村、卫生健康等部门及有关高等院校、科研院所的国内知名专家组成，负责定期研究解决农用地详查的重大技术问题。

在环境保护部设立全国土壤污染状况详查工作办公室（以下简称“详查办”），下设综合协调组、农用地调查组、重点行业企业用地调查组、分析测试与质控组。作为协调小组及其办公室的具体办事机构，负责全国农用地详查工作的组织实施。

31 个省（区、市）和新疆生产建设兵团均成立相应的省级详查工作机构及专家咨询机构，负责本行政区域详查工作的统一领导、组织实施和技术咨询等。

1.7.2 组建调查队伍

（1）国家层面

国家层面农用地土壤污染状况详查工作共投入人员 500 余人，主要包括组织管理队伍、技术指导专家队伍、质量管理队伍和成果集成队伍等方面。

组织管理队伍。原环境保护部为详查工作专门成立了全国土壤污染状况详查工作办公室，由相关部门司局级领导和相关单位技术骨干组成，专职从事农用地详查组织管理工作。

技术指导专家队伍。生态环境部、自然资源部、农业农村部三部委组织共计 20 家技术单位参与详查工作，由 48 名专家成立了 8 个技术指导组。清华大学、北京大学、中国地质大学、中国科学院地理科学与资源研究所、中国科学院南京土壤研究所等国内土壤相关领域知名高等院校、科研院所的专家为全国农用地详查工作提供长期、专业的技术支持。由国内土壤相关领域 3 名院士和 26 名知名专家组成的全国土壤污染状况详查工作专家咨询委员会，为重大技术问题的决策提供支撑。

质量管理队伍。三部委 5 个国家级质控实验室确定了 24 名质控责任专家，筛选了 203 名详查质量监督检查专家，组建了国家质控工作队伍。成果集成阶段为开展数据审查工作，精选了政治觉悟高、业务素质强、工作经验足的国家和地方 46 名专家，组建了详查数据审查技术队伍。

成果集成队伍。由三部委和高等院校、科研院所组织的共计 47 家技术单位、154 名专业技术人员建立了详查成果集成技术队伍。其中，有 24 家常驻技术单位和 60 名常驻领导和专家。技术队伍老中青搭配，年龄结构合理，正高级职称 63 人，副高级职称 34 人，中级及以下职称 57 人。

（2）地方层面

全国各省（区、市）和新疆生产建设兵团相应成立了省级详查工作专班。方案编制、企业空间位置遥感核实、点位布设、详查单元划分与位置核实、样品采集、样品制备、样品保存、分析测试、数据报送、数据分析、图件制作、报告编写、咨询论证、软硬件运行维护、质量管理和组织管理等 16 个工作环节共成立 6 323 个工作小组、投入 3.4 万余人。其中，样品采集、详查单元划分与位置核实、分析测试、企业空间位置遥感核实、质量管理是人员投入最多的五个工作环节，地方分别投入人数约 1.07 万、0.66 万、0.56 万、0.47 万和 0.36 万。

1.7.3 健全工作机制

为顺利推进调查工作实施，及时掌握工作进度，研究解决工作中存在的突出问题，部署下一步工作任务，农用地土壤污染状况详查建立了定期会商、专家咨询论证、分省施策、调度评估、咨询答疑、技术指导与督导等多项工作机制，确保了农用地土壤污染状况详查任务按时保质完成。

（1）定期会商机制

全国详查办根据工作需要，定期组织召开全国土壤污染状况详查协调小组办公室会议、工作联席会议、质量保证与质量控制工作会议、阶段工作汇报等，总结工作进展，研究解决工作中的突出问题（图 1-2）。

图 1-2　定期工作汇报、专家咨询论证

（2）专家咨询论证机制

详查总体方案，点位布设，样品采集、流转、制备、保存，农用地土壤环境风险评价，成果集成制图、报告撰写等所有关键技术规范和工作手册、报告等均通过专家咨询或论证后印发实施，确保决策和技术方法科学合理。

（3）分省施策机制

在全国详查办的统一管理下，组成若干个国家级技术指导与质控专家组，采用组长负责制，分工负责各省（区、市）农用地调查技术指导与质量监督检查工作。根据各地工作进度与质量情况，将 31 个省（区、市）和新疆生产建设兵团分为不同梯队，分省施策，向进度严重滞后的省份下发督办函，对工作成效较差的省份强化技术沟通与培训，对各省份逐一进行问题分析与沟通反馈，督促各地对问题进行全面整改，推动各地规范、高效开展工作。

（4）调度评估机制

在智能终端和信息化管理平台的支撑下，详查办建立了各省（区、市）农用地土壤污染状况详查调度评估机制，定期发布工作简报、周报、月度评估报告、分析测试与质量管理周报、农产品采样进展日报、成果集成日报等，建立向各地主动通报工作进展的调度机制（图 1-3），及时调度各地进展，突破工作“瓶颈”，为有针对性地开展督导和技术指导提供支撑。

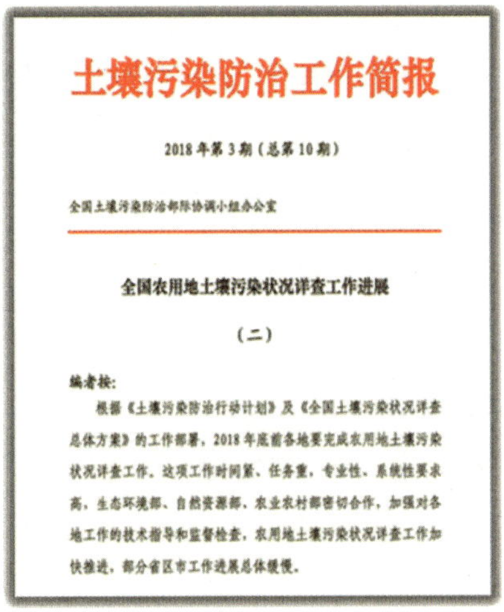

土壤污染防治工作简报

2018年第3期（总第10期）

全国土壤污染防治部际协调小组办公室

全国农用地土壤污染状况详查工作进展

（二）

编者按：

根据《土壤污染防治行动计划》及《全国土壤污染状况详查总体方案》的工作部署，2018年底前各地要完成农用地土壤污染状况详查工作。这项工作时间紧、任务重，专业性、系统性要求高，生态环境部、自然资源部、农业农村部密切合作，加强对各地工作的技术指导和监督检查，农用地土壤污染状况详查工作加快推进，部分省区市工作进展总体缓慢。

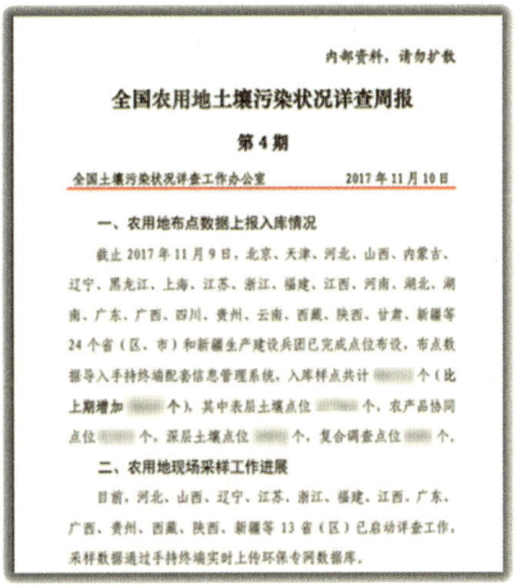

内部资料，请勿扩散

全国农用地土壤污染状况详查周报

第4期

全国土壤污染状况详查工作办公室 2017年11月10日

一、农用地布点数据上报入库情况

截止2017年11月9日，北京、天津、河北、山西、内蒙古、辽宁、黑龙江、上海、江苏、浙江、福建、江西、河南、湖北、湖南、广东、广西、四川、贵州、云南、西藏、陕西、甘肃、新疆等24个省（区、市）和新疆生产建设兵团已完成点位布设，布点数据导入手持终端配套信息管理系统，入库样点共计[illegible]个（比上期增加[illegible]个），其中表层土壤点位[illegible]个，农产品协同点位[illegible]个，深层土壤点位[illegible]个，复合调查点位[illegible]个。

二、农用地现场采样工作进展

目前，河北、山西、辽宁、江苏、浙江、福建、江西、广东、广西、贵州、西藏、陕西、新疆等13省（区）已启动详查工作，采样数据通过手持终端实时上传环保专网数据库。

图1-3 工作简报和详查周报

（5）咨询答疑机制

为更高效、及时地解决各省（区、市）在农用地土壤污染状况详查推动过程中遇到的困难和问题，详查办搭建了公开的网络答疑平台，一线人员可通过答疑平台了解最新技术解读及答疑材料，同时充分利用网络通信、电话、技术培训等方式，建立起中央与地方的信息沟通渠道。通过线上与线下相结合的形式，随时交流并解决工作推进中遇到的技术问题。

（6）技术指导与督导机制

成立由生态环境、自然资源、农业农村等部门专家组成的专家组，负责详查技术指导工作。详查办在农用地土壤污染状况详查的各个关键节点，针对全流程各环节的关键性要求，结合各省（区、市）工作进展情况，先后多次组织技术指导、工作督导与质量监督检查、重点省份小麦样品专项质量监督检查、分析测试质量飞行检查，及时将技术指导、检查督导过程中发现的问题反馈各省（区、市）详查主管部门，指导督促及时整改、规范有序推进工作。此外，通过向部分省份下达督办文件的形式，推动样品分析测试等工作有序进行。

1.7.4 加强技术培训

（1）统一编制技术文件

生态环境部、自然资源部、农业农村部组织专家，在对各部门已有土壤调查相关技术体系汇总研究和农用地土壤污染状况详查技术流程全面深入梳理分析的基础上，整体构建了统一的农用地土壤污染状况详查技术体系，制定了涵盖实施方案制定、实验室筛选、污染源筛查、详查单元划分、点位布设、样品采集、样品流转、样品制备、样品保存、分析测试、数据审核报送、成果集成、保密管理、档案管理等全过程的技术、管理及质控规范体系，印发了管理类和技术类文件 58 项，全面统一农用地土壤污染状况详查技术要求，指导各地按规范实施推进农用地土壤污染状况详查，保证了详查质量的可靠性、数据结果的可比性及详查结论的客观性。云南、广西等省（区）根据本地实际情况，在国家技术规定的基础上，编写了系列技术作业指导书，进一步细化了技术操作要求。

（2）强化详查技术培训

为确保按照统一调查方案、统一实验室筛选要求、统一评价标准、统一质量控制、统一调查时限的“五统一”原则开展本次详查工作，国家详查办组织技术专家开展技术培训、编制培训教材，各省（区、市）和各地级市对本行政区域内管理和技术人员进行培训。培训内容包括方案编制、样品采集、样品制备、分析测试、质量控制、报告编写等。详查办先后举办国家层面农用地土壤污染状况详查相关培训 21 期，4 100 余人次受训，录制并下发分析测试与质量管理授课视频 2 集、农用地土壤污染状况详查实操教学视频 4 集。另外，各省（区、市）举办了各类培训 684 期，参训人员 3.7 万人次，有效地保证了详查的顺利开展。

1.8 质量保证与质量控制

严格、完善的质量管理措施是取得高质量调查成果的重要保障。农用地土壤污染状况详查高度重视质量保证与质量控制工作，以全面质量管理理念为基础，充分借鉴国内外土壤环境调查质量保证与质量控制的组织管理经验与技术手段，结合农用地土壤污染状况详查工作特点及质量管理需求，建立了全过程质量管理技术体系，有效保障了高质量完成农用地土壤污染状况详查任务。[8]

1.8.1 质量管理目标

农用地土壤污染状况详查质量管理总体目标为逐级落实质量管理责任，严格执行全过程内外部质控措施，确保农用地土壤污染状况详查数据和成果真实、准确、全面。同时，进一步明确各环节的质量管理目标，确保详查范围全面、详查单元划分科学合理、点位布设具有针对性和代表性；土壤和农产品样品采集、流转、制备、保存和分析测试全过程操作规范，确保农用地土壤污染状况详查样品具有代表性、完整性和均一性，分析测试数据真实可靠；集成数据完整、准确，详查成果全面、准确、可靠。

1.8.2 质量管理组织体系

为统筹各部门在既有土壤调查工作中形成的不同质量管理组织实施模式，满足土壤详查在多个领域的专业技术需求，更好地落实任务承担单位的质量管理主体责任，农用地土壤污染状况详查构建了国家和地方自上而下、自下而上相结合（上下联动）的国家级、省级、任务承担单位三级管理架构，由生态环境部牵头，依托生态环境部、自然资源部、农业农村部三部委的专业技术力量，构建全国统一、专业高效的全国农用地土壤污染状况详查质量管理体系（图 1-4），逐级落实详查工作质量管理责任。

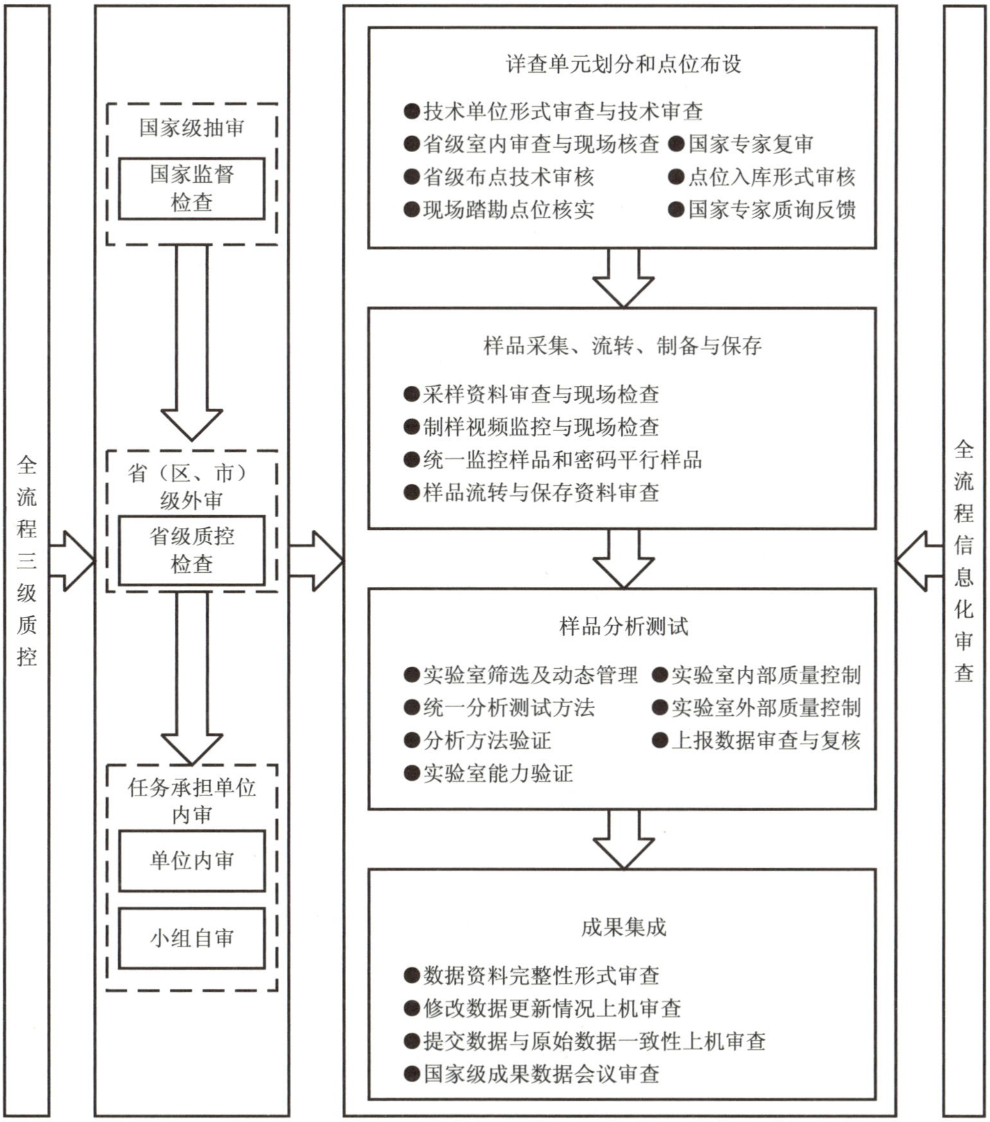

图 1-4 全国农用地土壤污染状况详查质量管理体系

（1）国家层面

国家详查办统筹管理农用地土壤污染状况详查质量保证与质量控制工作，下设质控组，具体负责土壤详查工作质量的统一管理，包括组织建立和完善土壤详查质量管理体系，发布系列管理文件、技术规定、相关工具和答疑文件；组建农用地土壤污染状况详查国家级质控实验室、国家级质量监督检查专家库，对各地农用地土壤污染状况详查质量保证与质量控制工作进行技术指导、监督检查和考核评估。

（2）省级层面

省级土壤污染状况详查工作办公室（以下简称“省级详查办”）负责本行政区农用地土壤污染状况详查工作质量的统一管理，委托省级质控实验室对本行政区农用地土壤污染状况详查质量保证与质量控制工作进行技术指导和组织实施，同时接受国家级质控实验室的技术指导和监督检查。

（3）任务承担单位

任务承担单位是农用地土壤污染状况详查的实施主体，以国家层面和所在省（区、市）正式发布的技术文件为依据开展工作，建立符合本次调查质量保证与质量控制要求的内部质量管理体系并确保其有效运行，配合省级详查办和省级质控实验室或质控牵头单位做好各项相关工作，接受国家级、省级质控实验室或省级质控单位的技术指导、监督检查和质量评估。

1.8.3 质量保证与质量控制措施

为确保农用地土壤污染状况详查数据和成果的真实、准确、全面，在详查中主要采用以下质量保证与质量控制措施：

（1）统一筛选详查样品分析测试实验室

实验室在土壤详查工作中承担着非常重要的样品分析测试任务，其技术能力和管理水平直接影响着土壤详查样品分析测试数据质量。因此，筛选具备足够能力的实验室是土壤详查准备工作阶段开展的一项重要工作。详查实验室筛选分为三部委和地方初步筛选、国家统一筛选、实验室名录发布、实验室增补四个过程。国家详查办在详查实施初期向社会发布土壤详查实验室征集公告，由各省级详查办组织专家对申请单位进行审核并上报初步筛查名单，国家详查办再对各省份上报推荐的检测实验室进行专项能力验证样品考核以及申报材料复核，最终确定土壤详查实验室推荐名单。经筛选和增补，国家详查办发布的详查实验室名录包括 5 个国家级质量控制实验室、32 个省级质量控制实验室和 283 个检测实验室。

（2）编制详查培训教材，统一人员技术培训

为确保农用地土壤污染状况详查质量管理体系有效运行，建立了专业化和规范化的专家队伍，同时为了使技术人员熟悉工作要求、掌握技术要点、明确质量控制要求，国家详查办编制了样品采集、流转、制备和保存技术规定，质控方案等 PPT 培训教材和音频培训教材，录制了土壤样品和农产品采样实际操作视频。国家级质控实验室多次召开全国详查质量保证与质量控制技术研讨会和工作会议，集中对国家级质量控制实验室质控责任专家和省级质量控制实验室主要技术人员进行技术培训，讲授相关技术文件。同时，应各省（区、市）的要求，国家级质量控制实验室组织专家 89 人次，赴 31 个省（区、市）和新疆生产建设兵团开展农用地土壤和农产品样品采集、流转、制备和保存，分析测试和质量保证与质量控制技术培训。

（3）研制统一监控样品，落实外部质控要求

统一监控样品是农用地土壤污染状况详查质控技术体系中专门设置的外部质量控制样品，主要用于控制检测实验室的分析测试系统误差。为确保统一监控样品能满足外部质量控制的需要，国家详查办指定了专门的标准样品研制单位，并明确了全国土壤污染状况详查统一监控样品制备技术要求，有效规范统一监控样品的研制工作。工作开展期间多次召开统一监控样品研制调度会议，确认了各研制单位的工作进展，明确了各研制单位任务完成时限要求，并研究确定了统一监控样品指定值、报警上限值和下限值的技术方法。

（4）强化指导与督查，发现问题及时整改

农用地土壤污染状况详查期间，针对各阶段工作的关键性要求，结合各省（区、市）工作进展情况，国家详查办及国家级质控实验室采取召开座谈会、现场检查和意见交换等形式，先后组织完成 1 轮农用地土壤污染状况详查技术指导、4 轮工作督导与质量监督检查、1 轮重点省份小麦样品专项质量监督检查，并组织完成了 1 轮质量飞行检查，累计派出省级专家和检查人员 1 000 多人次，监督检查任务承担单位近 400 家，及时将技术指导、检查督导过程中发现的问题反馈至各省（区、市）详查主管部门，指导、督促其及时整改，规范有序地推进工作。

（5）协同网络信息技术，统一信息化管理

按照《全国土壤污染状况详查总体方案》的有关要求，本次农用地土壤污染状况详查质量保证与质量控制工作，充分借助和应用智能终端、移动互联网、地理信息系统等信息技术，强化基于信息化的系统管理、控制人为差错。通过协同使用采样、制样、流转、质量控制等各类手持终端，结合网络系统平台和监控影像，实时掌握详查各环节工作进度和质量管理情况。农用地土壤污染状况详查信息技术的应用，切实保障和提

高了详查质量管理工作的实施效率。

参考文献

[1] 中国大百科全书（第一版）：中国地理卷[M]. 北京：中国大百科全书出版社，1992.

[2] 王静爱，左伟. 中国地理图集[M]. 北京：中国地图出版社，2010.

[3] 全国土壤普查办公室. 中国土壤[M]. 北京：中国农业出版社，1998.

[4] 黄昌勇，徐建明. 土壤学[M]. 3 版. 北京：中国农业出版社，2010.

[5] 国务院. 土壤污染防治行动计划（国发〔2016〕31 号）[Z]. 2016.

[6] 环境保护部，国土资源部. 全国土壤污染状况调查公报[Z]. 2014.

[7] 环境保护部，财政部，国土资源部，等. 全国土壤污染状况详查总体方案（环土壤〔2016〕188 号）[Z]. 2016.

[8] 环境保护部办公厅，国土资源部办公厅，农业部办公厅. 农用地土壤污染状况详查质量保证与质量控制技术规定（环办土壤函〔2017〕1332 号）[Z]. 2017.

第 2 章　技术路线与技术体系构建

为规范农用地土壤污染状况详查技术要求，指导各地开展详查工作，生态环境部组织制定和发布了一系列技术规程。本章对比分析了国内外相关土壤环境调查技术概况，介绍了农用地土壤污染状况详查面临的挑战和技术难点，阐述了农用地土壤污染状况详查技术路线的确定和关键技术体系的构建，以及农用地土壤污染状况详查各环节技术标准。

2.1　国内外土壤环境调查

国内外开展的土壤环境调查，通常可以分为农业土壤学调查、土壤地球化学调查和土壤环境污染调查等。不同调查的目的、内容、技术路线、点位布设、样品采集与分析方法、组织实施方式等都不尽相同。

2.1.1　国外土壤环境调查概况

欧美发达国家和地区早期开展的全国或区域性的土壤调查，多为农业土壤学调查，旨在解决当时农业生产中的土壤资源利用问题。例如，1899 年，美国在康涅狄格州等四个州内启动的土壤调查，旨在解决如适宜作物生长所需要的肥料和土壤元素等问题。[1] 1927 年，日本土壤科学与植物营养学会成立后，致力于研究土壤酸性、水田氧化还原潜力等影响作物生长的抑制因素。[2]

20 世纪 30 年代，勘查地球化学技术诞生，并于 1970—1985 年得到广泛应用。各国为了掌握全国或区域范围内的土壤地球化学状况，陆续开展了土壤地球化学调查。例如，20 世纪 70 年代初期，为掌握美国本土未受或少受人为活动影响的地表介质和土壤中的元素丰度信息，美国地质调查局（United States Geological Survey，USGS）启动了全美土壤和地表介质中元素含量（element concentrations in soils and other surficial materials of the conterminous United States）调查项目，在全美范围共计 863 个点位进行了采样，1971—1975 年补充采集 355 个点位的样品。调查项目包括 pH 值，以及铝、砷等 46 种元素。[1]

随着环境污染、气候变化与可持续发展之间的矛盾逐渐凸显，查明环境污染规模和成因，评估潜在风险，发展修复技术等已经成为土壤调查中新的关注热点。21 世纪以来，欧美发达国家和地区多在地球化学调查项目中增加了土壤污染状况调查的内容，如北美土壤地球化学景观项目（North American soil geochemical landscapes project，NASGLP）[3]、欧洲农用地和牧草地土壤地球化学填图（geochemical mapping of agricultural and grazing land soil of Europe，GEMAS）项目等。[4]2002—2003 年，英国土壤和牧草污染物调查（UK soil and herbage pollutant survey，UKSHS）则是典型的土壤环境调查项目。[5,6]

（1）北美土壤地球化学景观项目

2001 年，美国地质调查局、加拿大地质调查局（Geological Survey of Canada，GSC）和墨西哥地质调查局（Servicio Geológico Mexicano，SGM）联合启动了 NASGLP，[3] 旨在了解北美土壤中自然元素的浓度和分布，建立北美土壤地球化学数据库，其服务目的也包含了辅助土壤污染修复目标值或土壤行动/触发值制定、土壤污染风险评估等。

2004—2007 年，NASGLP 开展了洲际和区域两种尺度的试点研究。洲际尺度的试点研究以约 40 km 的间隔沿着横跨加拿大、美国和墨西哥的两条横断面对土壤进行采样和分析；区域尺度的试点则是在美国加利福尼亚州北部约 20 000 km^2 的区域开展加密调查。

2007 年，结束试点研究后，NASGLP 开始全面启动调查采样工作。点位布设精度为每 1 600 km^2 采集 1 个点位，每个点位采集表层 0～5 cm 土壤、A 层土壤和 C 层土壤 3 种样品。调查指标包括铝、碳、铁、钾、镁、钠、硫、钛、银、钡、铍、铋、镉、铈、钴、铬、铯、铜、镓、铟、镧、锂、锰、钼、铌、镍、磷、铅、铷、锑、钪、锡、锶、碲、钍、铊、铀、钒、钨、钇、锌、砷和总碳。为确保数据的可比性，此次参与调查的所有实验室使用相同的标准物质，并进行实验室间质控。

（2）欧洲农用地和牧草地土壤地球化学填图项目

2006 年，欧洲通过新的化学品法规《关于化学品注册、评估、授权和限制的法规》（REACH）。该法规要求通过开展土壤调查以了解欧洲土壤的自然地球化学背景变化状况。2008—2014 年，欧洲地质调查局（EuroGeoSurveys）与欧洲金属协会（Eurometaux）开展 GEMAS 项目，以期为耕地农业土壤提供高质量、可对比的地球化学数据。[4]

调查覆盖了欧洲 33 个国家，调查面积约 560 万 km^2，布点密度为 50 km×50 km，每个网格内采集 1 份农用地土壤样品和 1 份牧草地土壤样品。在每个布点网格内，采样人员可根据现场情况自行确定具体采样位置。其中，从农用地土壤采集 0～20 cm 深度的耕作表层土壤样品，从牧草地土壤采集 0～10 cm 的表层土壤样品。样品采集时采用多点混合的采样方法，在拟采样的耕地或牧草地上，划定 10 m×10 m 的矩形，分别在矩形的四个顶点和中心采集分样品进行混合，混合样品重量要求为 2～2.5 kg。每个点位采样时，拍摄的采样剖面和采样点周边景观如图 2-1 所示。

图 2-1　采样剖面和采样点周边景观

调查采用了严格的质量控制程序，开展统一的样品制备、保存和分析测试。样品制备后，所有土壤样品将随机进行质量控制，并赋予新的实验室编号。所有样品统一运往斯洛伐克进行分析测试。土壤监测项目包括：①王水提取的 53 种化学元素；②与元素生物有效性相关的 pH 值、总有机碳、总碳、总硫等；③经 X 射线荧光光谱法（XRF）测定的 39 种金属元素总浓度；④铅与锶同位素；⑤部分元素的固/液相分配系数。

欧洲农用地和牧草地土壤地球化学填图项目图集于 2013 年世界土壤日发布，调查成果于 2014 年以数据、图件和表格的形式正式发布。

（3）欧盟土地利用/土地覆盖调查

2001 年启动了周期性开展的欧盟土地利用/土地覆盖调查（the EU’s land use and land cover survey，LUCAS）项目，由欧盟统计局（EuroStat）负责组织和管理。为解决欧盟各成员国土壤信息掌握不平衡，土壤调查目的、空间代表性、样品采集设计和分析测试方法上存在较大差异等问题，以更好地支撑政策制定者评估欧洲土壤状况，欧盟委员会于 2009 年决定对 LUCAS 项目进行拓展，针对欧盟各成员国开展表层土壤采样调查。[7]

LUCAS 表层土壤调查于 2009 年启动，每 3 年开展一次，调查范围包括欧盟 25 个成员国（不含保加利亚和罗马尼亚）。为在欧盟范围内首次获得统一可比的土壤调查数据，支撑政策制定，欧盟统计局与欧盟环境总局（the European Commission's Directorates-General for Environment，DGENV）和联合研究中心（the Joint Research Centre，JRC）设计了表层土壤调查评价方法，在 LUCAS 项目全部调查点位中，选择了 20 000 个调查点位，按照统一的方法进行土壤采样调查，每个调查点位采集 0.5 kg 土壤，并送往中心实验室进行物理和化学指标的检测。调查完成时，实际采样点位数量为 19 967 个。

在进行表层土壤采样调查时，每个调查网格提供给调查人员 3 个备选点位，野外采样只需完成其中 1 个点位的采样调查即可。以选定调查点位为中心，设置正方形调查样方（中心采样点到正方形四个顶点的距离为 2 m），在中心采样点及 4 个土壤分样点采集 5 个 0～20 cm 的分样品，混合后形成 0～20 cm 的土壤混合样品。多点混合采样示意图如图 2-2 所示。采集土壤风干后进行分装，经登记和预处理后送往实验室进行检测。调查项目包括颗粒组成、粗粒含量、有机碳、pH 值、多光谱反射率、交换性酸度、碳酸盐含量、总氮、可溶性磷和钾、阳离子交换量和重金属含量。

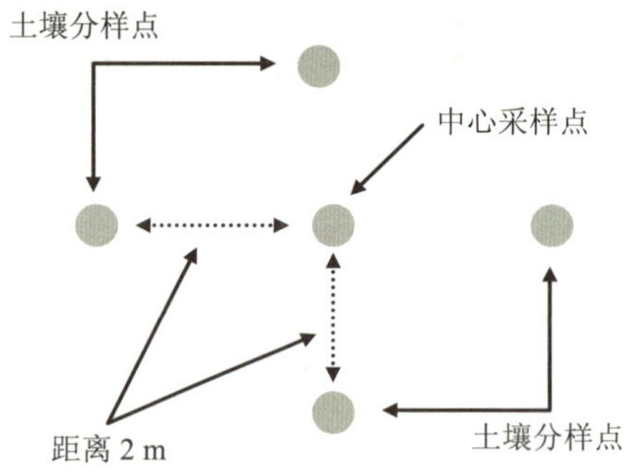

图 2-2 多点混合采样示意图

（4）英国土壤和牧草污染物调查项目

为科学管控土壤污染对人和环境的风险，掌握土壤环境质量状况，评估土壤环境质量变化可能引起的污染风险，研判土壤污染变化趋势，英国环境署（Environment Agency，EA）于 2001—2002 年组织开展了英国土壤和牧草污染物调查采样工作。[5,6]UKSHS 是对土壤和牧草中主要污染物的全面调查，反映土壤和牧草中污染物的本底水平，根据本底水平可对地方进行加密调查，并对后续国家调查结果进行评估。对于某些污染物，UKSHS 首次给出了土壤和牧草含量的综合特征，是英国乡村调查、英格兰和威尔士土壤地球化学调查工作的重要补充。调查项目由英国环境署、英国环境粮食和农村事务部（DEFRA）、威尔士议会政府等 8 家单位共同资助开展。

UKSHS 项目调查范围覆盖英格兰、北爱尔兰、苏格兰和威尔士地区。调查中针对农村、城市地区和工业场地进行差异化布点。农村地区进行布点时，以 50 km×50 km 的网格交叉点作为参考位置，经判断符合采样标准后，选为农村调查点位。城市和工业场地调查点位根据当地环境部门所掌握的情况布设。城市调查点位布设于公园、运动场或公共土地上，工业场地调查点位布设于工业设施范围内。英国全境共布设调查点位 200 个，农村、城市地区和工业场地分别布设了 28 个、122 个和 50 个调查采样点位（表 2-1）。

表 2-1　UKSHS 项目采样点位数量统计　　单位：个

地区	农村地区	城市地区	工业场地
英格兰	61	13	22
北爱尔兰	10	6	4
苏格兰	40	6	10
威尔士	11	3	14
合计	122	28	50

农村和城市地区，每个调查点位应在点位周边 20 m×20 m 的区域内完成采样，采样区要求尽可能远离悬垂的树木。在采样区的西南角借助全球定位系统（GPS）记录位置信息（精度±5 m）。每个点位在采样区内采集 3 个位置的表层土壤样品用于化学分析，每个位置的表层土壤样品由 3 个分样混合而成。同时，采样区内选择 3 处 0.25 m×0.25 m 区域，各采集 1 份植物样品。

工业场地在场地上风向和下风向共设置 4 个调查点位。每个点位采集 1 个表层土壤样品（由 3 个分样混合）和 1 个植物样品。

UKSHS 土壤样品检测项目包括 pH 值等理化性质、镉等重金属、多环芳烃、多氯联苯和二噁英；植物样品检测项目包括重金属、多环芳烃、多氯联苯和二噁英。

2.1.2　国内土壤环境调查概况

自 1949 年以来，我国有关部门先后进行了多次大规模全国土壤环境调查工作，包括第一次全国土壤普查（1958—1960 年）、第二次全国土壤普查（1979—1984 年）、全国土壤环境背景值调查研究（“七五”期间）、多目标区域地球化学调查（1999 年至今）、全国土壤污染状况调查（2005—2013 年）、全国农产品产地土壤重金属污染普查（2012—2016 年）等。各省（区、市）也开展了区域性的土壤环境监测、设施农业污染调查、农产品产地认证等土壤调查工作。本小节重点介绍全国土壤环境背景值调查研究、全国土壤污染状况调查、多目标区域地球化学调查和全国农产品产地土壤重金属污染普查 4 个土壤环境调查项目。

（1）全国土壤环境背景值调查研究

“七五”期间（1986—1990 年），国家将“全国土壤环境背景值调查研究”列为重点科技攻关课题，由中国环境监测总站、北京大学地理系、中国科学院沈阳土壤生态所、各省（区、市）监测科研单位、大专院校和中国科学院有关研究所共计 60 余个单位联合组织开展，对我国 29 个省（区、市）和五个沿海开放城市和特区（大连、温州、厦门、深圳、宁波）进行了土壤环境背景值调查研究。主要目标是提出我国主要土类的土壤环境背景值及区域分异规律，并探究土壤环境背景值在土壤环境标准中的应用及对地方病、农业生产的影响。

调查采用了网格法布点，以我国主要土类为基础，根据我国东、中、西三个地带经济发展的现状及前景差异，为适应国民经济发展的需要，确定了三种网格密度：东部地区约为 30 km×30 km，中部地区约为 50 km×50 km，西部地区约为 80 km×80 km。在所划定的网格范围内，准确采集土类面积较大且有一定典型性、代表性的剖面样品。共计完成了 4 095 个剖面采样任务，并测试了砷、镉、钴、铬、铜、氟、汞、锰、镍、铅、硒、钒、锌、pH 值、有机质、土壤粒级 M1（0.01～1.0 mm）、土壤粒级 M2（0.001～0.01 mm）和土壤粒级 M3（＜0.001 mm）共 18 个项目。调查从 4 095 个剖面中选择了 863 个剖面作为主剖面，并加测了锂、钠、钾、铷、铯、银、铍、镁、钙、锶等 48 个元素。调查总计给出了 69 个项目的基本统计量，是我国土壤环境背景值研究范围最大、涉及项目最多、最为系统完整的一次，在世界范围内也尚属首次。

（2）全国土壤污染状况调查

2005—2013 年，环境保护部和国土资源部联合组织开展了全国土壤污染状况调查，调查范围覆盖全部耕地，部分林地、草地和未利用地，实际调查面积约 630 万 km^2，布设 4.19 万个点位，初步掌握了全国土壤环境质量总体状况及变化趋势、污染类型、污染程度和区域分布。

调查根据不同土地利用类型进行网格法布点，布点网格耕地为 8 km×8 km，林地（原始林除外）、草地为 16 km×16 km，未利用地为 40 km×40 km。调查主要采集表层土壤样品，采样深度为 0～20 cm。

分析测试项目分必测项目和选测项目，必测项目包括土壤理化性质（pH 值、全氮、全磷、全钾、有机质和颗粒组成等）、无机污染物（砷、镉、钴、铬、铜、氟、汞、锰、镍、铅、硒、钒和锌等）、有机污染物（有机氯农药、多环芳烃和邻苯二甲酸酯等）。选测项目包括多氯联苯、石油烃、稀土元素总量、砷、镉、钴、铜、氟、汞、锰、镍、铅、硒、钒和锌等提取态含量等。通过此次调查初步掌握了全国土壤环境质量总体状况及变化趋势、污染类型、污染程度和区域分布。

（3）多目标区域地球化学调查

自 1999 年开始，国土资源部组织开展了多目标区域地球化学调查，调查范围包括第四系发育的平原区、盆地区、山地丘陵区、黄土覆盖区、岩溶区、湖泊沼泽区、近海滩涂、近岸海域及其他重要地区。调查以土壤为主，兼顾湖底沉积物、近岸海域沉积物、水体等地表介质。调查采用双层网格布样模式分别采集表层和深层土壤样品。表层土壤样品基本采样密度为每 1 km^2 取 1 个点，每 4 km^2 取 1 个组合样，城市及矿山周边地区采样密度可加密为每 1 km^2 取 1～2 个点。对滩涂（含潮间带）、森林草原、沼泽湿地和荒漠戈壁等特殊景观区，采样密度可调减为每 4 km^2 取 1～2 个点。表层土壤的采样深度为 0～20 cm。深层土壤样品基本采样密度为每 4 km^2 取 1 个点，每 16 km^2 取 1 个组合样，采样深度为 1.2～1.5 m。采样点布设以代表性为原则，兼顾均匀性与合理性，最大限度控制调查面积。

地球化学样品分析指标包括：银、砷、金、硼、钡、铍、铋、溴、镉、铈、氯、钴、铬、铜、氟、镓、锗、汞、碘、镧、锂、锰、钼、氮、铌、镍、磷、铅、铷、硫、锑、钪、硒、锡、锶、钍、钛、铊、铀、钒、钨、钇、锌、锆、二氧化硅、三氧化二铝、全铁、氧化镁、氧化钙、氧化钾、氧化钠、总碳、有机碳和 pH 值共 54 项。根据地区特点和实际工作需要，可增测稀有、稀散、稀土、稀贵元素和有机污染物。调查已涉及我国 31 个省（区、市），覆盖调查面积 270 万 km^2。通过调查评价工作，基本查明了我国主要农耕区土壤元素的含量水平、空间分布规律以及土壤地球化学质量状况。

（4）全国农产品产地土壤重金属污染普查

2012—2016 年，农业部、财政部组织开展了全国农产品产地土壤重金属污染普查。普查范围为全国 31 个省（区、市）在产的农产品产地（含耕地、园地、林地、草地），普查面积 16.23 亿亩[①]，覆盖全部涉农县、涉农乡镇。

普查布设 130 余万个样点，采用分层布点方法，其中工矿企业周边农区、污水灌区和大中城市郊区三类重点区域，采样布点密度为 1 个点/150 亩；一般农区中按照蔬菜、粮、油、果、茶和棉花等优先顺序布点密度依次降低，蔬菜按 1 个点/1 500 亩、粮食作物按 1 个点/4 000 亩密度布设点位，其余点位按照地方特色、常年主栽的原则在其他农产品产地按面积分配；每个涉农乡镇原则上布设 3 个及以上点位，农产品产地面积较少的也须至少布设 1 个点位。调查点位采集耕作层土壤样品，采样深度一般为 0～20 cm。调查项目包括镉、汞、砷、铅、铬 5 种土壤污染物总量，同时测定 pH 值和阳离子交换量。通过普查，掌握了我国农产品产地土壤重金属污染的总体状况、分布特征和风险水平。

① 1 亩≈666.67 m^2。

2.2 农用地土壤污染状况详查面临的挑战与技术难点

2.2.1 面临的挑战

虽然国内外不同类型土壤环境调查的工作流程基本相同，但由于调查目的和内容不同，采取的调查技术和方法也不完全统一，组织实施方式也不相同。

与以往同类调查相比，农用地土壤污染状况详查面临许多挑战，具有以下特点：

1）时间紧、任务重。按照《土壤污染防治行动计划》要求，2018 年年底前完成全国 31 个省（市、区）和新疆生产建设兵团农用地土壤污染状况详查任务。从 2017 年全面启动采样开始，到 2018 年年底前完成省级成果集成，只有短短两年的有效实施时间，要完成以往通常 5 年或更长时间的调查工作量，被认为是不可能完成的挑战。

2）要求高、责任大。农用地土壤污染状况详查要具体给出农用地污染面积及其分布，完成农用地“优先保护、安全利用、严格管控”的土壤环境质量类别初步判定，直接应用于农用地分类管理，并作为地方是否完成《土壤污染防治行动计划》目标任务的考核依据。

3）人员多、难度大。农用地土壤污染状况详查由生态环境部、自然资源部、农业农村部三个部委负责组织与技术指导，31 个省（市、区）和新疆生产建设兵团为具体实施的责任主体。参与的部门、单位和调查人员众多，再加上农用地土壤污染状况详查全过程环节多，组织协调难度大。

由此可见，为了按时保质完成农用地土壤污染状况详查任务，需要在以下几个方面进行突破：

1）真正实现“五统一”要求。将以往不同部门或行业的调查技术与方法进行整合与集成，农用地土壤污染状况详查按照统一调查方案、统一实验室筛选要求、统一评价标准、统一质量控制、统一调查时限的“五统一”要求开展调查，以获得真实、准确、可比的调查数据，确保调查数据的质量。

2）构建“全过程、链条式、模块化”技术体系。农用地土壤污染状况详查是一项系统工程，涉及的过程长、环节多，需要进行一体化系统设计与技术集成，运用数字化、信息化、智能化等技术进行详查单元划定与详查点位布设、调查数据汇总与评价、单元面积测算等，以及需要采用先进的分析测试设备和标准化方法进行大通量样品分析测试。同时，详查应尽量减少人工、纸质化操作，以降低人员工作强度，提高工作效率。

3）创建“多部门协调、上下联动、资源共享”工作模式和机制。建立跨部门工作协调和信息共享机制；建立国家统一组织、地方分级落实、上下联动的工作模式；充分依靠生态环境、自然资源、农业农村等部门技术力量以及社会实验室资源，为农用地土壤污染状况详查提供专业人员和物质保障。

2.2.2　技术难点

为了满足农用地土壤污染状况详查工作要求，亟须梳理关键技术难点，以及创新和突破构建农用地土壤污染状况详查的关键技术方法体系。

（1）基于详查单元划分的差异化布点关键技术与方法

查明农用地土壤污染面积是农用地土壤污染状况详查的重要技术难题。科学合理布设调查点位，获得高精度调查数据，是实现这一目标的重要前提和支撑。农用地土壤污染状况详查充分利用已有调查数据和土壤重点污染源信息，构建了基于农用地土壤污染程度与土壤污染成因等多要素的详查单元划分方法，针对不同类型的详查单元，进行了不同调查精度的差异化布点，在确保调查数据满足污染面积确定要求的同时，综合考虑详查任务量总体合理可行。

（2）满足高通量、严质控要求下的样品制备、流转与检测的最佳可行技术

农用地土壤污染状况详查需在相对有限的时间内，完成大批量土壤和农产品的样品采集、制备、流转、检测等工作，涉及的工作环节多、质量要求高，参与调查的单位和人员数量大，调查工作安排和质量管理挑战空前。为此，农用地土壤污染状况详查探索了高通量制样、流转技术与方法，筛选和构建了最佳可行的样品检测技术体系，为按期、高质量完成调查任务提供了重要保障。

（3）基于点位数据综合评价和评价单元划分的农用地土壤污染面积确定关键技术与方法

实现农用地土壤污染状况详查从“点位超标率”向农用地“土壤污染面积”转变，是亟须解决的关键技术问题。农用地土壤污染状况详查集成表层土壤点位质量类别判定方法、土壤重金属活性评价方法、土壤重金属累积性评价方法、农产品质量安全评价方法，建立了综合评价方法体系；探索了在详查单元内，基于点位评价结果、土壤污染源信息、农用地分布等多要素开展评价单元划分与质量类别确定的技术方法，为确定安全利用类、严格管控类农用地面积提供了技术方法保障。

（4）支撑“布点-采样-制样-送检-保存-检测”全过程进展和质量管理的农用地土壤污染状况详查智能终端与信息管理系统

农用地土壤污染状况详查涉及约 55 万个点位的布设和样品采集、制备、送检、保存和检测等环节，调查任务量大、工作环节多、专业性强，质控要求高，按期完成调查任务极具挑战。为实现农用地土壤污染状况详查项目的精准、高效和智慧化管理，基于移动互

联网、物联网终端、二维码、遥感、地理信息系统（GIS）、全球定位系统、网络数据库等信息技术，研发构建的农用地土壤污染状况详查智能终端与信息管理系统，为农用地土壤污染状况详查全过程推进与质量管理提供了重要支撑。

2.3　农用地土壤污染状况详查技术路线确定

根据农用地土壤污染状况详查的任务与要求，环境保护部、财政部、国土资源部、农业部、国家卫生和计划生育委员会联合编制了《全国土壤污染状况详查总体方案》，报国务院批准后发布实施。其间，组织专家反复讨论研究，最终确定了农用地土壤污染状况详查技术路线，如图 2-3 所示。

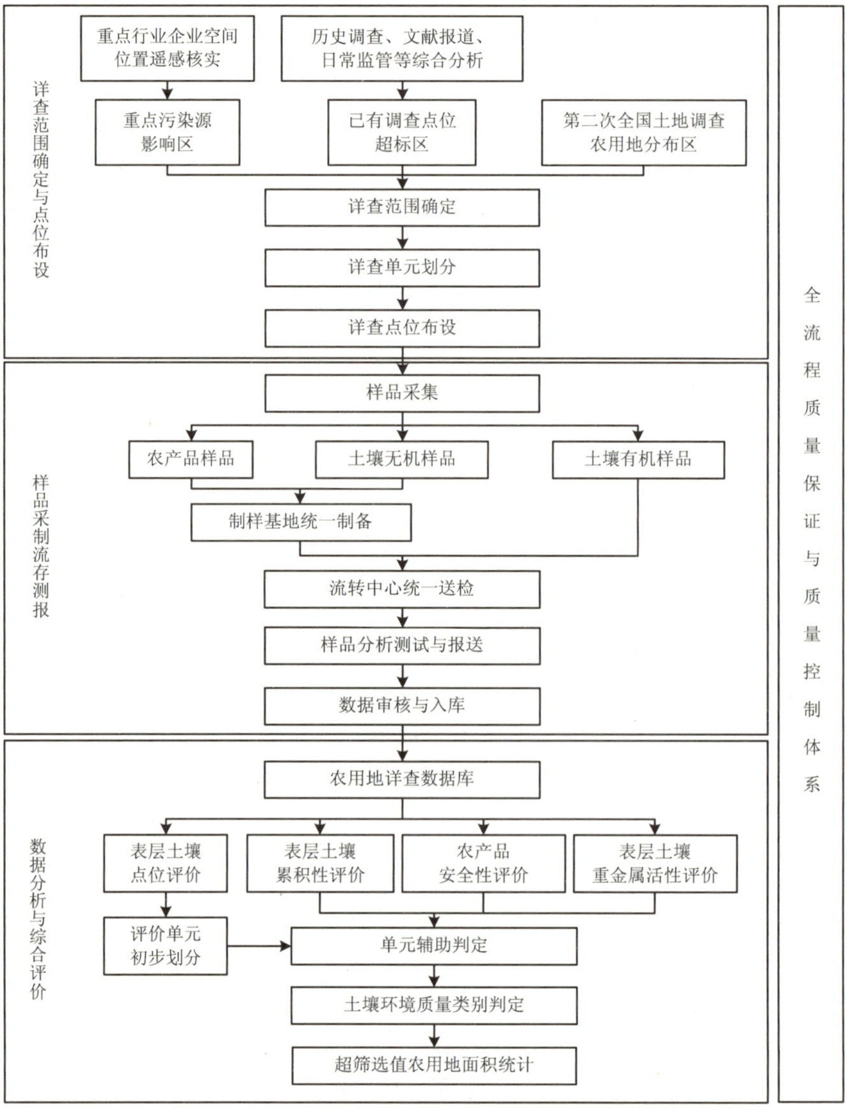

图 2-3　农用地土壤污染状况详查技术路线

2.3.1 详查范围确定与点位布设

（1）详查范围确定

农用地土壤污染状况详查的目标是查明农用地土壤污染面积与分布。为确保在有限工作时间、经费成本等条件下，高质量完成调查任务，合理确定详查范围和任务量至关重要。本次农用地土壤污染状况详查在充分利用已有相关调查数据、土壤重点污染源等多源数据上，分析已有调查土壤点位超标区和土壤重点污染源影响区等疑似农用地污染区，并与第二次全国土地调查（“二调”）农用地图斑数据进行叠加后确定农用地土壤污染状况详查范围。

（2）详查单元划分

农用地土壤污染状况详查区别于以往土壤环境调查的重要创新是在详查范围内划分了详查单元。综合考虑农用地利用方式、污染类型和特征、地形地貌等因素，可将详查单元分为灌溉水型详查单元（含传统污水灌溉）、大气污染型详查单元及其他类型详查单元。农用地土壤污染状况详查单元是详查布点的独立考察单元，又是详查数据统计分析的基本单元，也是将来根据详查结果初步划分农用地土壤环境质量类别、实行分类管理的基础。为后续根据点位评价结果等多源信息提供支撑，在详查单元基础上进一步划分评价单元，并按照评价单元确定农用地土壤环境质量类别，实现由“点位”调查结果测算农用地土壤“污染面积”。

（3）详查点位布设

农用地土壤污染状况详查点位布设采用“上下联动，部门协作”的方式进行。按照详查“五统一”要求，国家层面统一组织进行全国农用地土壤污染状况详查点位预布设，省级及以下地方生态环境等相关部门组织进行点位核实与调整，地方提交点位数据由国家层面组织审定。经审定后的点位数据导入全国农用地土壤污染状况详查手持终端与信息管理系统，作为各省（区、市）和新疆生产建设兵团农用地土壤污染状况详查任务的依据。

2.3.2 样品采制流存测报

农用地土壤污染状况详查样品采集、制备、流转、保存、检测和数据报送等工作环节（以下简称“采制流存测报”）采用链条式、一体化设计。为规范和指导各地开展农用地土壤污染状况详查中样品采制流存测报等工作，国家统一制定和发布了《农用地土壤样品采集流转制备和保存技术规定》《农产品样品采集流转制备和保存技术规定》《全国土壤污染状况详查土壤样品分析测试方法技术规定》《全国土壤污染状况详查农产品样品分析测试方法技术规定》等技术文件，各地按照相关文件要求，开展农用地土壤污染状况详查样品采集、制备、流转、保存、检测和数据报送工作。各地应用专门研发的农用地土壤污染状况详查手持终端和信息管理系统，开展采样、制样、流转送检过程中样品的加密编码、检测子样和入库样品的分装、标签打印，完成土壤、农产品样品检测数据的报送和审核，实时上传相关调查数据。

2.3.3 数据分析与综合评价

农用地土壤污染状况详查建立多要素、多维度土壤环境风险评价体系。将获得的表层土壤、深层土壤和农产品样品检测数据进行汇总分析，对于调查获得的表层土壤点位检测数据，对照农用地土壤环境相关标准进行初步风险评价。在详查单元内，结合表层土壤点位评价结果和污染源特征、地形地貌、农用地分布等信息，进一步细化评价单元，初步研判评价单元内农用地土壤环境质量类别；对于调查获得的协同点位农产品样品检测数据，对照食品中污染物限量标准进行评价；对于表层土壤可提取态重金属检测数据，对照可提取态评价参考值，评价土壤重金属活性；根据农产品超标评价和土壤重金属活性评价结果，对评价单元的土壤环境质量类别进行辅助判断，优化调整单元农用地土壤环境质量类别。根据详查范围内划分的评价单元及土壤环境质量类别信息，分别统计详查范围内安全利用类和严格管控类农用地面积。根据点位数据评价、单元划分评价、土壤环境质量类别研判结果，进行分析评价结果的空间表征，编制相关成果图集。汇总各类调查数据，形成农用地土壤污染状况详查成果数据库。

2.3.4 质量保证与质量控制

农用地土壤污染状况详查质量保证与质量控制是相对独立的系统，覆盖农用地土壤污染状况详查全过程、各环节。为确保详查工作质量，国家统一制定并发布了《农用地土壤污染状况详查质量保证与质量控制技术规定》，各地针对详查样品采集、制备、流转、保存、检测和数据报送等工作环节，开展质量保证与质量控制工作。

2.4 农用地土壤污染状况详查技术体系的构建

农用地土壤污染状况详查技术体系的构建是一项系统工程，由点位布设、采样调查、样品分析测试、数据分析与综合评价、图件编制与样品库建设等系统和覆盖各系统的质量保证与质量控制体系、信息技术系统等部分组成（图 2-4）。

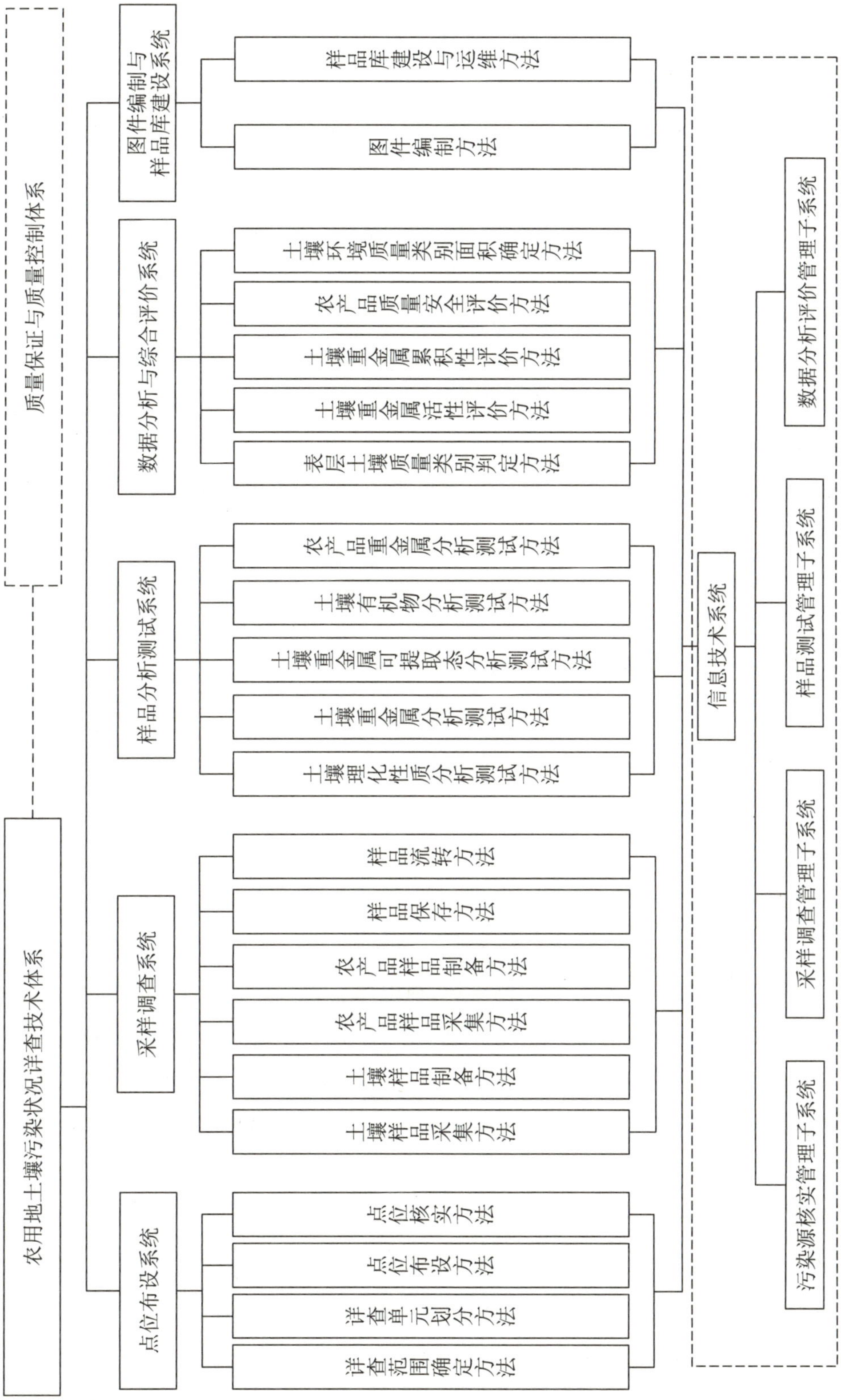

图 2-4　农用地土壤污染状况详查技术体系框架图

2.4.1 点位布设系统

点位布设系统包括详查范围确定方法、详查单元划分方法、点位布设方法和点位核实方法。

（1）详查范围确定方法

构建基于多源数据融合分析的调查范围确定方法。在有限的时间内，查明农用地土壤污染面积与分布是详查的首要目标。为此，在确定农用地土壤污染状况详查范围时，充分发挥已有调查数据的支撑作用，汇总生态环境、自然资源、农业农村等多个部门已有调查数据成果，国家层面对数据进行统一评价，获得已有调查土壤点位超标区信息；同时，国家层面组织系统梳理和掌握了土壤重点污染源和日常监管信息，分析确定重点污染源影响区（含污灌区）和其他疑似污染区信息；将基于多源数据分析获得的超标区、重点污染源影响区和其他疑似污染区与第二次全国土地调查农用地图斑进行空间叠加分析，合理确定农用地土壤污染状况详查范围。

（2）详查单元划分方法

构建基于污染特征等多要素的详查单元划分方法。农用地土壤污染状况详查需要攻克的关键技术难题就是如何实现从“点位超标率”向“农用地超标面积”的重要转变。为实现这一目标，在详查范围内，结合农用地土壤污染扩散特征和污染成因，划分灌溉水污染型、大气污染型等详查单元，为进一步划分评价单元、确定土壤环境质量类别、统计超筛选值农用地面积奠定基础。

（3）点位布设方法

构建调查精度差异化设计的点位布设方法。查明农用地土壤污染面积与分布，需要高精度布设调查点位和详细的采样调查数据来支撑。基于对已有调查数据的分析评价，划分了土壤点位轻度、中度和重度超标区。农用地土壤污染状况详查根据点位超标区内土壤可能受污染程度，进行不同调查精度的差异化布点设计。对于轻度点位超标区按照 1 000 m×1 000 m 布设调查点位，对于中度、重度点位超标区，采用更高的调查布点精度（如 500 m×500 m）。中度、重度点位超标区内重点污染源聚集的地区（企业聚集影响区），可根据情况适当提高布点精度。

（4）点位核实方法

采用国家和地方自上而下、自下而上相结合（上下联动）的点位核实方法，确保点位布设的科学性和合理性。国家提供农用地土壤污染状况详查预布设点位，指导地方进行点位核实，核实后的布点数据再上报国家审核。生态环境、自然资源、农业农村等部门组织相关技术单位专家组成专家组，对详查单元划分合理性、点位布设规范性、布点信息完整性等进行审核，地方根据反馈的审核意见和存在问题完成整改。

2.4.2　采样调查系统

采样调查系统包括土壤样品采集方法、土壤样品制备方法、农产品样品采集方法、农产品样品制备方法、样品保存方法和样品流转方法。

（1）确定多部门融合的详查样品采集与制备方法

基于统一融合、与时俱进和可操作原则，借鉴国内外、多部门土壤环境相关调查实践经验，确定农用地土壤污染状况详查表层土壤、深层土壤和农产品样品采集与制备方法。

（2）确定规模化、集中式详查样品制备、保存和流转方法

考虑到农用地土壤污染状况详查需在有限时间内完成大量样品的采集、制备与流转任务，国家组织各地设立规模化、集中式的制样基地与流转中心。制备基地负责土壤样品的风干、研磨、分样和包装；流转中心负责制备后样品的保存，并按照样品检测质控要求，新建各类检测项目样品的送检样包，按比例插入外部密码平行样和统一监控样后，流转至实验室检测。

2.4.3　样品分析测试系统

样品分析测试系统包括土壤理化性质分析测试方法、土壤重金属分析测试方法、土壤重金属可提取态分析测试方法、土壤有机物分析测试方法、农产品重金属分析测试方法。

（1）建立最佳可行测试方法体系

为确保农用地土壤污染状况详查中土壤、农产品样品分析测试数据的准确性、可比性，基于方法先进性、适用性、可行性和友好性原则，建立最佳可行测试方法体系。优先选择国内相关部门颁布的国家标准和行业标准方法，兼顾考虑国际标准方法；优先选用准确度高、灵敏度高、抗干扰能力强、重现性比较好，且成本较低的分析测试方法；在满足质量管理要求和样品分析灵敏度和精密度的前提下，优先选择多指标同步测定的分析方法；针对同一检测项目的多种分析方法，优先选择前处理流程简单，试剂、溶剂无毒或低毒且用量少的环境友好型分析方法。

（2）确定土壤重金属可提取态测定方法

根据详查工作要求，农用地土壤污染状况详查涉及 8 种重金属可提取态分析测试。为确保分析测试方法可行，针对国内土壤重金属可提取态，充分调研国外标准机构如国际标准化组织（ISO）和美国环境保护局（EPA）的可提取态分析方法，组织技术单位对国内外主要提取方法（稀硝酸提取法、氯化钙提取法、硝酸铵提取法、DTPA 提取法）开展

对比验证工作，召开多轮专家咨询会和论证会，确定本次详查的土壤可提取态分析方法。

2.4.4 数据分析与综合评价系统

数据分析与综合评价系统包括表层土壤质量类别判定方法、土壤重金属活性评价方法、土壤重金属累积性评价方法、农产品质量安全评价方法、土壤环境质量类别面积确定方法。

（1）构建“多要素、多维度”的综合评价方法体系

查明农用地土壤污染的面积、分布及其对农产品质量的影响，创新农用地土壤污染状况详查评价方法至关重要。已有的土壤环境质量评价方法多以单因子评价为主，且仅考虑土壤或农产品的质量状况，无法准确评估地质高背景区域土壤环境质量。为解决该难题，本次详查构建了“多要素、多维度”的综合评价方法体系，即对照《土壤环境质量　农用地土壤污染风险管控标准（试行）》（GB 15618—2018）中的筛选值和管制值开展表层土壤质量类别判定，对照《食品安全国家标准　食品中污染物限量》（GB 2762—2017）进行农产品质量安全评价，根据土壤污染物可提取态含量进行土壤重金属活性评价，开展土壤重金属累积性评价，利用农产品、重金属活性和累积性进行环境质量类别的综合调整。

（2）构建“由点到面”的土壤环境质量类别面积确定方法

实现从“点位超标率”向“农用地超标面积”的重要转变是本次详查需要攻克的关键技术难题，其中单元边界的确定又是难点和重点。在详查单元基础上，将单元内点位类别一致性的单元调整为评价单元，采用单因子评价和多因子综合评价方法初步判定土壤环境质量类别，再结合农产品安全性评价结果和土壤镉活性评价结果进行单因子辅助判定，针对多因子综合类别制定，按照最差因子类别确定农用地土壤环境质量类别，确定农用地范围内或行政区内农用地土壤不同环境质量类别对应的面积和比例，查明农用地土壤污染状况与分布。

2.4.5 图件编制与样品库建设系统

（1）图件编制方法

农用地土壤污染状况详查图件编制综合运用了地理信息系统、遥感和地图制图等技术，利用点状、面状、统计图表等多种符号，以地图的形式全面直观地呈现农用地土壤污染状况详查主要成果。针对本次详查数据点位密集、图斑复杂、分布不均等特点，运用制图分析、科学建模、综合表达等方法，科学、合理、准确地展示了全国农用地土壤环境质量类别面积、分布特征及土壤污染对农产品质量的影响。

（2）样品库建设与运维方法

详查的土壤和农产品样品分别送入国家和省级样品库并进行长期保存。土壤与农产品样品承载着丰富的生态环境信息，是掌握土壤环境质量信息的宝贵“标本”，规范、有效的管理与保藏详查样品可确保样品的可利用性，并支撑土壤环境状况数据的溯源与复查。建立详查土壤和农产品样品库，规范和保障了土壤和农产品样品入库、样品的长期稳定保存、样品信息查询和样品出库等环节。

2.4.6　信息技术系统

农用地土壤污染状况详查信息技术系统包括污染源核实管理子系统、采样调查管理子系统、样品测试管理子系统、数据分析评价管理子系统。

（1）构建基于高分遥感影像等信息技术的土壤重点污染源核实管理子系统

重点行业企业是可能造成农用地污染的重要污染源。为进一步核实土壤重点污染源信息，集成高分遥感影像产品数据、辅助核查数据、土壤重点污染源专题数据等，开发了土壤污染源核实管理子系统，规范了各地土壤污染源核查数据入库管理，显著提升了工作效率和工作质量。

（2）构建基于移动智能终端的采样调查管理子系统

为保证按期、高质量完成农用地土壤污染状况详查任务，创新详查技术方法和手段，集成移动智能终端、移动互联网、二维码、全球定位系统等现代信息技术，开发了覆盖农用地土壤污染状况详查样品采集、制备、流转、检测等关键环节的智能终端应用软件，实现调查任务的精准派发、调查信息的规范填报、调查样品的自动编码、调查数据的实时上传，打通了关键环节的业务流程，有效支撑了农用地土壤污染状况详查各环节工作进展管理与质量管理。

（3）构建基于网络数据库等信息技术的样品测试管理子系统

为有序开展农用地土壤污染状况详查中大量样品的检测和数据的质量审核，研发构建了基于网络数据库、移动智能终端等信息技术的样品测试管理子系统。研发的样品检测智能终端 App 支持实验室进行大批量样品收样交接，研发子系统支持检测实验室按照规定要求，统一报送样品检测数据，开发的检测数据质控检验模块可支持质控单位开展数据质量审核。

（4）构建基于网络地理信息系统的数据分析评价管理子系统

为支撑农用地土壤污染状况详查，获得了大量土壤和农产品检测数据的分析与评价，研发构建了数据分析评价管理子系统。子系统针对表层土壤调查数据、深层土壤调查数据，开发了环境质量初步评价、累积性评价、农产品安全性评价等分析算法，实现了数据评价结果统计查询和基于网络地理信息系统的地图表征。

2.5 统一农用地土壤污染状况详查技术标准

为统一农用地土壤污染状况详查各环节技术要求，详查办组织制定了农用地土壤污染状况详查系列技术文件。农用地土壤污染状况详查采用的相关技术标准/文件见表 2-2。在国家相关技术标准文件的基础上，各地根据本地区实际情况制定了相应的技术细则、补充技术规定、操作手册等地方技术标准，以满足本地区的调查需要。

表 2-2 农用地土壤污染状况详查采用的相关技术标准/文件

序号	标准/技术文件名称	标准号/文件号	主要内容
1	《土壤环境质量 农用地土壤污染风险管控标准（试行）》	GB 15618—2018	规定了农用地土壤污染风险筛选值和管制值，以及监测、实施与监督要求
2	《食品安全国家标准 食品中污染物限量》	GB 2762—2017	规定了食品中铅、镉、汞、砷、锡、镍、铬、亚硝酸盐、硝酸盐、苯并[*a*]芘（B*a*P）、*N*-二甲基亚硝胺、多氯联苯、3-氯-1,2-丙二醇的限量指标
3	《农用地土壤污染状况详查点位布设技术规定》	环办土壤函〔2017〕1021 号	规定了农用地土壤污染状况详查的点位布设原则、主要工作流程、农用地土壤污染状况详查范围确定、详查单元划分、点位布设要求以及样点和样品的编码规则等，适用于全国土壤污染状况详查中农用地土壤污染状况详查点位的布设
4	《农用地土壤样品采集流转制备和保存技术规定》	环办土壤函〔2017〕59 号	明确了农用地土壤样品采集、流转、制备和保存的方法和技术要求，适用于全国土壤污染状况详查以及与其相关的土壤污染状况调查
5	《农产品样品采集流转制备和保存技术规定》	环办土壤函〔2017〕59 号	明确了农产品样品采集、流转、制备和保存的方法和技术要求，适用于全国土壤污染状况详查中农产品污染状况协同调查
6	《农用地土壤污染状况详查质量保证与质量控制技术规定》	环办土壤函〔2017〕1332 号	规定了农用地土壤污染状况详查工作全过程质量管理的基本要求，适用于详查样品的采集、制备、流转、保存、分析测试、结果报告等过程的质量保证与质量控制
7	《全国土壤污染状况详查土壤样品分析测试方法技术规定》	环办土壤函〔2017〕1625 号	确定了全国土壤污染状况详查工作中农用地和重点行业企业用地土壤样品，包括无机项目（干物质和水分、总铅、总砷、总镉、总汞、总铜、总锌、总镍、总铬、总钴、总钒、总锑、总铊、总钼、总锰、总铍、总锡、氟化物、氰化物、可提取态元素）、有机污染物（多环芳烃类、有机氯农药类、石油烃类、挥发性有机物类、酚类、多氯联苯类、硝基苯类、二噁英类）、土壤理化性质（pH 值、有机质、机械组成、阳离子交换量）的分析测试方法，适用于所有承担全国土壤污染状况详查土壤样品分析测试任务的检测实验室

序号	标准/技术文件名称	标准号/文件号	主要内容
8	《全国土壤污染状况详查农产品样品分析测试方法技术规定》	环办土壤函〔2017〕1625 号	确定了全国土壤污染状况详查工作中农产品样品，包括总砷、总铅、总镉、总汞、总铜、总锌、总镍、总铬的分析测试方法，适用于所有承担全国土壤污染状况详查农产品样品分析测试任务的检测实验
9	《土壤样品库建设及运行维护技术规定》	环办土壤函〔2018〕1454 号	明确了全国土壤污染状况详查土壤样品库房结构、样品入库、数据库建设和样品库运行维护的方法和技术要求，适用于全国土壤污染状况详查、国家土壤环境质量监测网、国家和省级土壤样品库建设与管理
10	《全国农用地土壤污染状况详查制图规范（试行）》	环办土壤函〔2018〕1462 号	规定了全国农用地土壤污染状况详查图件制作的地图投影及比例尺、图件内容、图件种类、图幅配置等内容，适用于全国农用地土壤污染状况详查工作成果图件制作
11	《农用地土壤环境风险评价技术规定（试行）》	环办土壤函〔2018〕1479 号	规定了农用地土壤环境风险评价的评价内容和程序、评价项目、评价方法等，适用于全国土壤污染状况详查中农用地土壤环境风险评价，为进一步准确划分农用地土壤环境质量、推进农用地分类管理奠定基础

参考文献

[1] Shacklette H T，Boerngen J G. Element Concentrations in Soils and other Surficial materials of the Conterminous United States[M]. Washington，D.C.：US Government Printing Office，1984.

[2] Hatano R，Shinjo H，Takata Y，et al. Soil priorities in Japan[J]. Geoderma Regional，2022，28：e00485.

[3] Smith B，Cannon F，Woodruff G，et al. History and progress of the North American soil geochemical landscapes project，2001—2010[J]. 地学前缘，2012，19（3）：19-32.

[4] Reimann C，Albanese S，Batista M J，et al. EuroGeoSurveys geochemical mapping of agricultural and grazing land soil of Europe（GEMAS）-Field manual[R]. 2008.

[5] Wood M D，Copplestone D，Crook P. UK soil and herbage pollutant survey：Report No.1 Introduction and Summary[R]. 2007.

[6] Wood M D，Copplestone D，Crook P. UK soil and herbage pollutant survey：Report No. 2 Chemical and radiometric sample collection methods[R]. 2007.

[7] Orgiazzi A，Ballabio C，Panagos P，et al. LUCAS soil，the largest expandable soil dataset for Europe：a review[J]. European Journal of Soil Science，2018，69（1）：140-153.

第3章　详查范围确定、单元划分及点位布设

根据农用地土壤污染状况详查的目标和任务，科学确定农用地土壤污染状况详查范围，并进行详查单元划分，是合理布设调查点位的重要前提。农用地土壤污染状况详查范围主要针对已有调查发现的点位超标区和历史上土壤污染问题突出区，结合土壤重点污染源影响区的分布情况综合确定。详查单元划分主要基于土壤污染特征和“源-汇”关系、不同地形地貌的尺度效应、农用地分布等因素而划定。点位布设依据详查单元大小、土壤污染类型、数据分析与综合评价需求，结合农用地土壤污染状况详查工作量和经费支撑等情况而进行差异化布点。与已有调查相比，农用地土壤污染状况详查范围确定、详查单元划分、点位布设具有以下几个难点：一是详查范围确定要突出重点，聚集问题；二是详查单元划分要符合实际，边界落地；三是点位布设要有代表性，精准定位。

3.1　国内外点位布设方法

3.1.1　国外土壤调查点位布设方法概述

调研表明，国外已开展的土壤环境相关调查立足特定目标，部分项目以全域为调查范围，综合考虑了不同土地利用方式，点位布设以网格法为主，网格大小根据调查区域范围、调查目的确定。国外已开展的相关调查工作点位布设等相关技术要点见表3-1。

2007年，美国地质调查局、加拿大地质调查局和墨西哥地质调查局联合启动了北美土壤地球化学景观项目，[1]各国按照每1 600 km^{2}采集1个点位的精度开展调查工作。

21世纪初美国开展的土壤地球化学和矿物学调查覆盖美国全域，以40 km×40 km的密度布设了4 857个调查点位。

表 3-1　国外已开展的相关调查工作点位布设等相关技术要点

国家/区域	时间	名称	调查范围	点位布设方法	点位布设精度	点位数/个	备注
北美	2001—2007 年	土壤地球化学景观项目	美国、加拿大、墨西哥	网格布点	40 km×40 km	—	—
美国	21 世纪初	土壤地球化学和矿物学调查	美国全域	网格布点	40 km×40 km	4 857	—
欧洲	2008—2014 年	农用地和牧草地土壤地球化学填图项目	33 个国家 560 万 km^2	网格布点	50 km×50 km	>4 000	—
欧盟	2009 年、2015 年、2018 年	土地利用/土地覆盖调查项目	25 个成员国	网格布点	2 km×2 km	20 000	网格共布设参考点约 100 万个，选取 20 万个作为控制网格点位，对其中 2 万个进行土壤采样调查
英国	2001—2002 年	土壤和牧草污染物调查	英国全境	网格布点	50 km×50 km	200	农村地区 122 个，城市 28 个，工业场地 50 个
	2007 年	乡村调查	英国全境	分层抽样随机网格布点	5 点/1 km×1 km	2 955	15 km×15 km 网格，1 km×1 km 方格，14.14 m×14.14 m 地块

2008—2014 年，欧洲地质调查局与欧洲金属协会在欧洲大陆范围内开展农用地和牧草地土壤地球化学填图项目，[2]以平均每 2 500 km^2 布设 1 个点位的调查精度，采集了 4 000 多个农用地土壤（0～20 cm）样本和牧草地土壤（0～10 cm）样本。

欧盟土地利用/土地覆盖调查项目[3]覆盖范围包括欧盟 25 个成员国（不含保加利亚和罗马尼亚），按照 2 km×2 km 的网格密度在欧盟地区布设参考点，共计约 100 万个，根据不同土地利用方式，选取 20 万个调查点位作为项目的控制网格点位，并从中选择了 2 万个调查点位，按照标准方法进行土壤采样调查。

英国土壤和牧草污染物调查项目[4]调查范围覆盖英格兰、北爱尔兰、苏格兰和威尔土地区。调查中，对农村、城市地区和工业场地进行差异化布点。其中农村地区进行布点时以 50 km×50 km 的网格交点作为参考位置，经判断符合条件后选为农村调查点位，共布设 122 个。

英国乡村调查[5]将英国全境以 15 km×15 km 网格密度划分出 1 228 个方格。在网格中心点根据土地类型随机选取若干 1 km×1 km 的方格，选取的方格覆盖了英国乡村调查所有涉及的土地类型。然后，在每个方格内随机选取 5 个地块进行土壤采样。每个地块（14.14 m×14.14 m）采集 5 个样品（4 个土芯样品，1 个袋装样品）。

3.1.2 国内土壤调查点位布设方法概述

国内已开展的相关调查工作及标准规定的点位布设方法见表 3-2。

表 3-2 国内已开展的相关调查工作及标准规定的点位布设方法

序号	时间	工作/标准名称	调查/适用范围	点位布设方法
1	2005—2013 年	全国土壤污染状况调查	除香港、澳门和台湾以外的陆地国土	网格布点，耕地为 8 km×8 km，林地（原始林除外）、草地为 16 km×16 km，未利用地为 40 km×40 km，点位共计 4.19 万个
2	1999 年至今	多目标区域地球化学调查	基本覆盖我国东部、中部大部分及西部部分地区	网格布点，基本采样密度 1 km×1 km，点位共计 37.78 万个
3	2012—2016 年	全国农产品产地土壤重金属污染普查	全国 31 个省（区、市）的农产品产地	网格布点，重点区域 1 个点/150 亩，蔬菜按 1 个点/1 500 亩、粮食作物按 1 个点/4 000 亩密度布设点位，点位共计 132.56 万个
4	2004 年	《土壤环境监测技术规范》（HJ/T 166—2004）	全国区域土壤背景、农田土壤环境、土壤污染事故等	监测单元内：$N=t^2s^2/D^2$　$N=t^2C_V^2/m^2$ 区域调查：2.5 km×2.5 km、5 km×5 km、10 km×10 km、20 km×20 km、40 km×40 km 网格布点
5	2012 年	《农田土壤环境质量监测技术规范》（NY/T 395—2012）	农田土壤环境	划分大气污染型、灌溉水污染型等监测单元，并根据不同类型规定了放射状布点、带状布点及均匀布点方法，根据调查目的及面积确定点位数量
6	2014 年	《多目标区域地球化学调查规范（1∶250 000）》（DZ/T 0258—2014）	陆地第四系发育区及近岸海域多目标区域	网格布点，表层土壤样品基本采样密度为 1 个/km^2，城市及矿山周边地区，可加密 1～2 个点/km^2，森林草原可放稀 1～2 个/4 km^2

全国土壤污染状况调查（2005—2013 年）的调查范围为除香港、澳门和台湾以外的陆地国土，调查点位覆盖全部耕地，部分林地、草地、未利用地和建设用地，调查面积约 630 万 km^2。根据不同土地利用类型（除建设用地外）进行网格布点，耕地为 8 km×8 km，

林地（原始林除外）、草地为 16 km×16 km，未利用地为 40 km×40 km，共布设 4.19 万个样点。

多目标区域地球化学调查（1999 年至今）已在我国 31 个省（区、市）开展，调查区域覆盖了经济发达、人口稠密的平原盆地、近海滩涂、湖泊湿地、丘陵草原及黄土高原等，调查面积 270 万 km^2，覆盖全国耕地总面积的 78.4%。采用网格布点方式采集表层和深层土壤样品。调查表层土壤样品基本采样密度为 1 个点/km^2，1 个组合样/4 km^2，城市及矿山周边地区采样密度可加密为 1～2 个点/km^2。对近海滩涂、森林草原、湖泊湿地和荒漠戈壁等特殊景观区，采样密度可调减为 1～2 个点/4 km^2。

全国农产品产地土壤重金属污染普查（2012—2016 年）范围为全国 31 个省（区、市）的农产品产地，包括工矿企业周边农区、污水灌区、大中城市郊区三类重点区域和其他农产品产地（一般农区），覆盖面积 16.23 亿亩，此项普查布设了 130 余万个样点，其中工矿企业周边农区、大中城市郊区和污水灌区三类重点区域采样布点密度为 1 个点/150 亩，一般农区中按照蔬菜、粮、油、果、茶和棉花等优先顺序布点，密度依次降低，其中蔬菜按 1 个点/1 500 亩、粮食作物按 1 个点/4 000 亩布设点位，其余点位在其他作物产地按面积分配。

此外，国内在土壤环境质量调查、地球化学调查等工作基础上，已经形成了一系列涉及农用地土壤环境的调查监测方法，并分别发布相关国家或行业标准，主要包括《土壤环境监测技术规范》（HJ/T 166—2004）[6]、《农田土壤环境质量监测技术规范》（NY/T 395—2012）[7]和《多目标区域地球化学调查规范（1∶250 000）》（DZ/T 0258—2014）[8]等。由于各项目的调查目的和适用范围不同，所采用的点位布设等方法也不尽相同。其中《农田土壤环境质量监测技术规范》（NY/T 395—2012）提出了根据不同单元开展农田土壤环境质量监测，并根据不同类型规定了放射状布点、带状布点及均匀布点方法，其他标准均以随机或网格布点为主。

《土壤环境监测技术规范》（HJ/T 166—2004）由土壤环境监测布点、样品采集、样品处理、样品测定、环境质量评价、质量保证、附录等内容组成，规范了土壤监测的步骤和技术要求。其中，布点与样品数量采用“随机”和“等量”原则，布点方法采用简单随机（包括用掷骰子、抽签、查随机数表等方式）、分块随机（考虑污染类型划分监测单元）及系统随机（考虑含量变化划分网格），基础样品数量可由均方差和绝对偏差计算样品数，或是变异系数和相对偏差计算。

《农田土壤环境质量监测技术规范》（NY/T 395—2012）主要规定了农田土壤环境质量监测的布点采样、分析方法、质控措施、数理统计、结果评价、成果表达与资料整编等技术内容，适用于农田土壤环境质量监测。其中，该标准规定根据不同单元开展农田土壤环境质量监测，单元类型包括大气污染型、灌溉水污染型等监测单元，并根据不同单元类型，规定了放射状布点、带状布点及均匀布点方法。

《多目标区域地球化学调查规范（1∶250 000）》（DZ/T 0258—2014）规定了采样密度、采样点布设、样品编号等技术内容。其中，表层土壤样品基本采样密度为 1 km×1 km，具体可根据不同区域加密或放稀。适用于土壤地球化学样品、近海海域沉积物地球化学样品、湖泊沉积物地球化学样品、水地球化学样品采样调查。

3.2 详查范围确定方法

农用地土壤污染状况详查范围主要包含三种情况：一是已有调查土壤点位超标区；二是土壤重点污染源影响区；三是历史上土壤污染问题突出区。以上各区与土地利用图中农用地图斑进行空间叠加分析，确定最终农用地土壤污染状况详查范围。

3.2.1 土壤点位超标区

3.2.1.1 确定方法

土壤点位超标区基于生态环境、自然资源和农业农村等部门已开展相关调查的数据综合分析后确定。采用统一的评价标准与评价方法，分析提取土壤污染超标点位及代表区域，与自然资源部门第二次全国土地调查结果（2015 年更新数据）中的农用地图斑进行叠加分析，确定全国轻度、中度、重度农用地土壤点位超标区（以下简称“点位超标区”），点位超标区由国家组织专家共同确定。原则上，已有调查发现的点位超标区均纳入详查范围，不得随意丢弃超标点位。对连片的非超标点位中呈孤立状态的超标点位，由省级生态环境部门组织进行核实，确认是否纳入详查范围。

3.2.1.2 确定过程

（1）不同来源调查数据属性检查

汇总生态环境、自然资源和农业农村等部门的全国土壤污染状况调查数据、多目标区域地球化学调查数据和全国农产品产地土壤重金属污染普查数据，共计 216 万多条。

详查需检查获得数据的属性是否一致，如点位坐标系等。生态环境、农业农村部门调查数据使用的是 1984 年世界大地坐标系（WGS84），自然资源部门调查数据采用的是 1980 西安坐标系，为便于数据分析评价，将调查数据坐标系统一为 2000 国家大地坐标系（CGCS2000）。

（2）开展调查数据统一评价

经过对比分析三部门调查评价标准和方法，全国土壤污染状况调查基于《全国土壤污染状况评价技术规定》（环发〔2008〕39 号），采用单项污染指数法对土壤环境质量状况进行评价；全国农产品产地土壤重金属污染普查基于《全国农产品产地土壤重金属安全评估技术规定》（农办科〔2015〕42 号），采用单因子指数法对土壤环境质量状况进行评价；多目标区域地球化学调查基于《土壤环境质量标准》（GB 15618—1995），采用单项污染指数法对土壤环境质量状况进行评价。

三部门调查中使用不同的数据评价标准和方法，考虑到土壤环境风险管控的需要，经讨论后将评价标准和方法统一为《土壤环境质量标准》（GB 15618—1995）和单项污染指数法。考虑到农产品质量安全，将评价项目确定为镉、汞、砷、铅、铬 5 种重金属（表 3-3）。

表 3-3　三部门调查数据统一评价标准值

评价项目		推荐参考值/（mg/kg）
镉		0.30
汞		0.50
砷	旱地	30
	水田	25
铅		300
铬	旱地	200
	水田	300

土壤环境质量评价采用单项污染指数法，其计算公式为

$$P_i = C_i/S_i$$

式中，P_i——土壤中污染物 i 的单项污染指数；

C_i——调查点位土壤中污染物 i 的实测浓度，mg/kg；

S_i——污染物 i 的评价标准值或参考值，mg/kg。

根据 P_i 的大小，将土壤污染程度划分为五级（表 3-4）。

表 3-4　三部门土壤环境质量评价等级

等级	污染物单项污染指数（P_i）	污染评价
I	$P_i \leqslant 1$	无污染
II	$1 < P_i \leqslant 2$	轻微污染

等级	污染物单项污染指数（P_i）	污染评价
Ⅲ	$2<P_i\leqslant 3$	轻度污染
Ⅳ	$3<P_i\leqslant 5$	中度污染
Ⅴ	$P_i>5$	重度污染

（3）点位超标区划定

将污染评价为“轻度污染”“中度污染”和“重度污染”的点位作为超标点位。对“轻度污染”和“中度污染”点位，划定周边 1.5 km 作为土壤点位超标区，对“重度污染”点位，划定周边 1 km 作为土壤点位超标区。通过对已有调查数据进行统一分析评价，划定的已有调查土壤点位超标区，将作为农用地土壤污染状况详查范围确定的重要依据。

3.2.2 土壤重点污染源影响区

土壤重点污染源影响区是农用地土壤污染状况详查范围的重要补充。土壤重点污染源是指对土壤环境质量影响较大的重点行业企业污染源。以《土壤污染防治行动计划》中明确的监管重点，即以有色金属矿采选、有色金属冶炼、石油开采、石油加工、化工、焦化、电镀、制革等 8 个行业为基础，按照重点调查和系统调查相结合的工作思路，根据《国民经济行业分类》（GB/T 4754—2017），结合土壤环境管理政策标准、行业污染防治技术政策和产排污特点，参考专家咨询意见确定重点行业，筛选出 73 个重点行业小类；根据企业服务年限、生产规模、生产工艺、原辅料和污染物特点确定具体企业筛选原则。

3.2.2.1 土壤重点污染源筛选确定

我国工业企业数量庞大、行业类型复杂多样。根据《国民经济行业分类》（GB/T 4754—2017），我国行业有 20 个门类，97 个大类，473 个中类和 1 382 个小类。企业对农用地土壤环境的影响与行业类别、规模、生产历史等因素密切相关。

综合行业产排污特点及对周边土壤环境可能存在的影响，确定了土壤重点行业企业污染源的筛选原则包括：

（1）《土壤污染防治行动计划》要求的行业

筛选重点行业的重要依据就是《土壤污染防治行动计划》。其中明确提出重点监管有色金属矿采选、有色金属冶炼、石油开采、石油加工、化工、焦化、电镀、制革等行业。

（2）与土壤环境管理优先控制污染物相关的行业

梳理我国各种类型土壤环境质量标准及相关污染防治政策，综合确定对土壤环境影响较大的污染因子，通过行业生产工艺特点、典型产品结构、污染物产生特征和排放形式，对照污染因子确定重点行业。

（3）环境监测与研究中发现存在污染的行业

除上述行业外，有研究资料或实际监测表明存在可能对土壤产生污染的行业，通过专家咨询意见综合考虑纳入土壤污染重点行业。

在土壤污染重点行业类别的基础上，根据企业服务年限、生产规模、生产工艺、原辅料和污染物等方面进行土壤环境影响分析，并针对每一个行业小类逐项给出土壤污染重点企业的筛选原则。筛选原则包括：

1）企业服务年限。主要考虑不同服务年限企业的环境风险、污染物累积差异，年限划分为：5 年以下、5～15 年、15～30 年、30 年以上。个别行业根据行业特点、行业整体技术装备更新、污染物排放标准更替等，采取不同年份划分原则。例如，炼焦行业（行业代码：2520）根据污染物排放标准更替，选取 5 年、10 年、20 年为划分依据。

2）企业生产规模。企业生产规模划分主要依据相关建设规模标准、设计资质标准、产业结构目录等文件。

3）企业生产工艺、原辅料和污染物。根据企业生产工艺、原辅料、排放污染物进行确定。

综合上述的重点行业类别和重点企业筛选依据，国家层面组织专家对主要国民经济行业中的企业原辅料、产品、副产品、固体废物和生产环节进行分析，确定对周边农用地土壤可能产生污染影响的重点污染源，主要涉及国民经济行业分类中的 17 个大类、38 个中类、73 个小类具有一定规模和生产年限的重点企业（表 3-5）。地方可结合实际情况，补充其他行业企业或遗漏的污染企业。

表 3-5　土壤污染重点行业分类及重点企业筛选原则

大　类	中　类	小　类	重点企业筛选原则
07 石油和天然气开采业	071 石油开采	0710 石油开采	5 年内大型企业，15 年内的大型、中型企业，15 年以上的所有企业（按企业经济规模划分）
08 黑色金属矿采选业	081 铁矿采选	0810 铁矿采选	所有硫铁矿采选企业；其他开采 5 年以内、规模 100 万 t/a（地下矿）或 200 万 t/a（露天矿）以上企业，开采 5～15 年、规模 30 万 t/a（地下矿）或 60 万 t/a（露天矿）以上企业，开采 15 年以上的所有企业
	082 锰矿、铬矿采选	0820 锰矿、铬矿采选	开采 5 年以内、规模 10 万 t/a 以上企业，开采 5～15 年、规模 5 万 t/a 以上企业，开采 15 年以上的所有企业
	089 其他黑色金属矿采选	0890 其他黑色金属矿采选（钒矿）	开采 5 年以内、规模 5 万 t/a 以上企业，开采 5 年以上的所有企业

大　类	中　类	小　类	重点企业筛选原则
09 有色金属矿采选业	091 常用有色金属矿采选	0911 铜矿采选	开采 15 年以上的企业，开采 15 年内、规模 3 万 t/a 以上企业
		0912 铅锌矿采选	
		0913 镍钴矿采选	
		0914 锡矿采选	
		0915 锑矿采选	开采 15 年以上的企业，开采 15 年内、规模 1 万 t/a 以上的企业
		0916 铝矿采选	开采 15 年以上的企业，开采 15 年内、规模 6 万 t/a 以上的企业
		0919 其他常用有色金属采选（汞）	所有汞矿采选企业
	092 贵金属矿采选	0921 金矿采选	开采 15 年以上企业，开采 15 年内、含氰化浸出工艺或规模 1.5 万 t/a 以上企业
		0921 银矿采选	开采 15 年以上的企业，开采 15 年内、规模 3 万 t/a 以上的企业
	093 稀有稀土金属矿采选	0931 钨钼矿采选	
		0932 稀土金属矿采选	开采 15 年以上的企业，开采 15 年内、规模 6 万 t/a 以上的企业
17 纺织业	171 棉纺织及印染精加工	1713 棉印染精加工	生产 10 年以内、规模 3 000 万 m/a 以上企业，生产 10～25 年、规模 1 000 万 m/a 以上企业，生产 25 年以上的所有企业
	172 毛纺织及染整精加工	1723 毛染整精加工	
	173 麻纺织及染整精加工	1733 麻染整精加工	
	174 丝绢纺织及印染精加工	1743 丝印染精加工	
	175 化纤织造及印染精加工	1752 化纤织物染整精加工	
	176 针织或钩针编织物及其制品制造	1762 针织或钩针编织物印染精加工	
19 皮革、毛皮、羽毛及其制品和制鞋业	191 皮革鞣制加工	1910 皮革鞣制加工	生产 15 年以上企业，生产 15 年以内、年产 20 万标张以上企业
	193 毛皮鞣制及制品加工	1931 毛皮鞣制加工	生产 15 年以上企业，生产 15 年内、年产 10 万标张以上企业
22 造纸和纸制品业	221 纸浆制造	2211 木竹浆制造	生产 5 年以内、规模 10 万 t/a 以上企业，生产 5～15 年、规模 5 万 t/a 以上企业，生产 15 年以上的所有企业
		2212 非木竹浆制造	生产 5 年以内、规模 5 万 t/a 以上企业，生产 5～15 年、规模 3.4 万 t/a 以上企业，生产 15 年以上的所有企业

大　类	中　类	小　类	重点企业筛选原则
25 石油加工、炼焦和核燃料加工业	251 精炼石油产品制造	2511 原料加工及石油制品制造	生产 5 年以内大型企业，生产 5～15 年以内的中型及以上企业，生产 15 年以上的所有企业
		2512 人造原油制造	除以生物油为原料外的所有企业
	252 炼焦	2520 炼焦	生产 5 年以内的大型企业，生产 5～10 年的中型及以上企业，生产 10～20 年的小型及以上企业，生产 20 年以上的所有企业
26 化学原料和化学制品制造业	261 基础化学原料制造	2611 无机酸制造	以硫铁矿为原料生产硫酸的企业；以磷矿和黄磷为原料生产磷酸的企业；氢氟酸生产企业；原料或产品涉及镉、汞、砷、铅、铬、铜、锌等污染因子的其他生产企业
		2613 无机盐制造	原料或产品涉及镉、汞、砷、铅、铬、铜、锌、镍、锶、钡、钴的生产企业
		2614 有机化学原料制造	所有电石法制乙炔企业；原料或产品涉及《展览会用地土壤环境质量评价标准（暂行）》（HJ/T 350—2007）中污染因子的生产企业
		2619 其他基础化学原料制造	原料或产品涉及《展览会用地土壤环境质量评价标准（暂行）》（HJ/T 350—2007）中污染因子的生产企业
	263 农药制造	2631 化学农药制造	所有化学合成农药原药生产企业
	264 涂料、油墨、颜料及类似产品制造	2643 颜料制造	所有化学合成颜料生产企业
		2644 染料制造	
	265 合成材料制造	2651 初级形态塑料及合成树脂制造	所有电石法制聚氯乙烯企业；原料或产品涉及《展览会用地土壤环境质量评价标准（暂行）》（HJ/T 350—2007）中污染因子的生产企业
		2652 合成橡胶制造	原料或产品涉及《展览会用地土壤环境质量评价标准（暂行）》（HJ/T 350—2007）中污染因子的生产企业
		2653 合成纤维单（聚合）体的制造	
		2659 其他合成材料制造	原料或产品涉及《展览会用地土壤环境质量评价标准（暂行）》（HJ/T 350—2007）中污染因子的生产企业
	266 专用化学品制造	2661 化学试剂和助剂制造	原料或产品涉及《展览会用地土壤环境质量评价标准（暂行）》（HJ/T 350—2007）中污染因子的生产企业
		2662 专项化学用品制造	
		2664 信息化学品制造	
		2669 其他专用化学产品制造	
	267 炸药、火工及焰火产品制造	2671 炸药及火工产品制造	所有炸药和雷管生产企业

大 类	中 类	小 类	重点企业筛选原则
27 医药制造业	271 化学药品原料药制造	2710 化学药品原料药制造	全部化学合成原料药生产企业
28 化学纤维制造业	281 纤维素纤维原料及纤维制造	2811 化纤浆粕制造	生产 5 年以内、规模 5 万 t/a 以上企业，生产 5～15 年、规模 2.5 万 t/a 以上企业，生产 15 年以上的所有企业
		2812 人造纤维（纤维素纤维）制造	生产 5 年以内、规模 10 万 t/a 以上企业，生产 5～15 年、规模 5 万 t/a 以上企业，生产 15 年以上的所有企业
	282 合成纤维制造	2822 涤纶纤维制造	生产 5 年以内、规模 5 万 t/a 以上企业，生产 5～15 年、规模 1.5 万 t/a 以上企业，生产 15 年以上的所有企业
		2823 腈纶纤维制造	
		2826 氨纶纤维制造	生产 5 年以内、规模 0.3 万 t/a 以上企业，生产 5～15 年、规模 0.1 万 t/a 以上企业，生产 15 年以上所有企业
		2829 其他合成纤维制造	生产 5 年以内、规模 0.2 万 t/a 以上企业，生产 5～15 年、规模 500 t/a 以上企业，生产 15 年以上全部企业
31 黑色金属冶炼和压延加工业	311 炼铁	3110 炼铁	生产 5 年以内、规模 100 万 t/a 以上企业，生产 5～15 年、规模 50 万 t/a 以上企业，生产 15 年以上所有企业
	312 炼钢	3120 炼钢	
	315 铁合金冶炼	3150 铁合金冶炼	生产 5 年以内、规模 2.5 万 t/a 以上企业，生产 5～15 年、规模 1.25 万 t/a 以上企业，生产 15 年以上全部企业
32 有色金属冶炼和压延加工业	321 常用有色金属冶炼	3211 铜冶炼	生产 15 年以上的企业，生产 15 年以内、规模 3 万 t/a 以上的企业
		3212 铅锌冶炼	生产 15 年以上的企业，生产 15 年以内、全部铅冶炼企业和规模 3 万 t/a 以上的锌冶炼企业
		3213 镍钴冶炼	生产 15 年以上的企业，生产 15 年以内、规模 1 万 t/a 以上的企业
		3214 锡冶炼	生产 15 年以上的企业，生产 15 年以内、规模 3 000 t/a 以上的企业
		3215 锑冶炼	生产 15 年以上的企业，生产 15 年以内、规模 1 000 t/a 以上的企业
		3216 铝冶炼	生产 15 年以上的企业，生产 15 年以内、规模 30 万 t/a（氧化铝）或 5 万 t/a（电解或再生铝）以上的企业
		3217 镁冶炼	生产 15 年以上的企业，生产 15 年以内、规模 5 000 t/a 以上的企业
		3219 其他常用有色金属冶炼	涉汞企业全部纳入

大　类	中　类	小　类	重点企业筛选原则
32 有色金属冶炼和压延加工业	322 贵金属冶炼	3221 金冶炼	生产 15 年以上的企业，生产 15 年以内、规模 1 t/a 以上的企业
		3222 银冶炼	生产 15 年以上的企业，生产 15 年以内、规模 100 t/a 以上的企业
	323 稀有稀土金属冶炼	3231 钨钼冶炼	生产 15 年以上的企业，生产 15 年以内、规模 3 000 t/a 以上的企业
		3232 稀土金属冶炼	生产 15 年以上的企业，生产 15 年以内、规模 2 000 t/a 以上的企业
33 金属制品业	336 金属表面处理及热处理加工	3360 金属表面处理及热处理加工	原辅料中含氟、氰、铜、锌、镍、铬、镉、铅、锡、汞的企业
38 电气机械和器材制造业	384 电池制造	3841 锂电子电池制造	生产 15 年以上的企业
		3842 镍氢电池制造	生产 15 年以上的企业
		3849 其他电池制造	原辅料中含铅、镉、锌、锰、银或产品为铅蓄电池、镍镉电池的企业，生产 15 年以上的硅太阳能电池生产企业
59 仓储业	599 其他仓储业	5990 其他仓储业	原油、成品油及涉及危化品的仓储企业以及金属矿物仓储企业
77 生态保护和环境治理业	772 环境治理业	7724 危险废物治理	所有危险废物焚烧、医疗废物的处理处置企业
78 公共设施管理业	782 环境卫生管理	7820 环境卫生管理（生活垃圾处置）	所有生活垃圾处置企业

3.2.2.2　土壤重点污染源影响范围确定

重点行业企业污染源主要通过大气扩散和废水灌溉等途径影响周边农用地土壤，经过长期累积造成农用地土壤污染。影响范围主要与行业类型、生产年限、规模、地形地貌、风向风速、降雨量等因素有关。

经过专家咨询论证，确定不同行业企业影响范围划分参考标准，分别提出了污染影响的基本范围和范围调整的规则，见表 3-6～表 3-16。

表 3-6 金属矿采选业大气沉降影响范围

<table>
<tr><th colspan="3">确定依据</th><th colspan="2">尾矿库/km</th><th>露天采场、地采污风井、选矿厂/km</th><th>运输道路/km</th></tr>
<tr><td colspan="3">基本范围</td><td colspan="2">1.0</td><td>0.5</td><td>0.1</td></tr>
<tr><td rowspan="9">范围调整</td><td rowspan="2">年限/a</td><td>＜15</td><td colspan="2">0</td><td>—</td><td>—</td></tr>
<tr><td>≥15</td><td colspan="2">+0.5</td><td>—</td><td>—</td></tr>
<tr><td rowspan="4">多年平均风速/（m/s）</td><td>＜3</td><td>0</td><td rowspan="4">主导风向明显地区，主导风向下风向影响范围+0.5</td><td>—</td><td>—</td></tr>
<tr><td>3～5</td><td>+0.5</td><td>—</td><td>—</td></tr>
<tr><td>5～7</td><td>+1.0</td><td>—</td><td>—</td></tr>
<tr><td>＞7</td><td>+2.0</td><td>—</td><td>—</td></tr>
<tr><td rowspan="3">年平均降雨量/mm</td><td>＜400</td><td colspan="2">+1.0</td><td>—</td><td>—</td></tr>
<tr><td>400～800</td><td colspan="2">0</td><td>—</td><td>—</td></tr>
<tr><td>＞800</td><td colspan="2">−0.5</td><td>—</td><td>—</td></tr>
</table>

注：尾矿库大气沉降影响范围为 0.5～5.0 km。

表 3-7 石油加工业大气沉降影响范围

<table>
<tr><th colspan="3">确定依据</th><th colspan="2">影响范围/km</th></tr>
<tr><td colspan="3">基本范围</td><td colspan="2">1.0</td></tr>
<tr><td rowspan="12">范围调整</td><td rowspan="2">年限/a</td><td>＜20</td><td colspan="2">0</td></tr>
<tr><td>≥20</td><td colspan="2">+0.5</td></tr>
<tr><td rowspan="2">规模</td><td>中小型</td><td colspan="2">0</td></tr>
<tr><td>大型</td><td colspan="2">+0.5</td></tr>
<tr><td rowspan="3">多年平均风速/（m/s）</td><td>＜2</td><td>+0.2</td><td rowspan="3">主导风向明显地区，主导风向下风向影响范围+0.5</td></tr>
<tr><td>2～4</td><td>0</td></tr>
<tr><td>＞4</td><td>−0.2</td></tr>
<tr><td rowspan="2">地形</td><td>平原/简单地形</td><td colspan="2">0</td></tr>
<tr><td>抬升地形</td><td colspan="2">抬升侧延伸至 3.0 倍排气筒高度等高线位置</td></tr>
<tr><td rowspan="3">年平均降雨量/mm</td><td>＜400</td><td colspan="2">+0.2</td></tr>
<tr><td>400～800</td><td colspan="2">0</td></tr>
<tr><td>＞800</td><td colspan="2">−0.2</td></tr>
</table>

注：1. 石油加工业大气沉降影响范围为 0.7～3.0 km。

2. 企业规模依据《关于印发统计上大中小微型企业划分方法的通知》（国统字〔2011〕75 号）划分。

表 3-8　炼焦业大气沉降影响范围

<table>
<tr><th colspan="3">确定依据</th><th colspan="2">影响范围/km</th></tr>
<tr><td colspan="3">基本范围</td><td colspan="2">1.5</td></tr>
<tr><td rowspan="14">范围调整</td><td rowspan="3">年限/a</td><td>＜5</td><td colspan="2">0</td></tr>
<tr><td>5～20</td><td colspan="2">+0.5</td></tr>
<tr><td>＞20</td><td colspan="2">+1.0</td></tr>
<tr><td rowspan="3">规模/
（kt/a）</td><td>＜1 000</td><td colspan="2">−0.5</td></tr>
<tr><td>1 000～3 000</td><td colspan="2">0</td></tr>
<tr><td>＞3 000</td><td colspan="2">+0.5</td></tr>
<tr><td rowspan="3">多年平均风速/
（m/s）</td><td>＜2</td><td>+0.2</td><td rowspan="3">主导风向明显地区，主导风向下风向影响范围+0.5</td></tr>
<tr><td>2～4</td><td>0</td></tr>
<tr><td>＞4</td><td>−0.2</td></tr>
<tr><td rowspan="2">地形</td><td>平原/简单地形</td><td colspan="2">0</td></tr>
<tr><td>抬升地形</td><td colspan="2">抬升侧延伸至 2.0 倍排气筒高度等高线位置</td></tr>
<tr><td rowspan="3">年平均降雨量/mm</td><td>＜400</td><td colspan="2">+0.2</td></tr>
<tr><td>400～800</td><td colspan="2">0</td></tr>
<tr><td>＞800</td><td colspan="2">−0.2</td></tr>
</table>

注：大气沉降影响范围为 0.7～3.5 km。

表 3-9　化学原料和化学制品制造业大气沉降影响范围

<table>
<tr><th colspan="3">确定依据</th><th colspan="2">影响范围/km</th></tr>
<tr><td colspan="3">基本范围</td><td colspan="2">1.0</td></tr>
<tr><td rowspan="11">范围调整</td><td rowspan="3">年限/a</td><td>＜10</td><td colspan="2">0</td></tr>
<tr><td>10～20</td><td colspan="2">+0.2</td></tr>
<tr><td>＞20</td><td colspan="2">+0.4</td></tr>
<tr><td rowspan="3">占地/hm²</td><td>＜10</td><td colspan="2">−0.2</td></tr>
<tr><td>10～100</td><td colspan="2">0</td></tr>
<tr><td>＞100</td><td colspan="2">+0.2</td></tr>
<tr><td rowspan="2">行业</td><td>有机化工</td><td colspan="2">−0.2</td></tr>
<tr><td>无机化工</td><td colspan="2">0</td></tr>
<tr><td rowspan="3">多年平均风速/
（m/s）</td><td>＜2</td><td>+0.2</td><td rowspan="3">主导风向明显地区，主导风向下风向影响范围+0.5</td></tr>
<tr><td>2～4</td><td>0</td></tr>
<tr><td>＞4</td><td>−0.2</td></tr>
</table>

确定依据			影响范围/km
范围调整	地形	平原/简单地形	0
		抬升地形	抬升侧延伸至 1.4 倍排气筒高度等高线位置
	年平均降雨量/mm	＜400	+0.2
		400～800	0
		＞800	−0.2

注：大气沉降影响范围为 0.5～2.5 km。

表 3-10　医药制造业大气沉降影响范围

<table>
<tr><th colspan="3">确定依据</th><th colspan="2">影响范围/km</th></tr>
<tr><td colspan="3">基本范围</td><td colspan="2">1.0</td></tr>
<tr><td rowspan="14">范围调整</td><td rowspan="3">年限/a</td><td>＜5</td><td colspan="2">0</td></tr>
<tr><td>5～10</td><td colspan="2">+0.3</td></tr>
<tr><td>＞10</td><td colspan="2">+0.5</td></tr>
<tr><td rowspan="3">占地/hm²</td><td>＜10</td><td colspan="2">−0.2</td></tr>
<tr><td>10～100</td><td colspan="2">0</td></tr>
<tr><td>＞100</td><td colspan="2">+0.2</td></tr>
<tr><td rowspan="3">多年平均风速/（m/s）</td><td>＜2</td><td>+0.2</td><td rowspan="3">主导风向明显地区，主导风向下风向影响范围+0.5</td></tr>
<tr><td>2～4</td><td>0</td></tr>
<tr><td>＞4</td><td>−0.2</td></tr>
<tr><td rowspan="2">地形</td><td>平原/简单地形</td><td colspan="2">0</td></tr>
<tr><td>抬升地形</td><td colspan="2">抬升侧延伸至 1.4 倍排气筒高度等高线位置</td></tr>
</table>

注：大气沉降影响范围为 0.6～2.0 km。

表 3-11　黑色金属冶炼和压延加工业大气沉降影响范围

确定依据			影响范围/km
基本范围			1.5
范围调整	年限/a	＜5	0
		5～15	+0.5
		＞15	+1.0
	规模/（万 t/a）	＜50	−0.5
		50～100	0
		＞100	+0.5

确定依据			影响范围/km	
范围调整	地形	平原/简单地形	0	
		抬升地形	抬升侧延伸至 3.0 倍排气筒高度等高线位置	
	多年平均风速/（m/s）	＜2	+0.2	主导风向明显地区，主导风向下风向影响范围+0.5
		2～4	0	
		＞4	−0.2	
	年平均降雨量/mm	＜400	+0.2	
		400～800	0	
		＞800	−0.2	

注：大气沉降影响范围为 1.0～4.0 km。

表 3-12 有色金属冶炼和压延加工业大气沉降影响范围

确定依据			铜、镍、钴、铅、锌、锡、锑、汞/km		铝/km		其他/km
基本范围			1.5		1.0		0.5
范围调整	年限/a	＜5	0		0		—
		5～15	+1.0		+0.2		—
		＞15	+2.0		+0.5		—
	规模	小型	−0.5		−0.2	含铝用碳素生产影响范围+0.3	—
		中型	0		0		—
		大型	+0.5		+0.2		—
	地形	平原/简单地形	0				—
		抬升地形	抬升侧延伸至 2.5 倍排气筒高度等高线位置				—
	多年平均风速/（m/s）	＜2	+0.5	主导风向明显地区，主导风向下风向影响范围+1.0	+0.2	主导风向明显地区，主导风向下风向影响范围+0.5	—
		2～4	0		0		—
		＞4	−0.5		−0.2		—
	年平均降雨量/mm	＜400	+0.5		+0.2		—
		400～800	0		0		—
		＞800	−0.5		−0.2		—

注：1. 重有色金属冶炼大气沉降影响范围为 1.0～5.0 km。
2. 电解铝大气沉降影响范围为 0.6～2.5 km。
3. 企业规模参照《工程设计资质标准》（建市〔2007〕86 号）“冶金行业建设项目设计规模划分表”执行。

表 3-13 电池制造业大气沉降影响范围

<table>
<tr><th colspan="3">确定依据</th><th colspan="2">铅蓄电池/km</th><th>其他电池/km</th></tr>
<tr><td colspan="3">基本范围</td><td colspan="2">1.0</td><td>0.5</td></tr>
<tr><td rowspan="8">范围调整</td><td rowspan="3">年限/a</td><td>＜5</td><td colspan="2">0</td><td>0</td></tr>
<tr><td>5～15</td><td colspan="2">+0.2</td><td>+0.2</td></tr>
<tr><td>＞15</td><td colspan="2">+0.5</td><td>+0.5</td></tr>
<tr><td rowspan="3">多年平均风速/（m/s）</td><td>＜2</td><td>+0.2</td><td rowspan="3">主导风向明显地区，主导风向下风向影响范围+0.5</td><td>—</td></tr>
<tr><td>2～4</td><td>0</td><td>—</td></tr>
<tr><td>＞4</td><td>−0.2</td><td>—</td></tr>
<tr><td rowspan="2">地形</td><td>平原/简单地形</td><td colspan="2">0</td><td>—</td></tr>
<tr><td>抬升地形</td><td colspan="2">抬升侧延伸至 1.4 倍排气筒高度等高线位置</td><td>—</td></tr>
</table>

注：1. 铅蓄电池大气沉降影响范围为 0.8～2.0 km，其他电池大气沉降影响范围为 0.5～1.0 km。
2. 若铅酸蓄电池企业含有再生铅生产，则大气沉降影响范围的确定参照有色冶炼业。

表 3-14 危废、医废和生活垃圾处置业大气沉降影响范围

<table>
<tr><th colspan="3">确定依据</th><th colspan="2">生活垃圾焚烧和危废、医废焚烧/km</th><th>生活垃圾填埋和危废、医废填埋/km</th></tr>
<tr><td colspan="3">基本范围</td><td colspan="2">3.0/2.0</td><td>0.5/0.8</td></tr>
<tr><td rowspan="10">范围调整</td><td rowspan="2">年限/a</td><td>＜10</td><td colspan="2">0</td><td>—</td></tr>
<tr><td>≥10</td><td colspan="2">+0.5</td><td>—</td></tr>
<tr><td rowspan="3">规模/（t/d）</td><td>＜1 000（危废、医废＜20）</td><td colspan="2">−0.5</td><td>—</td></tr>
<tr><td>1 000～2 000（危废、医废 20～50）</td><td colspan="2">0</td><td>—</td></tr>
<tr><td>＞2 000（危废、医废＞50）</td><td colspan="2">+0.5</td><td>—</td></tr>
<tr><td rowspan="3">多年平均风速/（m/s）</td><td>＜2</td><td>+0.5</td><td rowspan="3">主导风向明显地区，主导风向下风向影响范围+0.5</td><td>—</td></tr>
<tr><td>2～4</td><td>0</td><td>—</td></tr>
<tr><td>＞4</td><td>−0.5</td><td>—</td></tr>
<tr><td rowspan="2">地形</td><td>平原/简单地形</td><td colspan="2">0</td><td>—</td></tr>
<tr><td>抬升地形</td><td colspan="2">生活垃圾焚烧抬升侧延伸至 3.0 倍排气筒高度等高线位置；危废、医废焚烧抬升侧延伸至 2.0 倍排气筒高度等高线位置</td><td>—</td></tr>
</table>

确定依据			生活垃圾焚烧和危废、医废焚烧/km	生活垃圾填埋和危废、医废填埋/km
范围调整	年平均降雨量/mm	＜400	+0.2	—
		400～800	0	—
		＞800	−0.2	—

注：1. 生活垃圾焚烧大气沉降影响范围为 2.0～5.0 km。
2. 危废、医废焚烧大气沉降影响范围为 1.0～4.0 km。

表 3-15 金属矿采选业地表产流影响范围

确定依据				影响范围/km			
垂直河流流向的影响范围				至河流两岸最大洪水淹没线位置			
平行河流流向的影响范围	基本范围			黑色金属矿采选业		有色金属矿采选业	
				硫化矿	氧化矿	硫化矿	氧化矿
				距离河流最近的工业场地下游 3 km		距离河流最近的工业场地下游 5 km	
	范围调整	开采年限/a	＜15	0	−1.0	0	−1.0
			≥15	+2.0	0	+3.0	0
		矿山规模	大型	+3.0	0	+4.0	0
			中型	0	−0.5	0	−0.5
			小型	−1.0	−1.0	−1.0	−1.0
		年平均降雨量/mm	＞800	+3.0	0	+4.0	0
			400～800	0	−0.5	0	−0.5
			＜400	−1.0	−1.0	−1.0	−1.0
		地表水流量/（m^3/s）	＞150	+3.0	0	+4.0	0
			15～150	0	−0.5	0	−0.5
			＜15	−1.0	−1.0	−0.5	−1.0

注：1. 若尾矿库和废石场不在同一个分水岭，则应分别划定影响范围。
2. 矿山规模依据《关于调整部分矿种矿山生产建设规模标准的通知》（国土资发〔2004〕208 号）划分。
3. 平行河流流向最小影响范围不小于 1 km。

表 3-16 独立渣场影响范围

年限/a	影响范围（沿地表主导径流方向渣场长度的倍数）		
	年平均降雨量＞800 mm	年平均降雨量 400～800 mm	年平均降雨量＜400 mm
＜5	3	2	1
5～20	6	5	3
＞20	9	7	5

3.2.3 土壤污染问题突出区

3.2.3.1 确定方法

为确保农用地土壤污染状况详查范围更加全面、准确，本次将土壤环境管理过程中掌握的土壤污染问题突出区纳入调查范围，主要包括信访、投诉、社会舆论和媒体高度关注的受污染农用地，有关监测、调查和科学研究中已发现的受污染农用地，历史上因环境事故而污染的农用地。工业固体废物长期堆放而污染的农用地，以及科研报道等其他有明显证据表明受污染的农用地。

土壤污染问题突出区由县级人民政府组织生态环境、自然资源、农业农村、工业和信息化、水利等相关部门及相关乡镇人民政府，根据日常监管所掌握的信息排查确定，具体空间位置要求落实到乡镇、村组，并明确区域范围。

3.2.3.2 确定过程

根据各地对土壤污染问题突出区的排查结果以及研究文献调研情况，综合划定了重点问题区域。各地土壤污染问题突出区调研与详查单元划分及点位布设工作并行开展，共确定土壤污染问题突出区 31 700 多处。

研究文献调研是排查问题突出区的重要手段之一。综合分析国内外对中国农用地土壤污染进行调查的研究文献，可识别农用地土壤污染区位置，以便将其纳入土壤污染问题突出区。调研共获得土壤污染调查相关文献 2 300 多篇，以及 21 000 多项土壤重金属调查数据，涵盖 2 200 多个农用地地块，涉及污染物包括 Cd、Hg、As、Pb、Ni、Cu、Cr、Zn 等。

3.2.4 详查范围最终确定

采用国家和地方自上而下、自下而上相结合的方式确定详查范围。国家初步确定详查范围，提供高分遥感影像数据，各省（区、市）组织对农用地土壤污染状况详查范围进行核实、调整和补充，再上报国家审核。国家层面将点位超标区、土壤重点污染源影响区和土壤污染问题突出区在工作底图上标出，再与第二次全国土地调查农用地图斑进行空间叠加分析，最终获得农用地土壤污染状况详查范围。

3.2.4.1 室内工作

利用国产高分卫星数据，统一制作全国高分遥感影像基准图，作为确定重点污染源、污染源影响区、详查单元边界和布设调查点位等工作的基础底图。另外，本次基于网络地理信息系统，构建污染源高分遥感核实工作平台，国家和地方上下联动，实现对土壤重点污染源的空间定位及动态管理。

（1）土壤污染重点行业企业核实补充

县级及乡镇工作人员对比分析已完成空间位置遥感核实的重点行业企业名单，省、市、县三级重点监管企业名单，以及重点排污单位名录及其他涉重金属企业名单，依据土壤污染重点行业企业筛选原则，结合生态环境、工业和信息化部门日常监管信息，补充对土壤环境影响突出的遗漏企业及企业集聚区（包括小微型企业集聚区），涵盖 73 个重点行业小类之外的其他行业企业及企业集聚区。地方通过农用地土壤污染状况详查信息系统核实和调整国家下发企业污染源的空间位置，确定新补充企业及企业集聚区的空间位置。

（2）土壤污染问题突出区域梳理

地方详查工作人员利用国家和省级生态环境部门下发的资料信息以及市、县级人民政府有关部门已掌握的信息，梳理补充县级区域内其他土壤污染问题突出区域，包括：长期利用工矿业废水进行灌溉的区域，历史上因事故排放而污染的农用地，工业固体废物长期堆放而污染的农用地，曾经导致粮食减产或农作物超标、威胁人体健康的污染区域，曾经受到信访投诉和媒体报道的污染区域，有关监测、调查和科学研究已发现的受污染农用地，以及其他有明显证据表明受污染的农用地等。通过农用地土壤污染状况详查信息系统，在高分遥感影像图件上标注问题突出区域范围边界。

3.2.4.2　现场核查

地方详查工作人员对信息确认或存疑的企业、不能确定边界的问题突出区域、超标或污染成因不明的区域，进行现场踏勘，并对详查范围进行调整补充。

在国家和省级生态环境部门提供的农用地土壤污染状况详查范围基础上，通过对土壤污染重点行业企业核实补充、土壤污染问题突出区域梳理，进一步核实并明确县级行政区内的农用地土壤污染状况详查范围。

3.3　详查单元划分方法

详查单元是在详查范围内，基于“源-汇”关系和土壤污染尺度效应等污染特征多要素，按照土壤污染特征“相同、相似”原则划分的调查单元。详查单元既是调查点位布设的基本单元，也是后续开展调查数据评价的参考单元。合理划分详查单元可为查明农用地土壤污染面积与分布打下坚实的基础。

详查单元划分（图 3-1）基于土壤污染“源-汇”关系和土壤污染尺度效应分析进行。长期使用被污染的灌溉水灌溉以及大气污染物扩散沉降是农用地土壤污染的重要原因。根据污染物迁移方式不同，在详查范围内划分了灌溉水污染型、大气污染型详查单元。矿山、尾矿库或固体废物堆存、洪水泛滥淹没等也会造成农用地土壤污染，将相应的影响范围划分为其他类型详查单元。

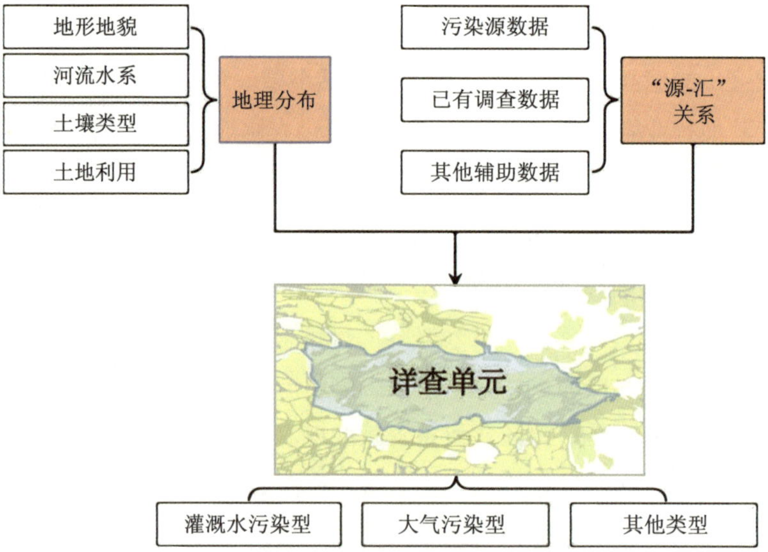

图 3-1　详查单元划分

专栏 3-1　农用地土壤污染主要来源和途径

农用地土壤污染来源一般分为自然来源和人为来源。自然来源以土壤母质为主，人为来源又可以根据人类活动类型分为工业源（如采矿、冶炼、燃煤、交通等）、生活源（交通、废水、生活垃圾、燃煤等）及农业源（肥料、农药、灌溉水等）。

农用地土壤污染途径主要为灌溉水、大气沉降、农业投入品等，一般可将农用地土壤污染类型分为灌溉水污染型、大气污染型及其他类型。灌溉水污染型主要是长期施用的灌溉水或洪水携带污染物进入农田；大气污染型主要是污染物附着在颗粒物表面，随大气沉降在土壤中长期累积；其他污染类型主要是尾矿库溃坝、尾砂泄漏、不合格农业投入品施用及地质高背景区土壤酸化引起的土壤镉等重金属活性增加等。

3.3.1 灌溉水污染型详查单元划分方法

灌溉水污染型详查单元主要根据灌溉水源、灌区水系分布、地形地貌、农用地利用方式、农业生产情况等因素进行划分（图 3-2）。在平原地区，主要按灌区水系分布、农用地利用方式等信息进行划分；在丘陵地区，主要按地形地貌、灌区水系分布等信息进行划分。长期使用同一受污染水源灌溉的农用地，一般具有相似的污染特征，可划为一个详查单元。

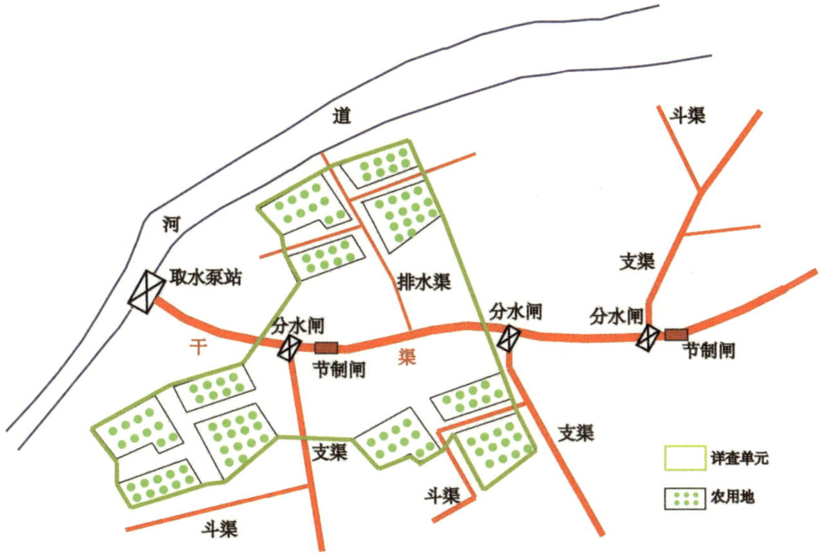

图 3-2 灌溉水污染型详查单元划分示意图

合理划分详查单元边界，重点是核实确认划分的详查单元内是否使用了同一灌溉水源，以及灌溉水源是否受到污染，并了解灌溉水污染成因。同时受灌溉水污染影响和大气污染影响的，优先按照灌溉水污染影响划分详查单元。

3.3.2 大气污染型详查单元划分方法

大气污染型详查单元主要针对黑色金属矿采选业、有色金属矿采选业、石油加工、炼焦和核燃料加工业、化学原料和化学制品制造业、医药制造业、黑色金属冶炼和压延加工业、有色金属冶炼和压延加工业、电气机械和器材制造业（电池制造）、生态保护和环境治理业（危废、医废处置）、公共设施管理业（生活垃圾处置）等行业企业周边农用地进行划分（图 3-3）。详查时结合重点行业企业类型、规模、生产年限，以及所在区域风速、降雨量等因素，依据表 3-6～表 3-16 确定不同的影响范围。最终结合企业周边污染影响区农用地分布、地形地貌等，合理划分详查单元的边界。

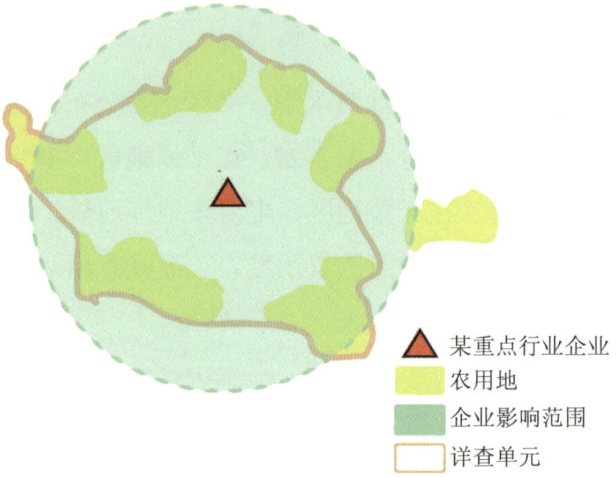

图 3-3 大气污染型详查单元划分示意图

3.3.3 其他类型详查单元划分方法

除灌溉水污染型和大气污染型外，矿山、尾矿库或固体废物堆存影响区，洪水泛滥淹没区，以及污染成因不明区等区域，可划为其他类型详查单元。

（1）矿山、尾矿库或固体废物堆存影响区

因尾矿库溃坝污染的农用地区域，可划为一个详查单元。矿山或固体废物堆存场所，以地表产流影响范围（指无组织排放污染物，并因雨水冲刷形成的污染范围，见图 3-4）可划为一个详查单元。地表产流影响范围的因素包括矿山规模与开采年限、年平均降雨量、地表水流量等。

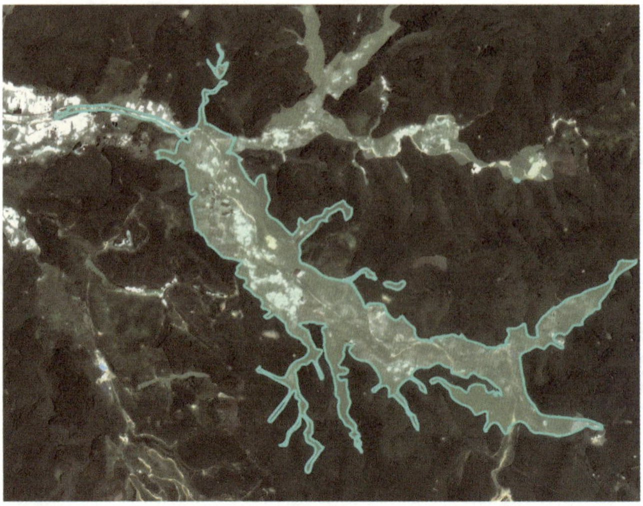

图 3-4 地表产流影响范围示意图

1）矿山、尾矿库影响区。金属矿采选业地表产流影响范围确定如下：发生过尾矿库溃坝事故的矿山，其影响范围为事故尾砂覆盖范围；未使用纳污沟渠、溪涧、河流进行农田灌溉的地区，其影响范围根据表 3-6 确定。

2）固体废物堆存影响区。黑色金属冶炼、有色金属冶炼、石化、化工等行业的厂外独立渣场影响范围确定方法如下：若最近的沟渠、河流、湖、库距离独立渣场下游不足 1.0 km，影响范围确定为至渣场下游最近的沟渠、河流、湖、库之间的农用地；若最近的沟渠、河流、湖、库距离独立渣场下游超过 1.0 km，其影响范围根据表 3-16 确定。

（2）洪水泛滥淹没区

因洪水泛滥淹没而污染的农用地区域，原则上作为一个详查单元。

（3）污染成因不明区

污染成因不明的农用地区域，根据农用地分布、种植结构、行政区域（如村或村组）等实际情况划分详查单元。

3.3.4 详查单元划分程序

在“上下联动、部门协作”的工作模式下，为统一技术要求进而保证工作质量，省级生态环境部门会同相关部门组织地方综合考虑农用地利用方式、污染类型和特征、地形地貌等因素，完成详查范围内详查单元的划分，同时选择部分地区进行单元优化试点，并逐步推广。详查单元划分实践包括基础资料准备、工作底图搭建、详查单元初步划分和边界优化调整等技术环节。

3.3.4.1 基础资料准备

基础资料包括已有调查资料、自然环境资料和社会经济资料等。

已有调查资料包括全国土壤污染状况调查、多目标区域地球化学调查、全国农产品产地土壤重金属污染普查等相关资料，土壤污染重点行业企业空间位置遥感核实结果，地方已掌握的污染和疑似污染的农用地分布范围、已搬迁的土壤重点污染源、工业污染源和污染物排放、污灌农田等相关数据。

自然环境资料包括成土母质、区域气候与气象、地表水文、植被及生态系统类型等资料，用于辅助点位核实、调整。

社会经济资料包括农业生产、人口状况等。

3.3.4.2 工作底图搭建

工作底图搭建需准备地理底图、基础图件、遥感影像数据，并根据农用地土壤污染状况详查的工作需要重新编制。

地理底图是专题地图的骨架和地理基础，也是专题地图的背景和重要组成部分，具备地图数学基础和简略的基本地理要素（水系、居民地、交通线、政区界和地形等）。

基础图件包括行政区划、河流水系、土壤类型分布、土地利用现状、地形地貌、交通（公路）、植被类型及覆盖率分布等。农用地土壤污染状况详查使用第二次全国土地调查成果图件作为土地利用基础图件。

遥感影像数据使用的是空间分辨率为 1～4 m 的多光谱正射遥感影像数据。

3.3.4.3 详查单元初步划分和边界优化调整

（1）初步划分

以设区的市（州）为单位，结合实际地势、地貌、农用地分布等情况，在重点污染源影响区、疑似农用地污染区划定相应详查单元。

（2）边界优化调整

以地理空间数据为基础，利用地理空间分析的方法，配合人工调整的方式进行优化调整，包括详查单元边界自动调整和人工调整两部分。

单元边界自动调整主要结合污染源影响范围压盖农用地地块情况，实现单元边界的精细化调整，生成空间布局、形态合理的详查单元。若影响范围压盖的农用地面积超过该地块面积的 50%，则将详查单元边界扩展到该农用地斑块的外围边界，该地块纳入详查单元；若影响范围压盖的农用地面积不足该地块面积的 50%，则将详查单元的边界扩展至地块的最内边界，该地块不纳入详查单元。

人工调整主要通过对比自动调整的单元与原始单元，判断自动调整的单元边界是否合理。

3.3.5 详查单元划分案例

（1）灌溉水污染型详查单元划分

灌溉水污染型详查单元的划分应该与小流域紧密结合，小流域作为独立和封闭的自然汇水区域，其地理分布情况可为划分灌溉水污染型详查单元提供重要的依据。

如图 3-5 所示，在某流域详查范围内，根据农用地的自然聚集情况初步划定 12 个详查单元，结合水系分布情况，将 6 号详查单元初步研判为灌溉水污染类型；在结合地形地貌和水系数据后发现，单元内分布有 A、B 两条河流，存在不同灌溉水源。据此，考虑小流域边界及灌溉对周边农用地可能存在不同污染影响，将 6 号详查单元进一步细分成两个详查单元。

图 3-5　灌溉水污染型详查单元划分

（2）大气污染型详查单元划分

大气污染型详查单元的划分需要结合区域主导风向、地形地貌、农用地分布、地块边界和企业类型、规模与大气污染物扩散特征，在以企业为中心的影响范围内合理划分。

如图 3-6 所示，某铜业有限公司属于有色金属冶炼和压延加工业企业，于 2004 年建厂，中型规模，企业周围地势平坦，所处地区多年平均风速 3 m/s，年平均降雨量为 500 mm，无主导风向。根据企业行业类型、生产年限、规模，以及所处地形、年平均风速、平均降雨量等分析，最终确定该企业的大气沉降影响范围为 2.5 km（表 3-17）；进一步结合道路、沟渠、田埂等边界，确定详查单元边界。

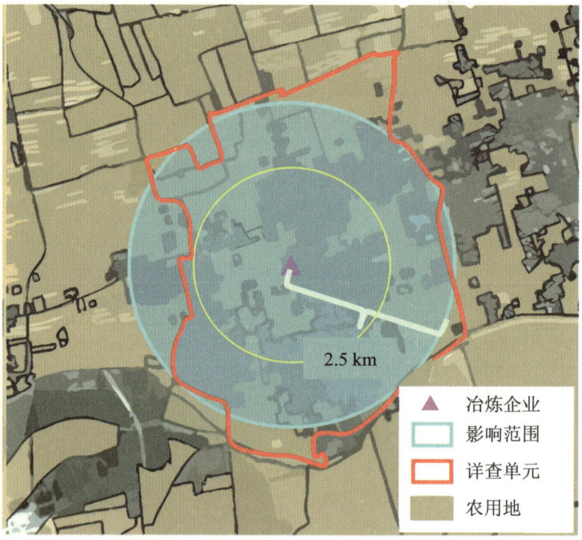

图 3-6 大气污染型详查单元划分

表 3-17 某铜业有限公司大气沉降影响范围

确定依据			影响范围/km
基本影响范围			1.5
范围调整	生产年限/a	13	+1
	规模	中型	不调整
	地形	平原	不调整
	多年平均风速/（m/s）	3	不调整
	年平均降雨量/mm	500	不调整
最终影响范围			2.5

（3）其他类型详查单元划分

其他类型详查单元的划分需要具体问题具体分析，结合区域自然因子特征和影响因素

类型，综合考虑污染源及污染物扩散迁移特征，确保尽可能将受污染农用地划入详查单元。

图 3-7 为洪水泛滥型详查单元划分，某流域内常发生降雨量过大导致河水溢出两岸的现象。两岸农田由于洪水淹没，可能受到污染，可将该区域河流两岸洪水淹没范围内的农用地分布区域确定为一个详查单元。

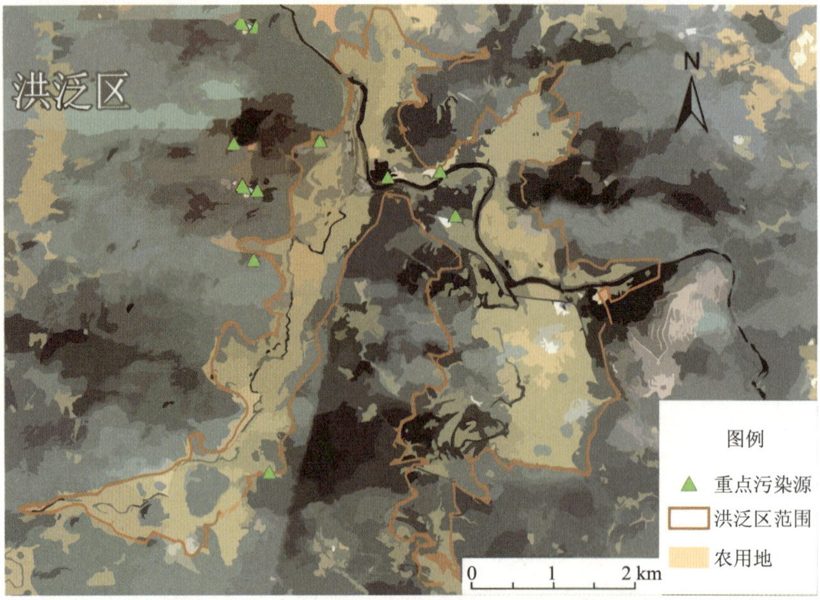

图 3-7　洪水泛滥型详查单元划分

3.4　点位布设方法

查明农用地土壤污染面积与分布，需要合理布设调查点位，获得高精度的调查数据来提供支撑。农用地土壤污染状况详查根据详查范围内土壤的可能受污染程度，进行不同调查精度的差异化布点设计。对于轻度点位超标区和重度、中度点位超标区，采用不同的调查布点精度。重度、中度点位超标区内的重点污染源聚集地区（企业聚集影响区），根据情况适当提高布点精度。

3.4.1　布设原则

农用地土壤污染状况详查点位布设原则如下。

（1）代表性原则

农用地土壤污染状况详查结合已有调查信息，综合分析土壤污染基本特征，并合理布设农用地土壤污染状况详查点位，确保调查点位具有代表性，能够反映单元内的农用地土壤污染状况。

（2）差异性原则

农用地土壤污染状况详查统筹考虑污染源类型、地形地貌、种植结构、土壤类型、农用地分布、农用地受污染规律和特点、详查单元类型等，在详查单元内进行不同精度的差异化布点。

（3）可行性原则

农用地土壤污染状况详查结合详查单元内的实际情况，确保布设的调查点位位于农用地地块内，且具备采样工作条件，确保后续样品采集可执行，最大限度节约人力、物力、财力。

3.4.2 布点精度

农用地土壤污染状况详查综合考虑工作目标、调查工作量、调查工作经费、调查工作时间等因素，合理确定差异化布点方案。为支撑查明农用地土壤污染面积与分布，布点精度需根据地块尺度的土壤污染状况进行分析。表层土壤点位、深层土壤点位、农产品协同点位和质控点位布设精度见表 3-18。

表 3-18 点位布设精度

<table>
<tr><th colspan="3">类型</th><th>布点精度</th></tr>
<tr><td rowspan="3">表层土壤点位</td><td colspan="2">重点污染源影响区的详查单元</td><td>按放射状布设点位，影响范围小于等于 1 km 时，点位数量可为 4～9 个；影响范围大于 1 km 时，点位数量可为 7～14 个</td></tr>
<tr><td rowspan="2">疑似农用地污染区的详查单元</td><td>污染相对较重区域</td><td>500 m×500 m</td></tr>
<tr><td>污染相对较轻区域、已查明属于地球化学高背景的区域</td><td>1 000 m×1 000 m</td></tr>
<tr><td>深层土壤点位</td><td colspan="2">尚未开展地球化学调查的超标区</td><td>2 000 m×2 000 m</td></tr>
<tr><td>农产品协同点位</td><td colspan="2">南方水稻产区、北方小麦产区</td><td>1 000 m×1 000 m</td></tr>
<tr><td>质控点位</td><td colspan="2">—</td><td>土壤：不多于 47 个（无机样品）或 17 个（有机样品）点位布设 1 个；农产品：不多于 47 个点位布设 1 个</td></tr>
</table>

3.4.2.1 表层土壤点位布设

每个详查单元内布设点位不少于 3 个，一般不超过 30 个。当地形平坦、种植结构单一、土壤类型单一时，可酌情降低布点精度。

针对重点污染源影响区的详查单元，以重点污染源为中心，根据污染迁移特征按放射状布设点位（图 3-8）。对于灌溉水污染型详查单元，布点密度自灌溉水体纳污口起按水流方向由密渐稀，在灌溉水体两侧相对均匀分布；对于大气污染型详查单元，布点密

度由污染源中心起由密渐稀，在同一密度圈内均匀布点，在主导风向下风方向适当延长监测距离和增加布点数量。

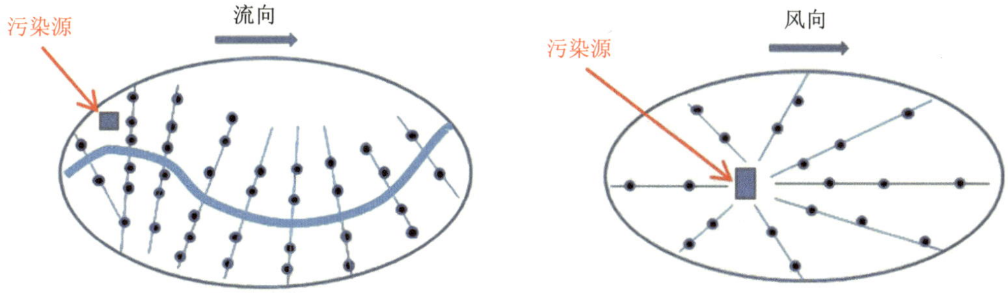

（a）灌溉水污染源影响区布点

（b）大气污染源影响区布点

图 3-8　灌溉水和大气污染源影响区布点示意图

表 3-6～表 3-16 确定的影响范围小于等于 1 km 时，点位数量可为 4～9 个；影响范围大于 1 km 时，点位数量可为 7～14 个，根据农用地具体分布可酌情减少点位。

对于疑似农用地污染区的详查单元，原则上，污染相对较重的区域按照每 500 m×500 m 网格布设 1 个点位；污染相对较轻的区域、已查明属于地球化学高背景的区域，按照每 1 000 m×1 000 m 网格布设 1 个点位（图 3-9）。

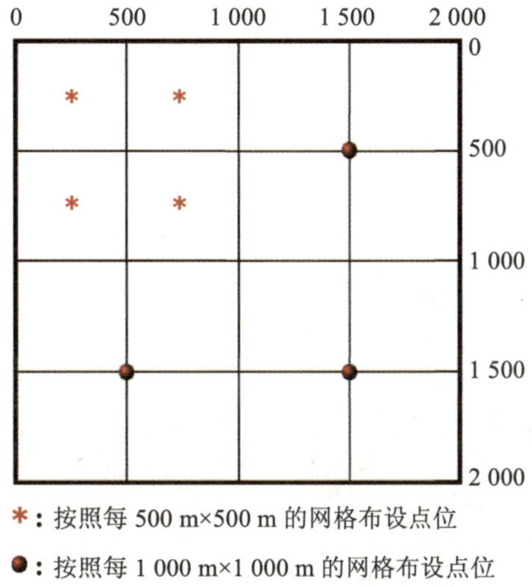

图 3-9　网格法布点示意图

3.4.2.2　深层土壤点位布设

原则上，在尚未开展地球化学调查的点位超标区，按每 2 000 m×2 000 m 网格布设

1 个点位，具体可结合表层土壤的点位精度综合考虑。

3.4.2.3 农产品协同点位布设

农产品协同点位布设应根据不同作物类型确定布点精度，同时要考虑与土壤点位协同布设。原则上，按照每 1 000 m×1 000 m 网格布设 1 个农产品（如水稻、小麦等）协同采集点位。经踏勘后，确实无法在计划点位采集指定农产品样品时，可就近调整到种植有指定农产品的农用地采集。

3.4.2.4 质控点位布设

土壤按照不多于每 47 个（无机样品）或 17 个（有机样品）土壤采样点位布设 1 个密码平行样品调查点位。农产品按照不多于每 47 个农产品采样点位布设 1 个密码平行样品调查点位。

3.4.3 布点位置确定

点位位置准确是保证后续采样工作能否顺利进行的前提。布点位置确定的原则和方法如下。

1）优先在网格内选择有代表性的农用地地块中间的开阔地带进行布点，不同情景下布点位置示意图如图 3-10 所示。如果网格内农用地地块间面积差异明显，优先选择面积最大的地块；如果网格内农用地地块间面积差异不明显，优先选择网格中心位置地块；如果网格内同时存在水田、旱地时，优先选择水田；如果网格内高程差别十分明显（如存在沟谷、丘陵、梯田等），优先选择地势较低的地块。

（a）优先选择面积最大的地块

（b）优先选择网格中心位置地块

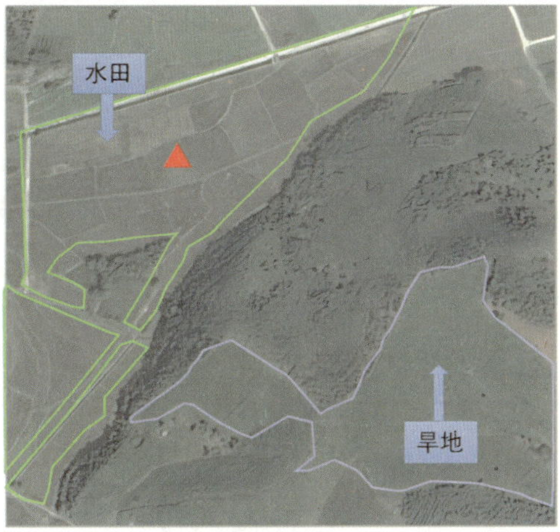

（c）优先选择水田

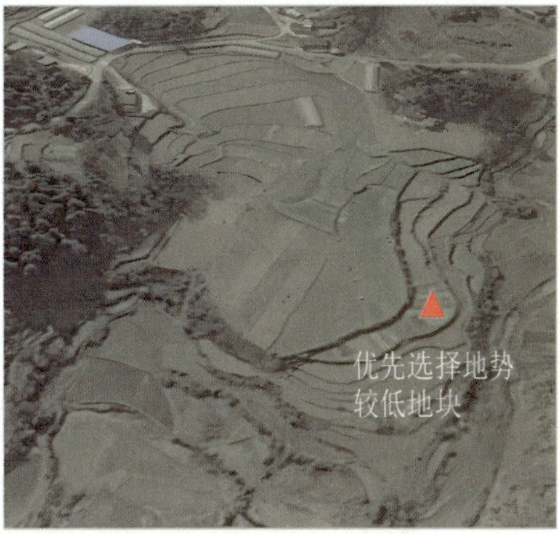

（d）优先选择地势较低的地块

图 3-10　不同情景下布点位置示意图

2）特殊情景下布点位置如图 3-11 所示。当网格中农用地面积占比小于 10%时，可不布设点位。当水域下游农用地破碎且网格内农用地占比小于 10%时，可在水域下游两岸农用地每隔 1～2 km 随机布设 1 个点位。

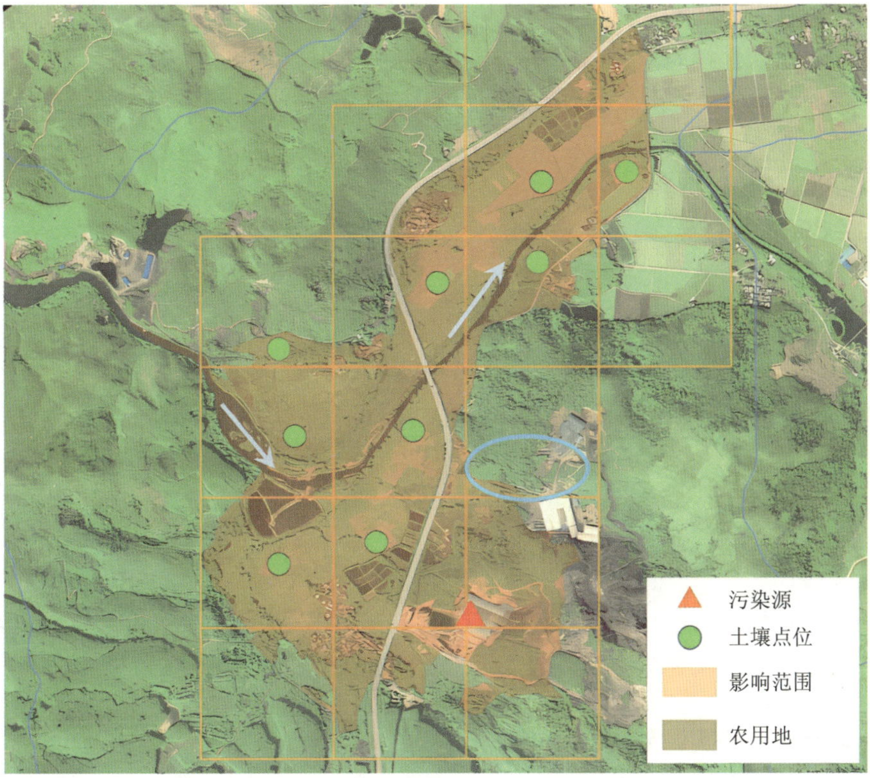

图 3-11　特殊情景下布点位置示意图

3.4.4 点位编码方法

为了确保详查过程中所有详查单元、详查点位具有唯一的身份标志，在详查单元划分、点位布设过程中按照统一的规则进行编码（图 3-12）。点位编码是后续进行样品编码的基础，进一步保证了样品编码的唯一性。

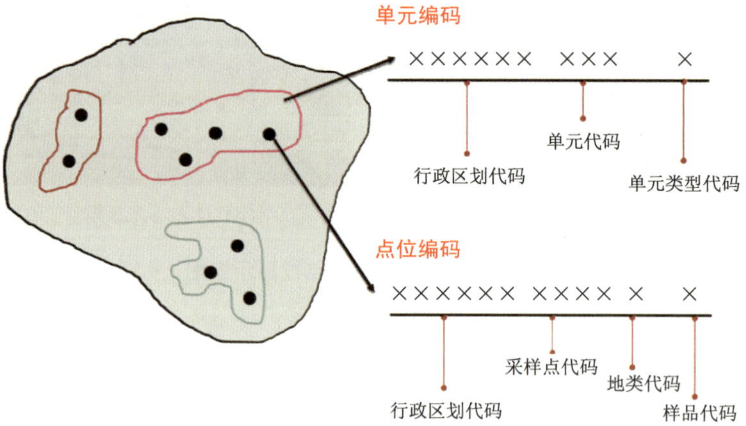

图 3-12 详查单元和点位编码

点位编码由软件按照规则统一生成，可避免重复。农用地土壤污染状况详查单元编码由行政区划代码、单元代码、单元类型代码组成。国家对单元和点位编码的完整性、准确性和规范性进行审核，审核详查单元和点位是否已进行编码、编码是否符合有关要求。

3.4.5 详查点位布设

农用地土壤污染状况详查点位布设采用国家和地方自上而下、自下而上相结合（上下联动）的方法，确保点位布设的科学性和合理性。国家提供农用地土壤污染状况详查预布设点位，指导地方进行点位核实，核实后的布点数据再上报国家审核。

3.4.5.1 国家点位预布设

农用地土壤污染状况详查办制定和印发了点位布设相关技术文件，统一了点位布设相关技术要求。针对不同详查单元，从国家层面结合农用地空间分布、布点精度要求、基础资料和影像底图，完成了室内详查点位预布设。

3.4.5.2 地方点位核实调整

预布设点位数据下发至地方，对于信息确认或存疑的企业、不能确定边界的疑似农用地污染区、超标或污染成因不明的详查单元，地方相关工作人员将开展现场踏勘。地级市点位核实技术人员结合现场踏勘情况进行综合分析，对相关详查单元内调查点位进行调整和补充，并完善点位信息。

专栏 3-2　重点行业企业信息核实与点位调整

重点行业企业周边农用地作为土壤重点污染源影响区纳入农用地土壤污染状况详查范围。核实重点行业企业影响区内详查点位时，利用 GPS 现场核实企业位置，如发现企业位置有较大偏差的，应按照布点技术文件要求调整点位。若企业曾经存在但现已关闭或搬迁的，按照计划样点进行采样调查。

若现场踏勘发现重点行业企业不存在，经核实历史上也无相关企业，则记录相关情况，经省级详查工作管理部门组织核实后，取消相应点位。

3.4.5.3　点位核实调整结果上报与审核

省级生态环境部门牵头对本行政区域内各地级市上报结果进行审核汇总，确定省级农用地土壤污染状况详查布点数据，并报送生态环境部。

生态环境、自然资源、农业农村等部门组织相关技术单位专家成立专家组，对详查单元划分合理性、点位布设规范性、布点信息完整性等进行审核，地方根据反馈的审核意见和存在问题完成整改。

3.5　详查点位布设全过程实践

3.5.1　操作流程

农用地土壤污染状况详查工作规范统一了详查范围确定、详查单元划分、详查点位布设等技术要求，建立了统一、高效、可行的工作流程，如图 3-13 所示。

3.5.1.1　确定详查范围

各地开展详查范围确定时，整体上按照《农用地土壤污染状况详查点位布设技术规定》中的相关要求开展，结合“二调”农用地分布区，将土壤重点污染源影响区、其他疑似农用地污染区叠加合并后作为总详查范围，具体分省级和市级两个层面实施。

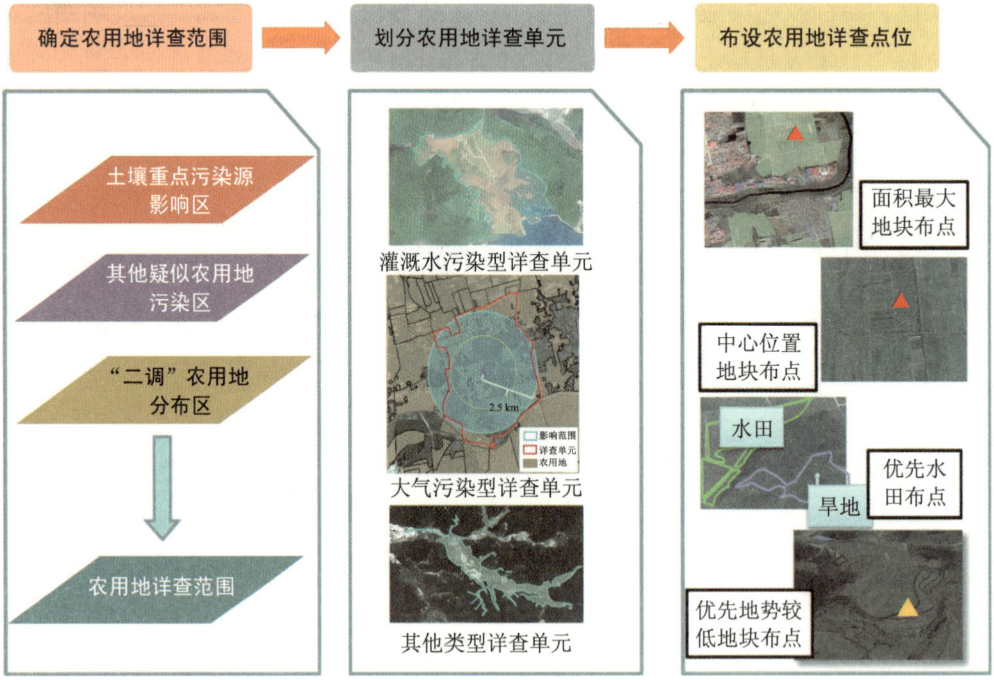

图 3-13　农用地土壤污染状况详查点位布设工作流程

（1）省级层面

结合国家下发的相关数据，以及整合省级层面掌握的土壤重点污染源影响区、其他疑似农用地污染区（包括土壤点位超标区和土壤污染问题突出区等）对详查范围进行调整，形成省级详查范围。

（2）市级层面

针对省级下发的详查范围，组织辖区内各县区生态环境、农业农村、自然资源部门，对详查范围进行核实和调整。根据地市反馈意见，该阶段主要工作如下。

1）核实土壤重点污染源数量及位置。以国家和省级下发的土壤重点污染源为基础，核实污染源数量、位置，以及详查范围划分是否合理、可行；结合地方掌握信息，补充土壤重点污染源信息，将按照技术要求划分的影响区纳入详查范围。

2）核实点位超标区情况。结合地方日常监管掌握情况，重点核实点位超标区的划分是否合理，超标区内农用地分布情况是否适宜开展采样调查等，根据掌握情况对点位超标区边界进行优化调整。

3）核实土壤污染问题突出区。核实国家和省级下发详查范围是否符合实际情况，结合掌握的环保投诉、信访等信息，对划分的详查范围进行核实、调整和补充。

3.5.1.2　划分详查单元

详查单元划分由省级生态环境部门会同相关部门组织市级和县级有关部门在详查范围内划分详查单元，具体划分方法按照灌溉水污染型详查单元、大气污染型详查单元和其他类型详查单元进行划分，主要在详查范围内通过叠加第二次全国土地调查的农用地图斑矢量数据，并根据污染扩散特征、农用地分布情况及自然地理边界，划分各类详查单元。

3.5.1.3　布设详查点位

详查点位布设主要在已经划定的详查单元网格内进行，按照不同要求布设不同的网格，点位布设在网格内部。如果网格内农用地地块间面积差异明显，优先选择面积最大的地块；如果农用地地块间面积差异不明显，优先选择网格中心位置地块；如果同时存在水田、旱地时，优先选择水田；如果网格内高程差别十分明显（如存在沟谷、丘陵、梯田等），优先选择地势较低的地块等。

3.5.2　灌溉水污染型农用地点位布设典型案例

以某区域经过省、市、县三级核定的灌溉水污染型土壤污染问题突出区域划定详查范围，如图 3-14 所示。

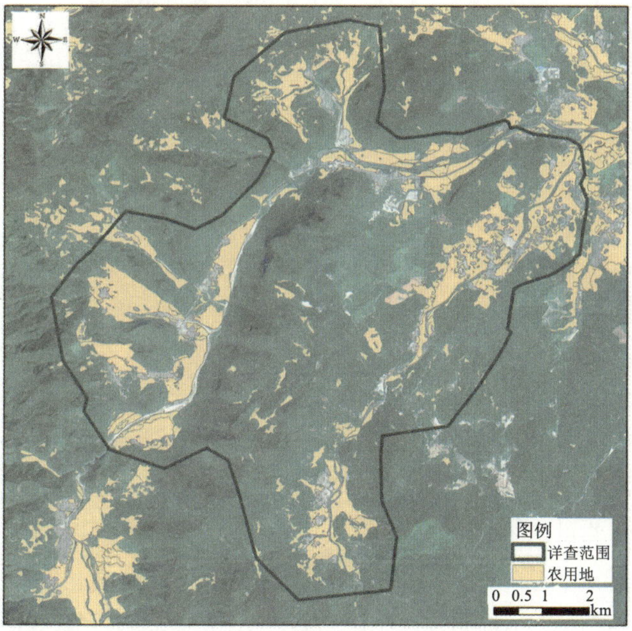

图 3-14　某区域灌溉水污染型农用地土壤污染状况详查范围

在某区域划定详查范围内，进一步叠加“二调”农田矢量文件以确定详查单元边界，如图 3-15 所示。在已经划定的详查单元格内进行布点，按照每 500 m×500 m 网格布设土壤表层点位，按照每 1000 m×1000 m 网格布设农产品协同采集点位，如图 3-16 所示。

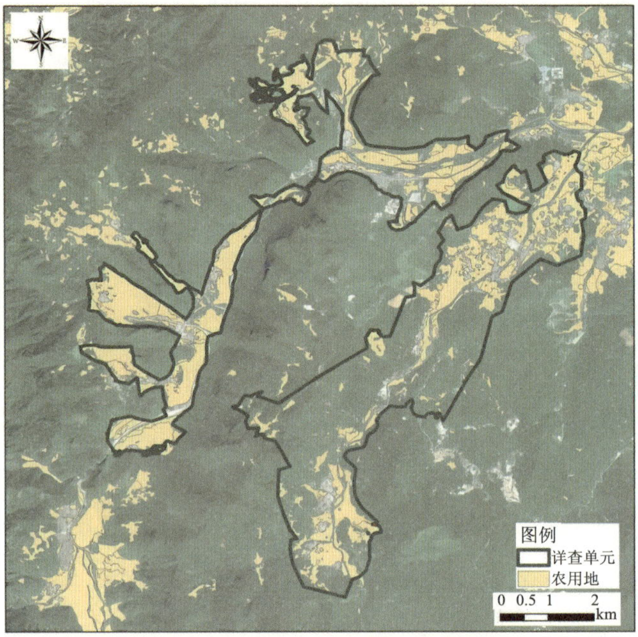

图 3-15 某区域灌溉水污染型农用地土壤污染状况详查单元

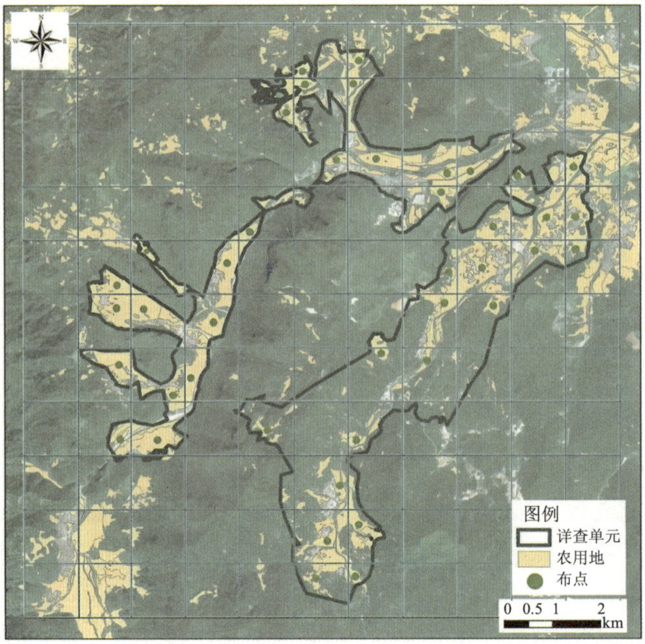

图 3-16 某区域灌溉水污染型农用地土壤污染状况详查点位布设

3.5.3 大气污染型农用地点位布设典型案例

某区域存在重点污染源企业，结合企业周边污染影响区农用地分布、地形地貌等，确定详查范围，如图 3-17 所示。

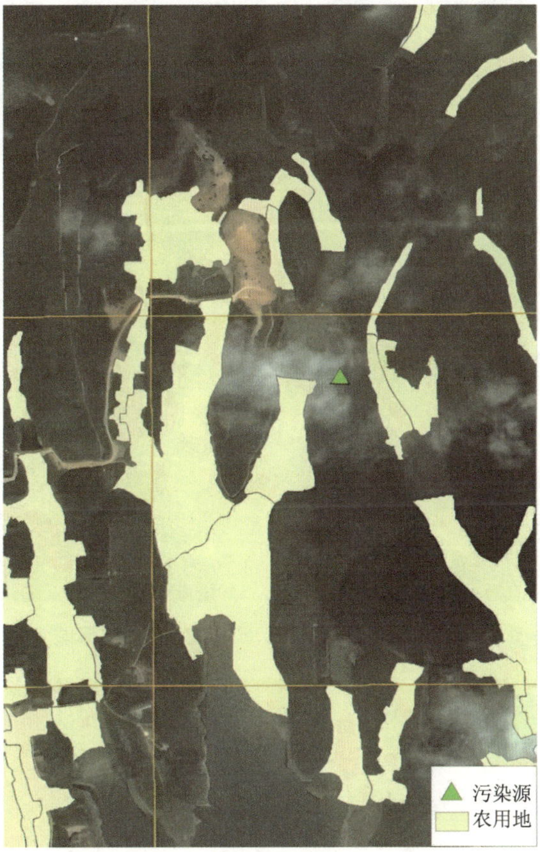

图 3-17　某区域大气污染型农用地土壤污染状况详查范围

在某区域划定详查范围内，进一步叠加“二调”农田矢量文件以确定详查单元边界，如图 3-18 所示。在已经划定的详查单元格内进行放射状点位布设，考虑到影响范围小于 1 km 时，点位数量为 4 个，如图 3-19 所示。

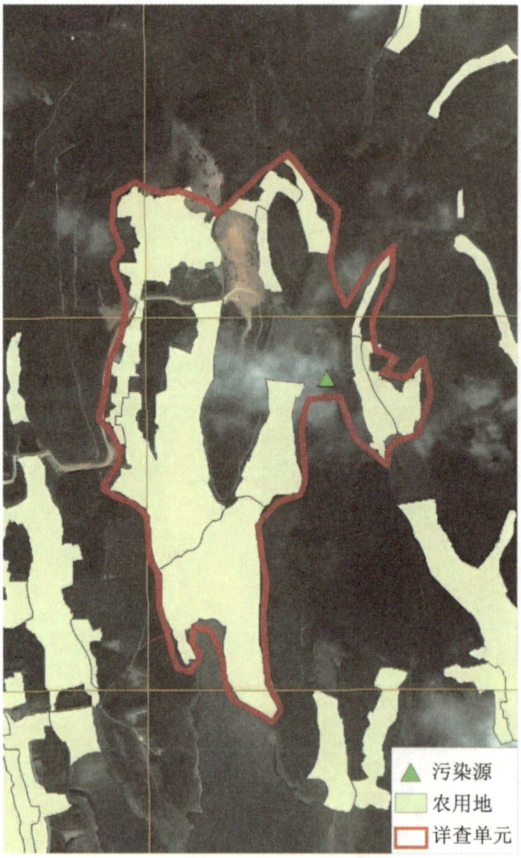

图 3-18 某区域大气污染型农用地土壤污染状况详查单元

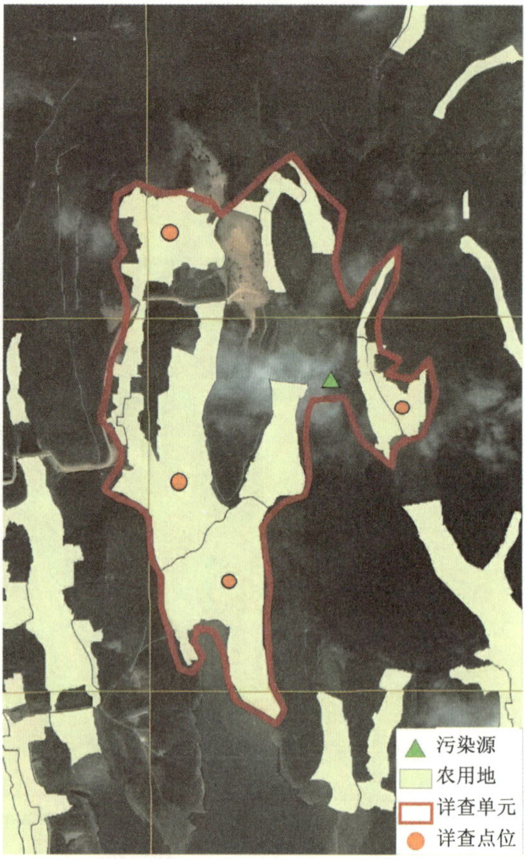

图 3-19 某区域大气污染型农用地土壤污染状况详查点位布设

3.5.4 其他类型区域详查点位确定

以某区域固体废物堆存影响区为例，在地表产流影响区域划定详查范围，如图 3-20 所示。

在某区域划定详查范围内，进一步根据第二次全国土地调查农用地图斑矢量文件确定详查单元边界，如图 3-21 所示。

在已经划定的详查单元格内进行布点，按照每 1 000 m×1 000 m 网格布设土壤表层点位，如图 3-22 所示。

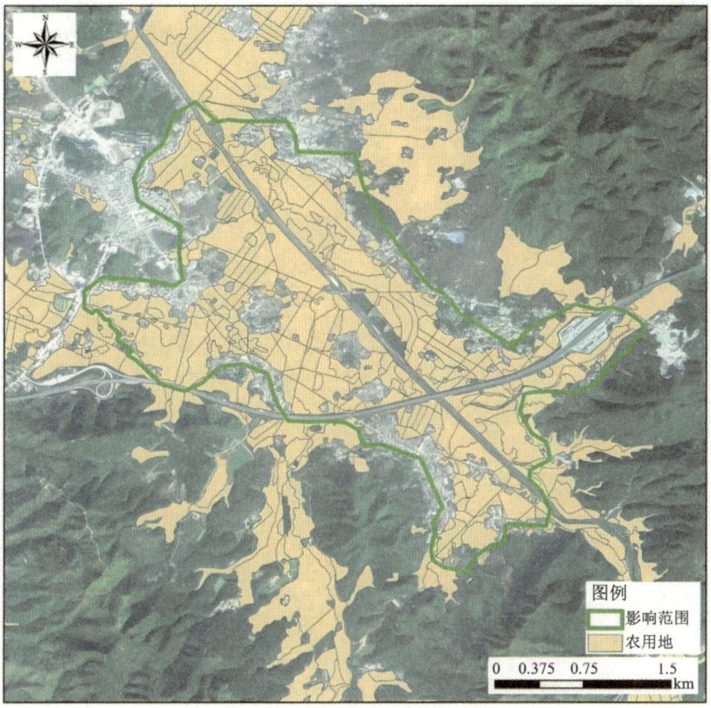

图 3-20　某区域固体废物堆存影响区详查范围

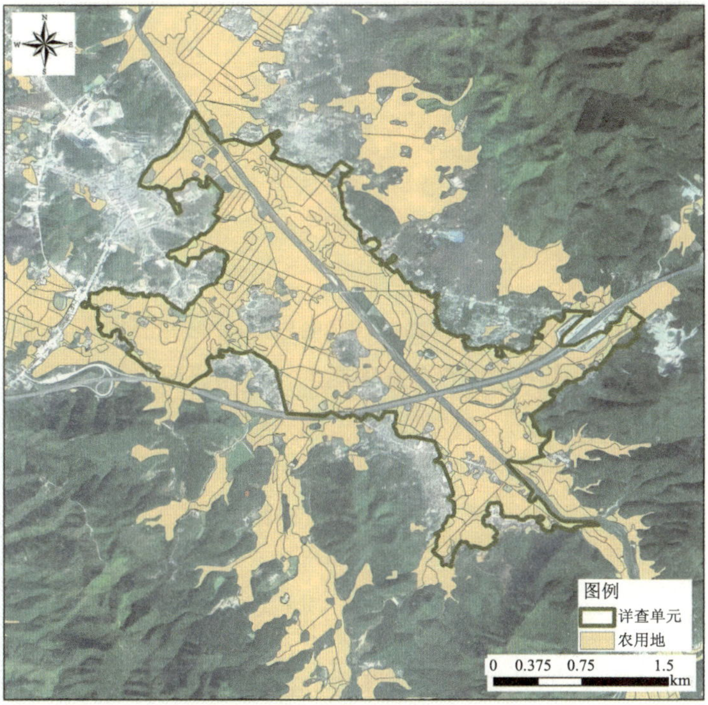

图 3-21　某区域固体废物堆存影响区详查单元

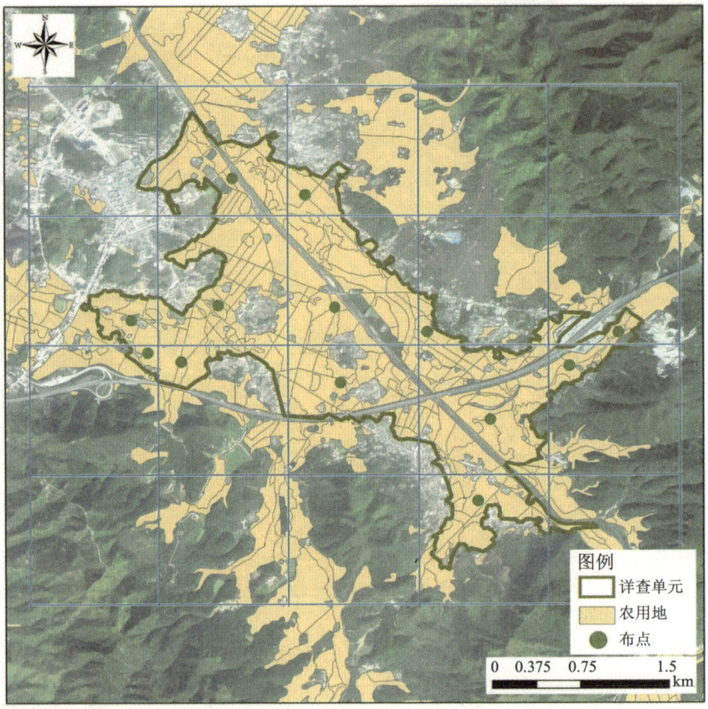

图 3-22 某区域固体废物堆存影响区详查点位布设

3.5.5 常见问题及解决方案

国家核实地方农用地土壤污染状况详查点位的科学性、合理性、完备性，针对发现的问题提出点位调整方案。

3.5.5.1 点位分布不合理

图 3-23 为点位分布不合理的情况，图中重点污染源（黑色三角形）分布在详查单元内西南部，但点位只布设在单元的东部和南部，其余区域没有布设任何点位，详查单元整体污染情况的代表性不足。调查需由地方布点人员结合污染源类型，按放射状补充布设点位。

3.5.5.2 点位布设密度高

图 3-24 中某区域点位布设密度高，各网格内点位数量在 3 个以上，按照单元内网格精度，各网格内应选取合适位置布设一个详查点位，但图 3-24 网格内点位均过于密集，重复度过高。地方布点人员需按照布点精度要求，将网格内点位数量调整为 1 个。

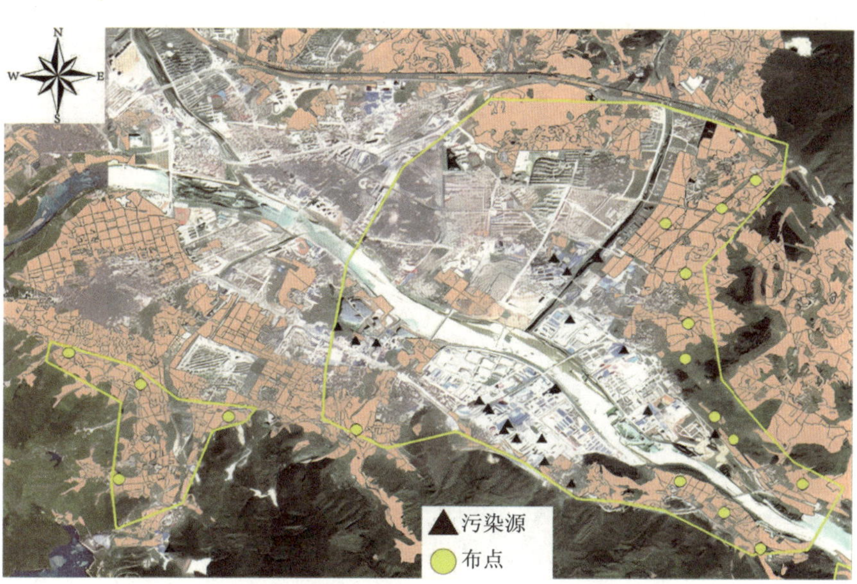

图 3-23　点位分布不合理的情况

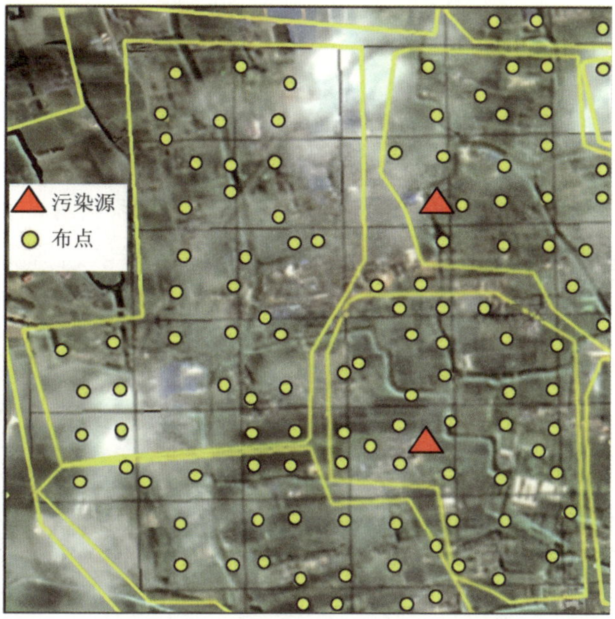

图 3-24　某区域点位布设密度较高

3.5.5.3　点位未布设在农用地地块内

图 3-25 中点位未布设在农用地地块内，可能是坐标偏移或农用地底图不准确造成。地方布点人员需将点位调整至农用地地块内的适宜位置。

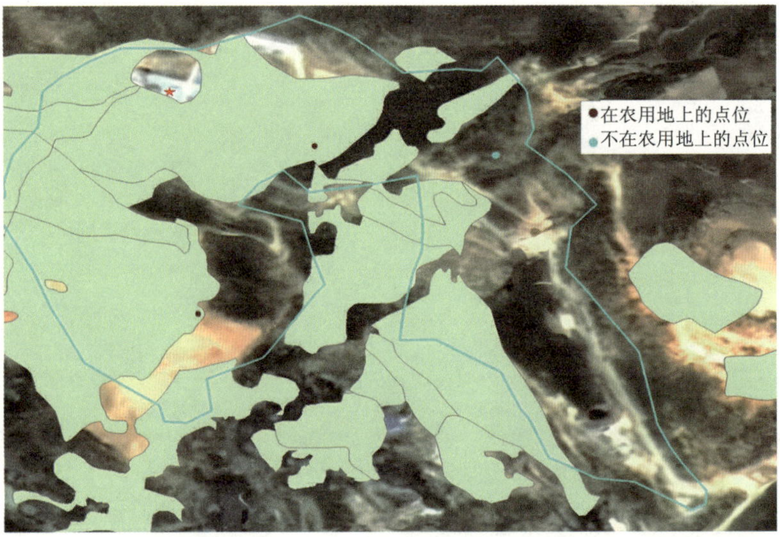

图 3-25 点位未布设在农用地地块内

3.5.5.4 质控点位布设密度过高

图 3-26 中质控点位（三角形）布设密度过高。地方布点人员需按照质控点位布设要求，即每 47 个（土壤无机样品和农产品）或 17 个（土壤有机样品）点位布设 1 个密码平行样点位，合理布设质控点位，并均匀分布于农用地地块内。

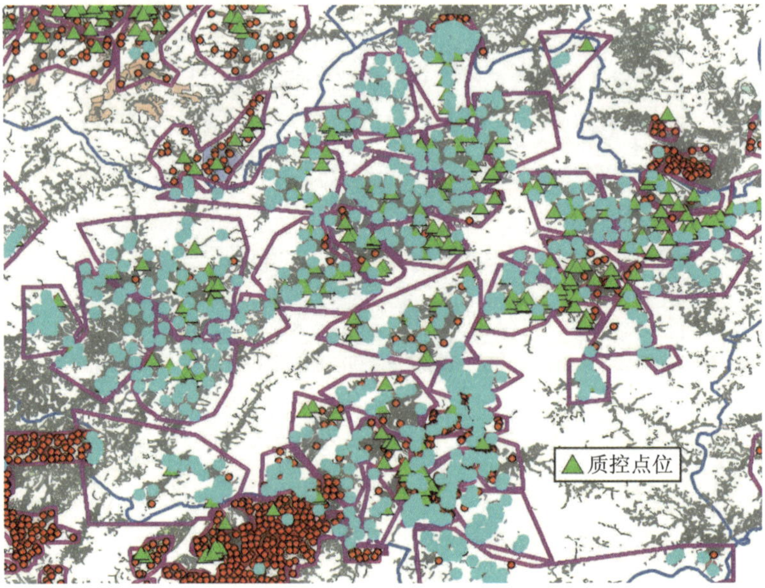

图 3-26 质控点位布设密度过高

3.5.5.5 点位布设精度不足

图 3-27 详查单元为土壤污染重点区域，但点位布设过于稀疏，布设精度不足可能导致无法准确反映区域污染风险情况。地方布点人员需按照点位布设精度要求，依据详查单元内参考网格进行加密布点。

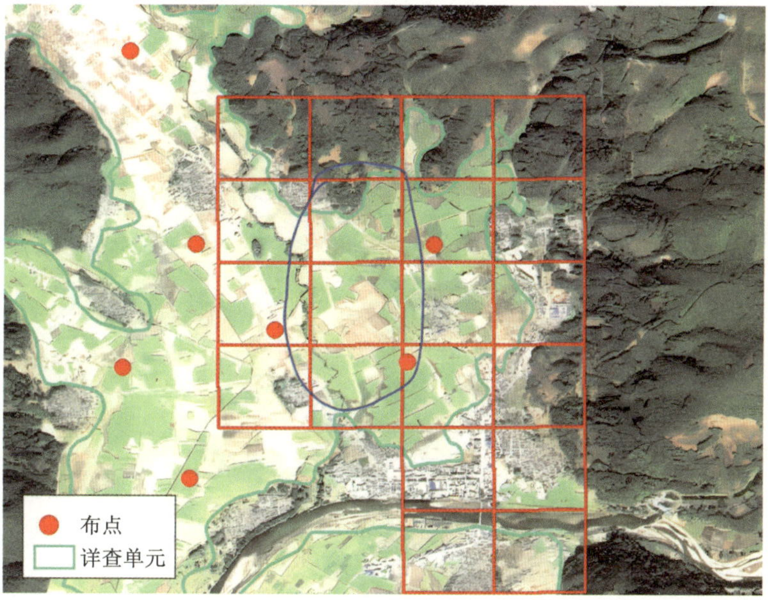

图 3-27 点位布设精度不足

参考文献

[1] Smith B，Cannon F，Woodruff G，et al. History and progress of the North American soil geochemical landscapes project，2001—2010[J]. 地学前缘，2012，19（3）：19-32.

[2] Reimann C，Albanese S，Batista M J，et al. EuroGeoSurveys geochemical mapping of agricultural and grazing land soil of Europe（GEMAS）-Field manual[R]. 2008.

[3] Orgiazzi A，Ballabio C，Panagos P，et al. LUCAS soil，the largest expandable soil dataset for Europe：a review[J]. European Journal of Soil Science，2018，69（1）：140-153.

[4] Wood M D，Copplestone D，Crook P. UK soil and herbage pollutant survey：Report No. 1 Introduction and Summary[R]. 2007.

[5] UK Center for Ecology & Hydrology. Countryside Survey：Technical Report No.3/07 Soils Manual[R]. 2008.

[6] 国家环境保护总局. 土壤环境监测技术规范：HJ/T 166—2004[S]. 北京：中国环境科学出版社，2004.

[7] 农业部. 农田土壤环境质量监测技术规范：NY/T 395—2012[S]. 北京：中国农业出版社，2012.

[8] 国土资源部. 多目标区域地球化学调查规范（1∶250 000）：DZ/T 0258—2014[S]. 北京：中国标准出版社，2014.

第 4 章　样品采集、制备、流转与保存

农用地土壤污染状况详查样品采集涉及土壤和农产品样品的采集、制备、流转和保存等环节。为解决土壤和农产品样品协同采样窗口期短，实现全国大规模大通量样品采集、集中式规范化样品制备、高效率、高保真流转与保存等难点问题，在比较分析国内外农用地调查样品采集、制备、流转与保存等技术方法的基础上，结合农用地详查工作特点和质量要求，优化建立了样品采集、制备和保存方法，创新了信息化技术应用与样品流转中心运行模式，为农用地详查大规模样品采集、制备、流转与保存工作提供了保障。

4.1　农用地土壤污染状况详查采样工作特点及挑战

4.1.1　创建快速、精准、高效样品采集技术

（1）信息化技术应用

野外采样现场情况复杂、样品制备技术环节多、周期长，是制约农用地土壤污染状况详查工作质量的关键问题。为了解决土壤样品采集和制备中的质量和进度管理难题，创新应用信息化技术发挥了重要作用。农用地土壤污染状况详查结合新技术发展，增加 GPS、智能终端、视频监控等技术手段，在样品采集、制备、流转和保存工作中广泛应用。

土壤样品采集人员在现场使用采样智能终端软件接收采样任务指令，并进行导航、定位操作。定位识别技术确保了采样人员必须到达预设样点位置才能完成采样，实现了对调查点位偏移的高效、精准管理（点位偏移控制在 50 m 以内）。制备中心配备视频监控设备，可实时监控和随时调取历史监控画面，确保对样品制备质量进行全程监管。另外，样品自动加密编码转码技术，实现了全链条样品回溯机制，确保全程留痕。

（2）周密制订采样计划，实现农产品协同采样

农用地详查时间紧、任务重，各地气候环境条件、农产品成熟季节不同，采样工作统筹难。国家层面明确要求各地区制订采样计划，以便掌握各地调查进展，实现统一调度。各地区根据采样量、制样量，并结合农产品收获季节，统筹规划辖区内的采样工作任务，实现调查同点、同时、同步采样。

依据日采样能力和流转中心流转送检能力，统筹规划，合理制订了农用地详查样品采集与送检计划。该计划包括：合理划分采样任务片区，分配采样任务，以及安排采样时间次序、样品采集、制备、流转送检及保存注意事项等。科学制订采样计划，确保了本次及时、高效地完成调查任务。

（3）组织专业化采样队伍，统一技术培训

农用地详查样品采集由专业人员组成的采样小组完成。本次详查通过多种方式开展技术培训，建设农用地详查技术人员队伍。国家和各地区负责对样品采集、制备、流转和保存技术人员和管理人员进行培训，各地区分别制订参加国家级培训的方案以及组织本辖区培训的工作方案，明确培训次数、培训人数、培训内容和培训时间安排等。

4.1.2 建立集中式、专业化样品制备工作模式

（1）建设集中式样品制备基地

根据各地实际需求，建设专用的样品制备基地，集中开展土壤样品的制备工作，保障土壤样品制备操作的规范性和流程的统一性，从而有效提高样品制备效率，保障样品制备工作质量。各地区在样品制备基地的建设、运行、人员队伍建设、工作机制建立方面涌现出诸多特色鲜明的典型案例，对于规模化制样工作的组织实施，具有重要借鉴意义。

（2）实现规范化、专业化制备

建立样品制备技术规范，严格规范技术要求，推动各地配备了大量专业化样品制备设备设施，提高了土壤样品制备效率。同时，通过开展样品制备技术培训，提标样品制备质控措施和监督检查力度。提升人员能力，配备先进设备设施，提升了我国土壤样品制备专业化技术能力和水平。

4.1.3 创建大通量、集中式样品流转技术模式

（1）建设集中式流转中心

为了满足大规模样品集中流转的需要，各地组建了省级或地市级农用地土壤污染状况详查样品流转中心（以下简称“流转中心”），负责该区域土壤和农产品样品流转送检

工作，有效保障了样品流转的及时性。流转中心在样品管理、质量控制方面起着非常关键的作用。在农用地土壤污染状况详查工作中，流转中心除负责样品接收、流转及质量控制外，还承担样品采集及送样计划跟踪、样品制备进度跟踪及制样调度、检测任务分配及检测进度跟踪等任务，作为采样、制样、实验室检测 3 个关键环节的指挥调度中枢，对于确保按计划、高质量、高效率完成调查任务发挥了重要作用。

（2）严格规范样品保存条件，最大化保留原样特性

通过详细规范样品流转与保存时间要求、温度要求和包装要求等操作细节，本次制定、完善了样品流转与保存质量控制措施，实现了样品在流转与保存过程环境条件的严格控制，最大限度保留了土壤样品和农产品样品的原样特性，保证了样品的代表性和数据准确性。

（3）建立了大通量样品流转送检高效运行机制

各地根据农用地土壤污染状况详查工作需要，组建了样品流转中心。该中心统一负责样品制备后，在检测样中插入密码平行样、统一监控样品，最终建立样包。流转中心日收样能力通常可达 3 000 份检测样，日流转能力可达近 1 000 份检测样。通过实践，建立了样品交接、建包送检技术路线和工作流程，明确了工作岗位职责，构建了大通量样品流转送检的高效工作机制。

4.2　国内外技术方法概况

4.2.1　国外技术方法

围绕土壤质量调查监测，国际标准化组织（ISO）发布了一系列技术方法标准，包括：

1）*Soil quality—Sampling—Part 2: Guidance on sampling techniques*［《土壤质量　采样　第 2 部分　采样技术》（ISO 10381-2：2002）］[1]，主要介绍农业土壤样品采集技术、采样设备选取原则等内容，确保采集到的土壤样品具有代表性和有效性，同时提供了污染场地调查土壤样品的采集和保存方法。

2）*Soil quality—Sampling—Part 201: Physical pretreatment in the field*［《土壤质量　采样　第 201 部分　野外现场物理预处理》（ISO 18400-201：2017）］[2]，主要介绍了野外现场物理预处理操作要求，预处理方法包括样本缩分方法、混合样品制备方法。

3）*Soil quality—Preparation of laboratory samples from large samples*［《土壤质量　大容量样品实验室制备测试》（ISO 23909：2008）］[3]，主要介绍了从大样本制备实验室测

试样本的方法。根据 ISO 11464 和 ISO 14507，规定了理化指标、中等挥发性有机污染物、非挥发性污染物等各类指标分析测定样品的制备方法。

4）*Agricultural food products—Layout for a standard method of sampling from a lot* [《农产品　批量抽样标准方法方案》（ISO 7002：1986）][4]，主要介绍了取样设备、程序、包装、密封和标记、样品储存和运输期间的注意事项等。

4.2.2　国内技术方法

国内在土壤污染调查、地球化学调查、耕地土壤质量调查等方面已经形成一整套涉及农用地土壤样品采集、制备、流转与保存方法，并分别发布了相关国家或行业标准。但不同项目的调查目的不同、服务不同，其管理需求也不同，所采用的方法也不尽相同。

1）2004 年，国家环境保护总局发布了《土壤环境监测技术规范》（HJ/T 166—2004）[5]，规定土壤环境监测的布点采样、样品制备、分析方法、结果表征、资料统计和质量评价等技术内容。

2）2012 年，农业部发布了《农田土壤环境质量监测技术规范》（NY/T 395—2012）[6]，规定了农田土壤环境监测的布点采样、分析方法、质控措施、数理统计、成果表达与资料整编等技术内容。

3）2014 年，国土资源部发布了《多目标区域地球化学调查规范（1∶250 000）》（DZ/T 0258—2014）[7]，规定了样品采集工作方法、样品库、野外原始资料质量检查等技术内容。其中，样品采集工作方法分为土壤地球化学样品、近海海域沉积物地球化学样品、湖泊沉积物地球化学样品、水地球化学样品。

4）农产品样品采样涉及的相关标准较多。2004 年，农业部发布了《农药残留分析样本的采样方法》（NY/T 789—2004）[8]和《蔬菜农药残留检测抽样规范》（NY/T 762—2004）[9]，对种植业中农药残留分析样本、新鲜蔬菜样本的采样和制备过程作出规定。2006 年，农业部发布了《无公害食品　产品抽样规范》（NY/T 5344—2006）[10]，将农产品分为粮油、蔬菜、水果、茶叶、畜禽产品和水产品等 6 种类型，分别对 6 种农产品样品采集、制备、流转和保存作出相应规定。2011 年，农业部对蔬菜和茶叶类样品采集规范进行更新，分别以《蔬菜抽样技术规范》（NY/T 2103—2011）和《茶叶抽样技术规范》（NY/T 2102—2011）为执行标准，[11,12]进一步规范蔬菜类和茶叶类样品采集、制备与保存等过程。

5）2017 年，环境保护部、国土资源部、农业部共同组织编制了《农用地土壤样品采集流转制备和保存技术规定》《农产品样品采集流转制备和保存技术规定》，以指导各地规范开展农用地土壤污染状况详查，为组织做好详查过程中土壤和农产品样品的采集、流转、制备和保存工作提供了技术规范和指导。

6）2018 年，农业农村部发布了《农产品检测样品管理技术规范》（NY/T 3304—2018）[13]，规定农产品质量安全检测样品管理的术语和定义，以及样品接收、制备、保存、流转、复检、处置等要求，并按照类别将农产品划分为粮食和油料类、蔬菜和果品类、食用菌类、茶叶类、畜禽产品类、水产品类等 6 类，明确了各类型农产品的取样部位、预处理、缩分、制备和保存技术要点。

7）2020 年，山东省市场监督管理局发布了《农产品质量安全监测样品制备技术规程》（DB 37/T 3870—2020）和《农产品质量安全监测样品保存技术规程》（DB 37/T 3869—2020），[14,15]规定了山东省各级农业农村行政主管部门组织的农产品质量安全监测样品的制备和保存工作中，蔬菜、水果、谷物与油料等样品的制备方法。

4.2.3 国内外方法比较

（1）土壤样品和农产品样品采集方法

对国内外土壤样品采集方法标准中主要参数和技术要求进行对比分析（表 4-1），结果表明，国外的样品制备方法注重对技术方法做原则性指导，以提供不同方法的使用情景，一般不提供作业指导书式的详细技术要求，需监测人员根据实际情况确定具体的操作方法，对监测人员的专业素质要求较高。

我国不同调查的土壤样品采集技术基本保持一致，在技术要求上明确清晰、可操作性较强。其中，土壤污染调查和耕地土壤质量调查等技术标准，对表层（耕作层）混合土壤和剖面土壤样品的具体采样技术、混合样采集方法等要求较为一致，而多目标区域地球化学调查项目，对深层样品的采集方法具有一定特色。土壤污染调查和耕地土壤质量调查均强调了采样准备工作的重要性，其中土壤污染调查包括组织准备、资料收集、现场调查等方面的内容，耕地土壤质量调查包括物质准备、组织准备、技术准备等方面的内容。在土壤样品采集方面，土壤污染调查和耕地土壤质量调查标准以表层混合土壤样和剖面土壤样为主，地球化学调查以表层土壤样和深层土壤样为主。

在混合样品采集方法上，土壤污染调查和耕地土壤质量调查保持一致，均为对角线法、梅花点法、棋盘式法、蛇形法等方法，样品混合和缩分均以四分法为主。采样深度方面，土壤污染调查和耕地土壤质量调查相关标准（HJ/T 166、NY/T 395 等）的表层土壤采集深度均为 20 cm，地球化学调查则针对不同地形地貌，规定了不同的深层土壤采样深度。

表 4-1　国内外土壤样品采集方法标准中主要参数和技术要求对比表

序号	标准号	标准名称	采样前准备	采样工具	方法的选取	采样方法	采样位置及采样量
1	ISO 10381-2：2002	*Soil quality—Sampling—Part 2：Guidance on sampling techniques*			1. 扰动采样 2. 单独样 3. 混合样		/
2	ISO 18400-201：2017	*Soil quality—Sampling—Part 201：Physical pretreatment in the field*				混匀缩分方法：四分法、泰勒分样器、旋转分样器等	
3	HJ/T 166—2004	《土壤环境监测技术规范》	1. 组织准备 2. 资料收集 3. 现场调查 4. 采样器具准备		1. 特定的调查研究监测需了解污染物在土壤中垂直分布时的采集土壤剖面样 2. 一般农田土壤环境监测采集耕作层土样	1. 剖面样 2. 混合样 （1）对角线法 （2）梅花点法 （3）棋盘式法 （4）蛇形法 样品弃取方法：四分法	种植农作物采集 0～20 cm；种植果林类农作物采集 0～60 cm；采样量为 1 kg
4	NY/T 395—2012	《农田土壤环境质量监测技术规范》	1. 物质准备 2. 组织准备 3. 技术准备 4. 现场踏勘，野外定点，现场确定采样地块		1. 一般采集表层混合样 2. 了解污染物在土壤中的垂直分布时，按土壤发生层次采集剖面样	1. 剖面样 2. 混合样 （1）对角线法 （2）梅花点法 （3）棋盘式法 （4）蛇形法 样品弃取方法：四分法	1. 剖面样：分层样各取 1 kg 2. 混合样：种植一般农作物，每个分点采集 0～20 cm 耕作层土壤，种植果林类农作物，每个分点处采集 0～60 cm 耕作层土壤

序号	标准号	标准名称	采样前准备	采样工具	方法的选取	采样方法	采样位置及采样量
5	DZ/T 0258—2014	《多目标区域地球化学调查规范（1∶250 000）》		使用专门的采样工具； 所有新、旧布袋使用前均需经过洗涤，保证样袋清洁、无污染；样袋外均应用聚乙烯塑料袋隔开		/	1. 表层土壤采样深度为 0～20 cm；土壤样品原始重量大于 1 kg 2. 深层样： （1）平原盆地、黄土高原及近海滩涂采样深度应达到 150 cm 以下； （2）东、中部山地丘陵采样深度应达到 120 cm 以下； （3）在西部边远森林沼泽、干旱荒漠、岩溶景观等地区，采样深度应达到 100 cm 以下； （4）在规定采样深度地区内，当出现局部采样网格经多处采样仍达不到采样深度时，可根据土壤实际深度采样，并作出标记，记录采样情况。土壤样品原始重量大于 1 kg

农产品样品采集需根据采样地形、地势及作物分布情况，一般采用对角线法、梅花点法、棋盘式法或蛇形法等采集样品。采样时间取决于不同类型农产品样品成熟期，样品采集部位取决于农产品类型，根据 NY/T 789—2004、NY/T 5344—2006 和 NY/T 3304—2018 相关规定，[8,10,13]粮食、油料类样品主要采集整粒，蔬菜、果品类样品主要采集整株、整棵、全果、全瓜、全豆、全薯等，食用菌类、茶叶类样品主要采集整棵或全部。

（2）土壤样品和农产品样品制备方法

对国内外土壤样品制备方法标准的主要参数和技术要求进行对比分析（表 4-2），结果表明，国外的土壤样品制备方法多为原则性指导，规定了不同方法的特点和使用情景，一般不提供作业指导书式的详细技术要求，调查人员需根据实际情况确定具体的操作方法，对人员的专业素质要求较高。

我国不同调查目的方法标准技术要求明确、清晰，指导性和可操作性强。各部门样品制备技术基本一致，其中，土壤污染状况调查和耕地土壤质量调查的样品采集方法在样品制备场所、样品制备工具、制样方法、制备粒径等方面要求均基本保持一致，而地球化学调查的制备方法更加偏重野外作业方法。在样品制备场所上，HJ/T 166—2004 和 NY/T 395—2012 要求设立独立的风干室和磨样室，并对环境条件做出了明确要求；DZ/T 0258—2014 规定在野外驻地进行样品制备的方法；在制备方法上，HJ/T 166—2004 和 NY/T 395—2012 规定了风干、粗磨、细磨和分装四个步骤，提倡自然风干；DZ/T 0258—2014 允许进行阳光晒干和烘干，并对烘干温度提出了明确要求；在制备样品粒径上，HJ/T 166—2004 和 NY/T 395—2012 均规定了 2 mm、0.25 mm、0.15 mm 三类粒径，DZ/T 0258—2014 则统一要求制备成 0.8 mm 粒径。在有机样品的制备方法上，HJ/T 166—2004 和 NY/T 395—2012 规定挥发性和半挥发性有机物样品不得参照无机样品的制备方法进行制样。

农产品样品采集方法在样品制备场所、制备工具和样本缩分等方面要求基本保持一致，制样方法和制样粒径则根据农产品样品类型确定。在制备场所方面，NY/T 762—2004[9]要求制样场所通风、整洁、无扬尘和挥发性物质污染。在此基础上，NY/T 2103—2011 和 NY/T 3304—2018 进一步规定了制样场所温控和隔离区条件。制样工具一般选择玻璃、聚乙烯、木质等惰性材质，避免制样工具引起样品污染，如测定样品重金属含量时应避免使用金属类制样工具，需冷冻保存的样品不宜使用塑料袋分装。在样本缩分方面，除冷冻样本和水样本外，其他类型农产品样本均以四分法进行混匀和缩分。

总体来说，国内农产品样品采集、制备与流转的相关标准方法，主要围绕样品采集时间、地点和人员，以及样品制备条件、方法、标识和保存等方面提出技术要求和规范。

表 4-2　国内外土壤样品制备方法标准的主要参数和技术要求对比

序号	标准号	标准名称	制样场所	制样工具	制样方法	研磨粒径	有机（易挥发）样品处理
1	ISO 23909：2008	*Soil quality—Preparation of laboratory samples from large samples*	制样场所及所有材料均应彻底清洁和整理，避免影响样品完整性	研磨仪、泰勒分样器、旋转分样器等； 所有制样工具不得对分析测试目标物产生污染	要移除与分析测试无关的其他（非土）物质，并进行称重和描述； 为了达到更好的研磨效果，理化性质指标和非降解性有机物样品可进行干燥； 分样方法：四分法、翻拌法、泰勒分样器、旋转分样器	2 mm	对于易挥发性有机物不进行制备；对于中等挥发性或非挥发性有机物，可以进行制备
2	HJ/T 166—2004	《土壤环境监测技术规范》	分设风干室和磨样室。风干室朝南（严防阳光直射土样），通风良好，整洁，无尘，无易挥发性化学物质	白色搪瓷盘及木盘；木滚、木棒、木槌、有机玻璃棒、有机玻璃板、硬质木板、无色聚乙烯薄膜；尼龙筛（2～100 目）；玛瑙研磨机、玛瑙研钵、白色瓷研钵；具塞磨口玻璃瓶、具塞无色聚乙烯塑料瓶或特质牛皮纸袋； 制样工具每处理一份样后擦抹（洗）干净，严防交叉污染	风干：自然风干，适时地压碎、翻动，拣出碎石、砂砾、植物残体； 粗磨：手工制样，过筛后，充分搅拌混匀，再采用四分法进行分样； 细磨：四分法分成两份，一份过 60 目筛，一份过 100 目筛研磨后全部过筛； 研磨混匀后的样品，分别装于样品袋或样品瓶，填写土壤标签一式两份，瓶内或袋内一份，瓶外或袋外贴一份	2 mm、0.25 mm、0.15 mm	分析挥发性、半挥发性有机物或可萃取有机物无须上述制样，用新鲜样按特定的方法进行样品前处理

序号	标准号	标准名称	制样场所	制样工具	制样方法	研磨粒径	有机（易挥发）样品处理
3	NY/T 395—2012	《农田土壤环境质量监测技术规范》	应设风干室、磨样室。房间向阳（严防阳光直射土样），通风、整洁、无扬尘，无易挥发化学物质	白色搪瓷盘及木盘；玛瑙研磨机、玛瑙研钵、白色瓷研钵、木滚、木棒、木槌、有机玻璃棒、有机玻璃板、硬质木板、无色聚乙烯薄膜；尼龙筛（20～100 目）；具塞磨口玻璃瓶、具塞无色聚乙烯塑料瓶、无色聚乙烯塑料袋或特质牛皮纸袋	风干：自然风干，间断地压碎、翻拌，拣出碎石、砂砾、植物残体； 粗磨：手工制样，过筛后，充分至均匀混匀，再采用四分法进行分样 细磨：四分法进行第二次分样，研磨后过 60 目或 100 目尼龙筛； 分装：研磨混匀后的样品，分别装于样品袋或样品瓶，填写土壤标签一式两份，瓶内或袋内一份，外贴一份	2 mm、0.25 mm、0.15 mm	分析挥发性、半挥发性有机污染物（酚、氰等）或可萃取有机物无须制样，新鲜样测定
4	DZ/T 0258—2014	《多目标区域地球化学调查规范（1∶250 000）》	样品加工场地应在野外驻地进行； 样品加工场地要干净、通风、无污染	木槌（切忌用铁锤或其他金属工具）；每加工完一个样品应对加工工具进行全面清扫，防止发生人为沾污；样瓶应使用玻璃瓶或聚乙烯塑料瓶，但不应使用再生塑料瓶。装样前应对样品瓶进行清洗，保持清洁	样品干燥：日光下干燥或 50℃以下烘干。在样品干燥过程中要经常揉搓样品； 样品加工：干燥后的样品在加工（过筛前）用木槌轻轻敲打，以便使样品恢复至自然粒级状态；样品干燥后用过尼龙筛截取 0.8 mm（20 目）粒级的样品 500 g，装瓶。样品瓶应贴好标签	0.8 mm	与无机项目统一的制样方法

（3）土壤样品和农产品样品流转与保存方法

ISO 10381-2 方法在样品保存方面，推荐在低于 5℃下储存土壤样品，以保持样品原样特性。如果在低于 5℃的温度下不能充分抑制水解、氧化、酶和微生物降解或有机化合物的其他损失，对样品形状的保持产生不利影响时，应在低于−25℃的温度下储存和运输。在样品运输方面，建议通过使用干冰包装、液氮封存或车载冰箱来实现低于−25℃的温度。

ISO 10381-1：2002 的 9.11.2 条指出，挥发性物质会在土壤样品采集的过程中开始挥发，因此要通过冷冻或添加稳定剂，或取样后立即进行分析以减小目标物的损失。在确定样品保存方法时，应结合分析测试技术的特点，满足分析测试相关方法的要求。9.11.4 条指出，土壤样品在流转和保存期间应保持阴凉，一般推荐（4±2）℃的保存温度，同时需满足分析实验室的要求。另外，对于冷冻样品，需要另行制定详细的冷冻和解冻程序，确保样品在解冻后能够恢复至原始状态。另外，光敏土壤需要在黑暗中储存，或者至少在具有吸光性容器中保存。

根据 NY/T 762—2004、NY/T 789—2004 和 NY/T 3304—2018 的相关规定，农产品样品应在 24 h 内运送到实验室，否则，应将样品缩分冷冻后运输。在高温季节，样品运输应选择可以保持低温的容器。低温包装时，应使用适当的材料包裹样品，避免与冷冻剂接触造成冻伤。冷冻剂不可使用碎冰。样品在运输过程中，应采取相应的措施保证样品完整、新鲜，避免被污染。在样本保存方面，干样可置于室温、阴凉干燥环境中保存，新鲜样本短期保存需置于 1～5℃冰箱中冷藏，样品长期保存应置于−20℃冰箱中，此类冷冻样本解冻后应立即检测，避免反复冻融，若样品出现分离现象，应重新匀浆后再行检测。用于荧光物质检测的样品需将原样冷藏保存，用于生物毒素检测的样品，应确保样品在安全水分以下，4℃冷藏避光密封保存。

4.3　土壤样品采集与制备方法

4.3.1　方法确定原则

农用地土壤污染状况详查土壤样品采集与制备方法确定原则：

1）统一融合原则。充分借鉴国内外成熟技术方法，整合不同领域技术和方法，形成统一技术方法。

2）与时俱进原则。采用先进的样品采集和制备技术，运用信息化技术提高采样工作效率，创新规模化集中式样品流转中心模式。

3）可操作性原则。充分满足农用地土壤污染状况详查工作的新要求，做到快速、精准、高效。

4.3.2 方法确定过程

首先，调研收集了国内外土壤样品采集、制备、流转与保存技术相关资料，主要参考 ISO 10381-2：2002、ISO 18400-201：2017、ISO 23909：2008、HJ/T 166—2004、DZ/T 0258—2014、NY/T 395—2012 等国内外方法标准和技术规范。

其次，广泛征求地方生态环境、自然资源、农业农村等部门相关技术单位一线专家的意见，召开了多次技术研讨会，对详查中农用地土壤和农产品样品采集、制备、流转、保存等关键技术环节，形成统一的技术体系，以规范技术操作流程和质量管理要求，目的是做到针对性强，具有可操作性。

最后，结合农用地详查目标、工作特点和最新技术发展，对样品采集与制备技术进行了创新。

4.3.3 土壤样品采集方法

农用地详查采样方法涉及表层采样和深层采样两种。其中，表层采样主要参考了《土壤环境监测技术规范》（HJ/T 166—2004）和《农田土壤环境质量监测技术规范》（NY/T 395—2012），深层采样主要参考《多目标区域地球化学调查规范（1∶250 000）》（DZ/T 0258—2014）。

4.3.3.1 采样前准备

在采样工作正式开始前，要制订详细计划，形成内容完整可操作性强的采样方案。采样方案一般包括任务部署、人员分工、时间节点、采样准备、采样量和份数、样品交接和注意事项等。除此之外，还需要进行相关采样准备，主要包括组织准备、技术准备、物资准备和点位代表性核查等。

（1）组织准备

采样开始前需组建采样小组，采样小组至少由 2 名成员组成，包括 1 名组长和 1 名技术骨干，要具备土壤调查相关基础知识，掌握样品采集流转相关技术要求和采样计划。采样小组内部要分工明确、责任到人、保障有力。

（2）技术准备

在技术方面，采样小组要明确调查范围和采样任务，掌握布点原则和点位分布图件，包括行政区划边界、样点位置等信息，获取交通图、土壤类型图、地形图，还要了解采样点所在地区农用地灌溉、施肥及污染源分布等基本情况。此外，需提前做好 GPS 校准、采样智能终端和便携式蓝牙打印机的调试。

（3）物资准备

土壤样品采集所需的物资需要提前准备齐全，一般包括工具类、器具类、文具类、防护用品以及运输工具等（表 4-3、图 4-1）。农用地土壤污染状况详查充分借助物联网和 3S 技术（包括遥感、地理信息系统、全球定位系统）等信息化手段，采样人员可以直接通过智能终端完成采样任务接收、辅助找点、现场填报记录表、现场打印样品标签、现场拍摄采样照片、保存和上传采样信息，并通过 GPS 精准定位，确定采样记录的点位坐标信息，有效提高了采样效率和准确性。

表 4-3　土壤样品采集所需的物资清单

类别	具体物资
工具类	铁铲、镐头、取土钻、螺旋取土钻、木（竹）铲以及适合特殊采样要求的工具等
器具类	GPS、采样智能终端、便携式蓝牙打印机、不干胶样品标签打印纸、卷尺、便携式手提秤、样品袋（布袋和塑料袋）、棕色密封样品瓶（广口磨口玻璃瓶或带聚四氟乙烯衬垫的螺口玻璃瓶）、运输箱等
文具类	土壤样品标签（人工填写）、点位编号列表、剖面标尺、采样现场记录表、铅笔、签字笔、资料夹、透明胶带、用于围成漏斗状的硬纸板等
防护用品	工作服、工作鞋、安全帽、手套、雨具、常用（防蚊蛇咬伤）药品、口罩等
运输工具	采样用车辆及车载冷藏箱

图 4-1　土壤样品采集前的物资准备

（4）点位代表性核查

采样前还要开展点位代表性核查。目标点位要符合土壤采样的代表性要求，在允许范围内优选采样点，位移距离一般不超过 50 m。陡坡地、低洼积水地、住宅、道路、沟渠、粪坑附近及田埂、地头及堆肥处等一般不设采样点。深层土壤采样位置可布置在人工揭露剖面上，采样时应揭露出新鲜剖面，确保采集到新鲜土壤样品。

4.3.3.2 采样方法

（1）表层土壤样品采集

图 4-2 和图 4-3 分别为手持采样智能终端任务下载示意图和导航、定位示意图。土壤样品采集人员在现场采用采样智能终端接收采样任务指令，进行导航、定位操作，点位偏移控制在 50 m 以内，确保到达预设样点位置，实现对调查点位偏移的高效、精准管理。样品采集人员到达目标点位后，开始进行样品采集工作。

土壤有机污染物测试样品（以下简称“土壤有机样品”）要采集表层单独样品；土壤无机污染物测试样品（以下简称“土壤无机样品”）和土壤理化性质测试样品（以下简称“理化样品”）采集表层混合样品，以目标点位为中心，采用双对角线法 5 点混合采样。表层土壤采样方法见图 4-4。

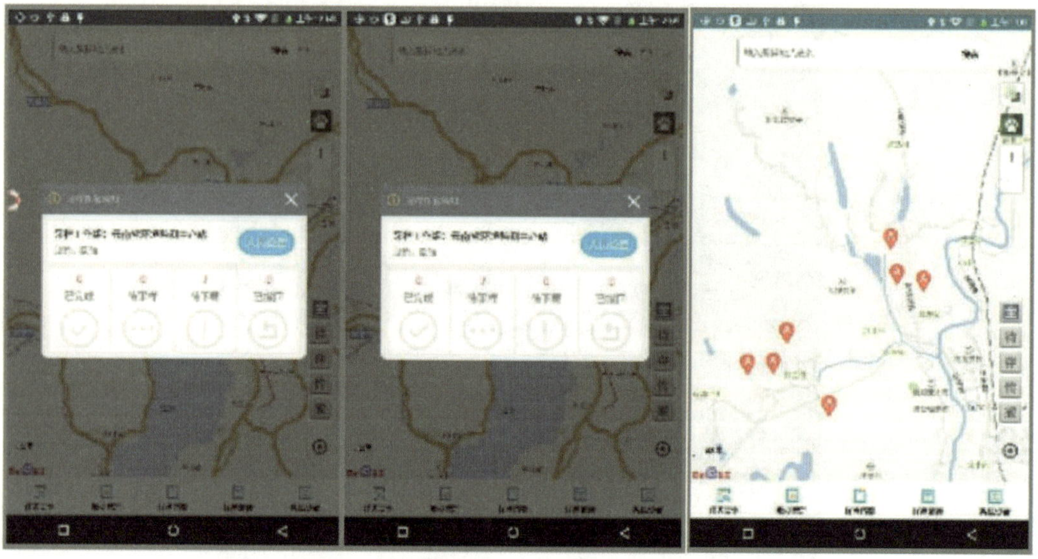

图 4-2　手持采样智能终端任务下载示意图

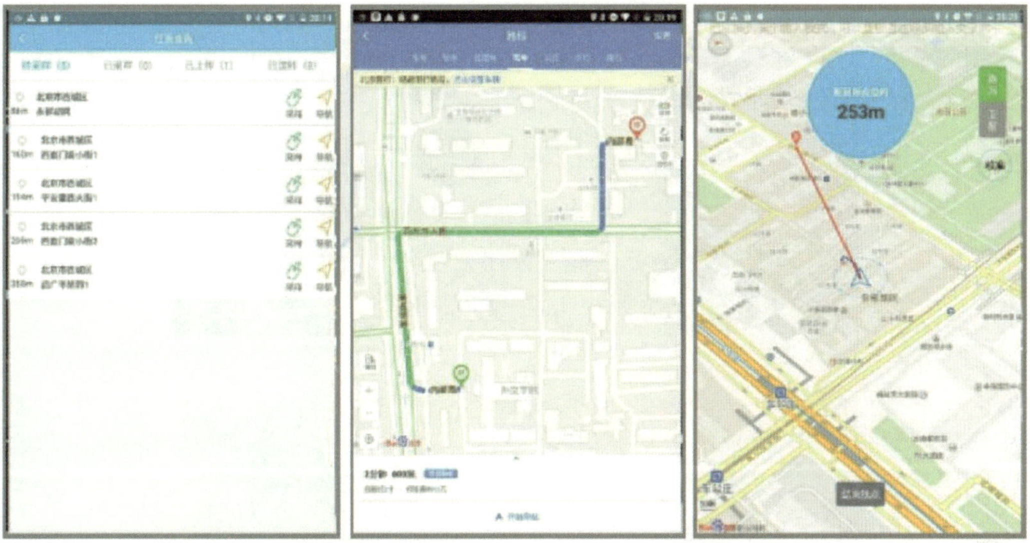

图 4-3　手持采样智能终端导航、定位示意图

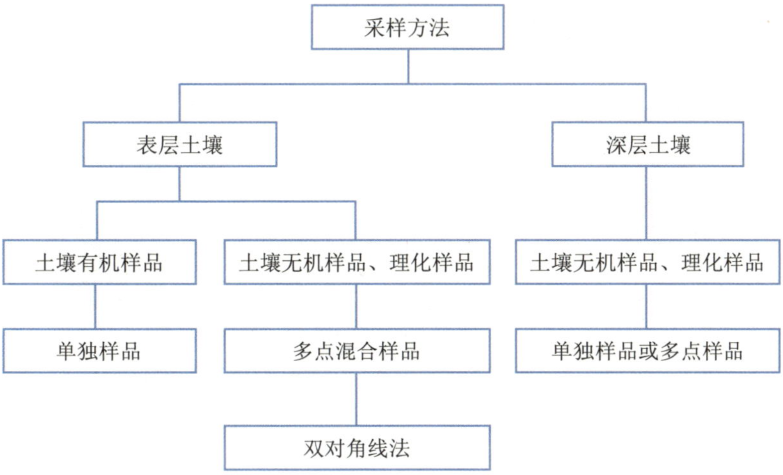

图 4-4　表层土壤采样方法示意图

1）单独样品采集方法。单独样品采样深度为 0～20 cm。采样时先用铁铲切割一个大于取土量的 20 cm 深的土方，再用木（竹）铲去掉铁铲接触面后装入样品袋。要注意不得斜向挖土，尽可能做到采样量上下一致（图 4-5）。单独样品土壤采样量不少于 1 500 g。

（a）

（b）

（c）

（d）

图 4-5　表层土壤样品采集现场

2）混合样品的采集方法。

采样区域：以确定点位为中心划定采样区域，一般为 20 m×20 m；当地形地貌及土壤利用方式复杂，样点代表性差时，可视具体情况扩大至 100 m×100 m。

采样方法：以确定点位为中心，采用双对角线法 5 点采样，每个分样点采样方法与单独样品采集方法相同（图 4-6）。

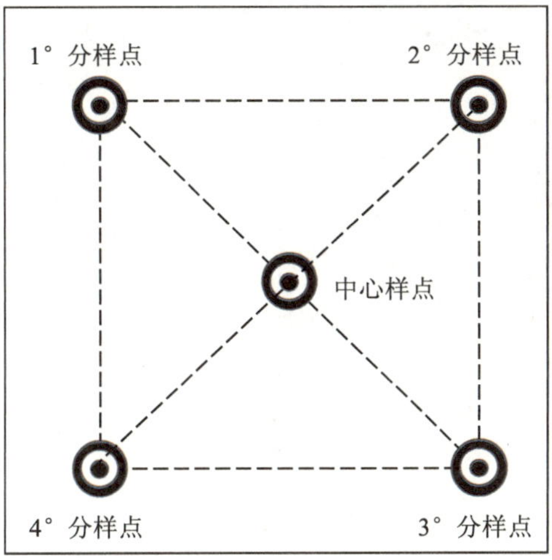

图 4-6　土壤混合样双对角线采集方法示意图

采样量：每个分样点采样量基本一致，采样量共计不少于 1 500 g。当土壤中砂石、草根等杂质较多或含水量较高时，可视情况增加样品采样量。

（2）深层土壤样品采集

采样方法：深层土壤采样使用专门的土钻等采样工具单点采样，当采样中遇有碎石较多时，可在附近另行掘进采样或采取人工开挖的办法采集样品。采集过程中要防止上层土壤混入造成交叉污染。自起始深度以下连续采 10～50 cm 长的土柱，避免采集基岩风化层，若符合要求的土层太薄或达不到规定深度时，可在同点位多次采样（图 4-7）。

1）采样深度。现场采样人员应根据地形地貌确定适宜的采样深度。平原、盆地及黄土高原采样深度应达到 150 cm，山地、丘陵区采样深度应达到 120 cm，西部及高寒山区、干旱荒漠、岩溶景观区等，采样深度应达到 100 cm。当某一样点在其附近多处采样仍未达到规定采样深度时，可根据实际钻进深度采样，并做出标记，记录采样情况。

2）采样量。土壤样品总量应不少于 1 000 g。

图 4-7　深层土壤样品采集现场

4.3.3.3　采样记录

采样小组在智能终端上现场录入、保存、上传样品采集信息（图 4-8），包括土壤样品信息、实际采样点经纬度、采样现场照片等，并采用智能终端连接的蓝牙打印机现场打印样品标签，每份样品打印 2 份样品标签，也可采用纸质记录表和样品标签记录样品采集信息。土壤样品采集现场记录内容见表 4-4。

图 4-8　样品采集手持终端信息填报场景

表 4-4　土壤样品采集现场记录表

1. 样点信息			
系统样点编号		调查样点类型	
样点所在地区		布点网格大小	
实际采样经度		计划采样经度	
实际采样纬度		计划采样纬度	
样点偏移/m		是否质控样点	
样点偏移说明			
采样地点	省　市　县（区）　乡（镇）　村		
土地利用方式		耕作方式	
地形地貌		海拔高度/m	
土壤系统分类			
土壤发生分类			
样点周边信息	正东：□居民点□厂矿□耕地□林地□草地□水域□其他 正南：□居民点□厂矿□耕地□林地□草地□水域□其他 正西：□居民点□厂矿□耕地□林地□草地□水域□其他 正北：□居民点□厂矿□耕地□林地□草地□水域□其他		
2. 样品信息			
系统样品编号		加密样品编号	
样品类型		样品名称	
采样深度/cm		样品质量/g	
样品测试项目			
土壤颜色		土壤质地	
3. 工作信息			
采样小组名称		采样小组负责人	
采样小组单位		负责人联系电话	
采样时间		天气情况	
样品采集工具			
样品分装容器			
定位设备信息			

4. 采集现场		
中心点位取土	定位设备屏显	东侧与 1#分样点取土
南侧与 2#分样点取土	西侧与 3#分样点取土	北侧与 4#分样点取土
样品及负责人	样点偏移说明	

4.3.3.4 样品分装

土壤样品接收及检查现场见图 4-9。

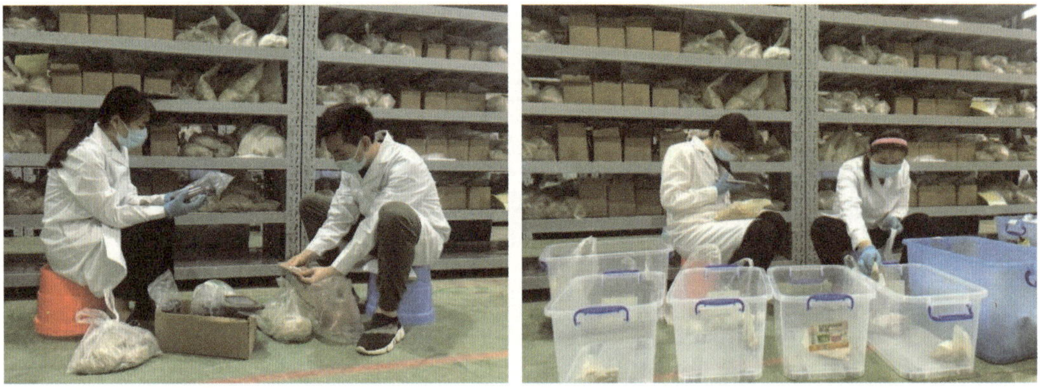

图 4-9 土壤样品接收及检查现场

土壤无机样品：将采集的土壤样品先装入塑料袋，在塑料袋外粘贴 1 份样品标签后，再将装有土壤样品的塑料袋放入布袋，在布袋封口处系上另 1 份样品标签。

土壤有机样品：将采集的土壤样品先装入棕色密封样品瓶，在瓶外粘贴 1 份样品标签后，再将样品瓶放入塑料袋内，在样品瓶与塑料袋之间放入另 1 份标签。

4.3.3.5 注意事项

为了防止交叉污染，要特别注意在每完成一个点位采样工作后，及时清理采样工具。土壤样品避免在肥料、农药施用时以及北方冻土季节采集。开展农产品与土壤协同采样时，要根据农产品适宜生长期确定采样时期。协同点位土壤和农产品原则上同步采集，受农产品实际采集期限制，可在保证土壤样品和农产品样品同点采集原则下分步采集。采样时要清除土壤表层的植物残骸和石块等杂物，有植物生长的点位要除去土壤中的植物根系。

4.3.4 土壤样品制备

农用地详查样品制备方法主要参考《土壤环境监测技术规范》（HJ/T 166—2004）、《农田土壤环境质量监测技术规范》（NY/T 395—2012）和《土地质量地球化学评价规范》（DZ/T 0295—2016），同时吸纳了其他国际标准的先进做法。

4.3.4.1　制备场所

农用地土壤污染状况详查要求土壤样品制备场所要根据样品量分设相应数量的风干室和制样室。风干室要做到通风良好、整洁、无易挥发性化学物质，并避免阳光直射。制样室要做到通风良好，每个制样工位做好适当的隔离。农用地土壤污染状况详查具体要求借鉴了《土壤环境监测技术规范》（HJ/T 166—2004）和《农田土壤环境质量监测技术规范》（NY/T 395—2012）。

农用地土壤污染状况详查采用了国家土壤环境监测网例行监测的做法，将视频监控作为样品制备现场监督的重要检查手段之一，要求制样室内要具备宽带网络条件，并安装在线全方位监控摄像头。对监控设备的布设、具体设备技术参数和监控视频查看和存储等方面，都提出了具体要求，确保可随时接受远程实时检查。

4.3.4.2　制备工具

制样工具及样品保存容器借鉴了 HJ/T 166—2004 和 NY/T 395—2012。

制样工具主要包括：盛样用的搪瓷盘、木盘，样品烘干箱等；粗粉碎用的木锤、木铲、木棒、有机玻璃棒、有机玻璃板、硬质木板、无色聚乙烯薄膜等；细磨样用的玛瑙球磨机、玛瑙研钵、瓷研钵等；孔径为 0.15 mm、1 mm 和 2 mm 等的尼龙筛；电子天平、智能终端、便携式蓝牙打印机、标签纸、电脑、常规打印机、原始记录表等。

样品保存容器主要包括：磨口玻璃瓶、聚乙烯塑料瓶、牛皮纸袋等。要避免使用含有待测组分或对测试有干扰的材料制成的样品瓶或样品袋盛装样品。

4.3.4.3　制备方法

土壤有机样品一般采用鲜样或冷冻干燥样分析，应按分析方法的时间要求进行前处理和样品测定。土壤无机样品的制备包括风干和研磨等过程，将样品制备成均一的、符合目标物分析测试方法粒径要求的样品。一般来说，粒径 2 mm 的样品主要用于测定土壤 pH 值等理化指标，粒径 0.15 mm 的样品主要用于测定土壤镉等重金属指标。土壤样品制备方法借鉴了 ISO 23909：2008、HJ/T 166—2004、DZ/T 0295—2016 和 NY/T 395—2012 等标准规定的方法。

（1）风干

要在风干室将土样放置于盛样用器皿中，除去土壤中混杂的砖瓦石块、石灰结核、动植物残体等，摊成 2～3 cm 的薄层，经常翻动。半干状态时，用木棍压碎或用两个木铲搓碎土样，置阴凉处自然风干。在北方干燥地区，参照《土地质量地球化学评价规范》

（DZ/T 0295—2016）8.1.1.2 条的方法风干土壤。土壤样品也可以采用土壤样品烘干机烘干，温度控制在（35±5）℃。

（2）粗磨

风干完成后，要对样品进行粗磨。在制样室将风干的样品放在有机玻璃板上，用木锤碾压，再用木棒或有机玻璃棒再次压碎，拣出杂质、细小已断的植物须根，可采用静电吸附的方法清除。将全部土样手工研磨后混匀，过孔径 2 mm 的尼龙筛，去除 2 mm 以上的砂粒（若砂粒含量较多，要计算它占整个土样的百分数），大于 2 mm 的土团要反复研磨、过筛，直至全部通过（图 4-10）。过筛后的样品充分搅拌、混匀，确保每份样品的代表性。

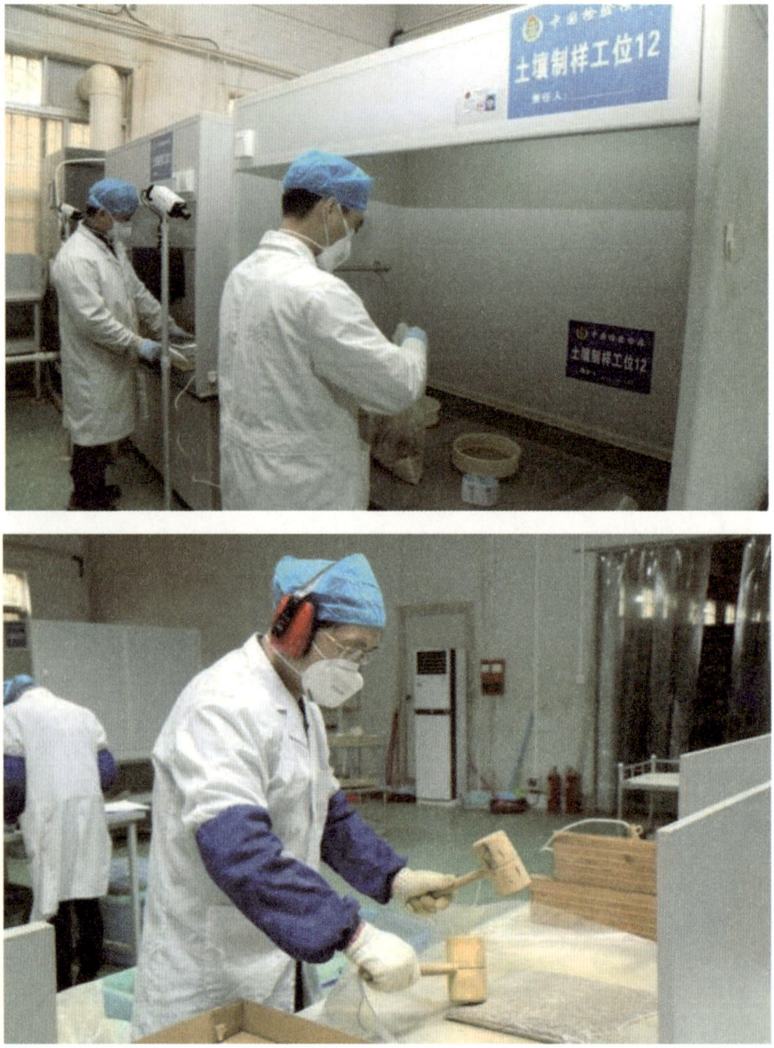

图 4-10　样品粗制备现场

（3）细磨

根据分析测试的要求，对粗磨后样品进行细磨。细磨是指用玛瑙球磨机（或手工）研磨至土样全部通过孔径 1 mm 的尼龙筛，通过四分法弃取，保留足够量的土样、称重、装瓶备用。四分法是指将过筛后混合均匀的样品铺成圆形，过中心点画十字线分为四等份，取对角线两等份，如此继续，缩分至所需量为止；剩余样品继续研磨至全部通过孔径 0.15 mm 的尼龙筛，通过四分法弃取，装瓶备用（图 4-11），土壤样品制备原始记录详见表 4-5。

农用地详查制样工具每处理 1 份样品后均进行清洁处理，防止交叉污染。对严重污染样品要另设风干室，不能与其他样品在同一制样室同时过筛研磨。

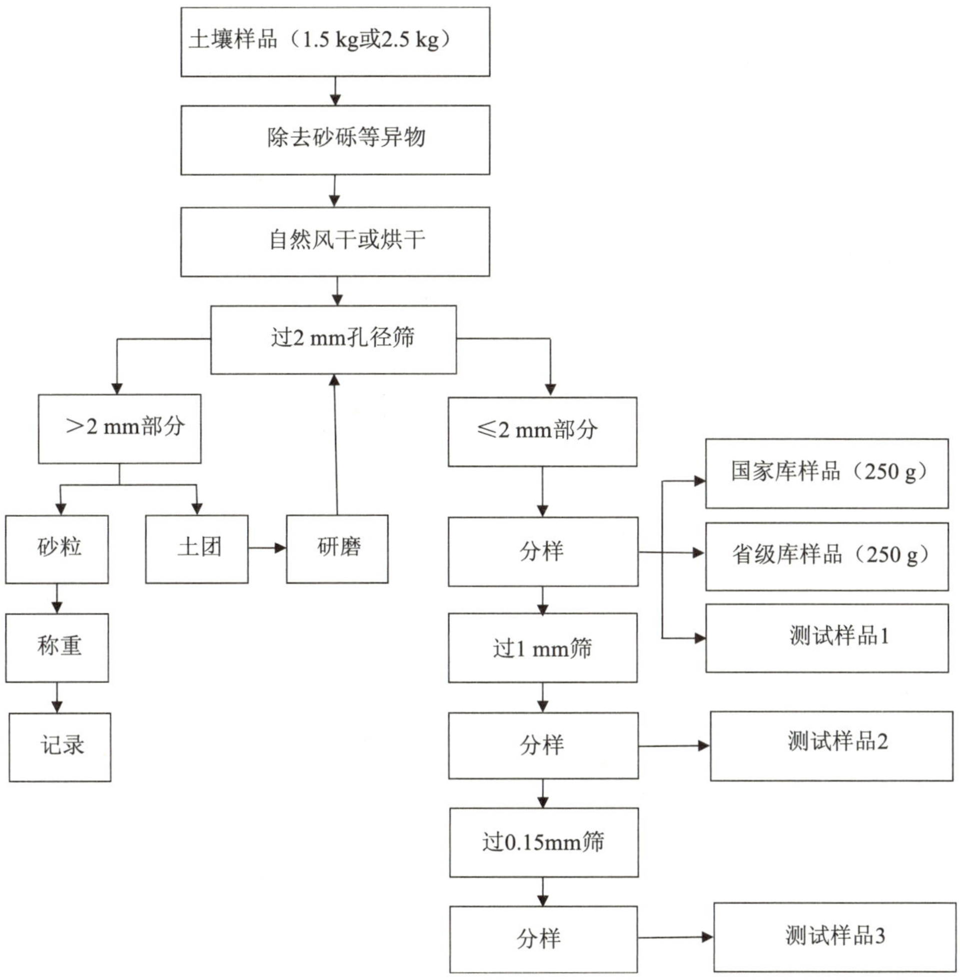

图 4-11　土壤样品制备流程图

注：测试样品 1 可用于水分、pH 值和阳离子交换量等项目的分析；测试样品 2 可用于有机质等项目的分析；测试样品 3 可用于金属元素全量等项目的分析。

表 4-5　土壤样品制备原始记录表

样品编号	风干方式	研磨方式	过筛孔径	样品分装
	□自然风干 □设备风干	□手工研磨 □仪器研磨 仪器名称： 仪器编号：	□2 mm □1 mm □0.25 mm □0.15 mm □0.075 mm	□样品袋 □样品瓶
	□自然风干 □设备风干	□手工研磨 □仪器研磨 仪器名称： 仪器编号：	□2 mm □1 mm □0.25 mm □0.15 mm □0.075 mm	□样品袋 □样品瓶
	□自然风干 □设备风干	□手工研磨 □仪器研磨 仪器名称： 仪器编号：	□2 mm □1 mm □0.25 mm □0.15 mm □0.075 mm	□样品袋 □样品瓶
	□自然风干 □设备风干	□手工研磨 □仪器研磨 仪器名称： 仪器编号：	□2 mm □1 mm □0.25 mm □0.15 mm □0.075 mm	□样品袋 □样品瓶
	□自然风干 □设备风干	□手工研磨 □仪器研磨 仪器名称： 仪器编号：	□2 mm □1 mm □0.25 mm □0.15 mm □0.075 mm	□样品袋 □样品瓶
	□自然风干 □设备风干	□手工研磨 □仪器研磨 仪器名称： 仪器编号：	□2 mm □1 mm □0.25 mm □0.15 mm □0.075 mm	□样品袋 □样品瓶

制备人：　　　　　　　　校核人：　　　　　　　　审核人：

年　月　日　　　　　　　年　月　日　　　　　　　年　月　日

4.3.4.4　制备样分装

农用地详查制备后的样品要按照相关工作要求进行分装，封装后形成各类测试项目的检测样品、质控样品（如密码平行样品）和入库样品，保证样品粒径、重量和数量满足相关要求（图 4-12）。根据需要可留存备用样品 1 份。细磨制备后的分装过程中，采用智能终端软件对分装的各类样品分别进行加密编码。定期检查样品标签，防止样品标签模糊不清或丢失。

图 4-12　对制备好的样品进行清点核对

4.4　农产品样品采集与制备方法

4.4.1　农产品样品采集

（1）制订采样计划

采样单位根据所收集的基础资料、区域内农时情况和采样任务，制订详细的采样计划，内容包括任务部署、人员分工、时间节点、采样准备、样品交接、质量监督检查和注意事项等。考虑到农产品样品成熟期集中，机械化收割留待采样的有效时间短等特性，农产品样品采集计划应明确点位分配以及具体采样、运输和交接人员。

（2）组建采样小组

组建 2 人以上的专业采样小组，组建的具体要求如下：

采样小组成员应具有农业、土壤、环境、地理等相关基础知识，并熟悉采样环境背景、掌握农产品采样技术；由具有野外调查经验并参加过相关样品采集流转培训的专业技术人员担任组长。

采样小组内部要分工明确、责任到人、保障有力，并设置专人进行现场采样质控自查。采样人员提前参加专项培训，熟悉掌握采样技术标准要求和操作要点。

（3）分样点设置

农用地土壤污染状况详查农产品样品为在多个分样点采集的混合样品。现场确定计划采样点后，以确定点位为中心划定采样区域，一般为 20 m×20 m（丘陵、山地可略小），按对角线法、棋盘式法、蛇形法、梅花点法等方法多点（5～20 个）采集混合样品。每个点位采集量基本一致。

（4）采样方式

农产品样品仅采集可食用部位，各分样点采集的农产品样品应保证个体大小基本均等，成熟度与整个地块农作物保持一致。例如，部分品种玉米第一穗生长状况明显劣于其他穗，此时应选择常规生长状况的玉米进行采集。不得使用可能对农产品样品造成污染的工具采样。

水稻、小麦类取稻穗、麦穗（图 4-13）；玉米取第一穗，即离地表近的一穗，多株混合成样。水稻和小麦采样总量一般要求为 1 500 g（稻谷、麦粒干重样），密码平行样品的样点，采样总量不少于 2 000 g（稻谷、麦粒干重样）。当水稻和小麦等的含水量较高时，可视情况增加采样量。

各分样点应尽可能布设在同一农户的同一田块中。

图 4-13　水稻样品采集现场

（5）采样时间

农产品样品在农作物收获时节采集，当采样地点种植多种农产品时，应在常年主栽且相对敏感的农产品成熟时节安排样品采集。原则上，农产品与对应表层土壤样品应在同点位同步采集，农产品收获期较短无法同步采集的，可在同点位分布采集农产品样品和土壤样品。原则上，农产品样品与土壤样品采样的中心点位移不得超过 20 m。

农产品采集应避开在雨天等不利气候条件，避开采集病虫害和其他处于特殊状态下的植株（如刚喷施农药的植株等）。

（6）样品现场分装

农产品鲜样样品标签应采取防水防浸泡措施，将标签转入塑料自封袋，再放入样品袋。

农产品干样先装入布袋（或尼龙网兜），在布袋封口处系上 1 份样品标签，再将装有农产品样品的布袋放入塑料袋或编织袋，在袋外粘贴或系上另外一份样品标签。对个体较小的样品（如豆类），应采取防漏措施。

4.4.2　农产品样品制备

4.4.2.1　制样场地

农用地土壤污染状况详查根据样品制备工作量分设相应数量的风干室和制样室。风干室应通风良好、整洁、无易挥发性化学物质，并避免阳光直射；制样室内应通风良好，每个制样工位应做适当隔离。

4.4.2.2　制样工具及容器

1）采用搪瓷盘或木盘盛样。

2）采用小型脱粒机、小型脱壳机、不锈钢刀剪、木滚、硬质木搓板、粉碎机、无色聚乙烯薄膜等进行谷物类样品的脱粒、去壳、切碎。

3）采用玛瑙球磨机、玛瑙研钵、白色瓷研钵、石磨、不锈钢磨（与样品接触部位不得为不锈钢材质）、旋风磨等，进行风干后样品的研磨破碎。

4）采用筛网孔径为 0.25～0.4 mm 的尼龙筛进行研磨后样品的筛分。

5）采用具塞磨口玻璃瓶、具塞无色聚乙烯塑料瓶、具塞玻璃瓶、无色聚乙烯塑料袋或牛皮纸袋等进行封装保存，规格视样品量确定。避免使用含有待测组分或对测试有干扰的材料制成的样品瓶或样品袋盛装样品。

6）其他制样工具、设备和材料：电子天平、样品制备智能终端、便携式蓝牙打印机、样品标签打印纸、电脑、常规打印机、原始记录表。

4.4.2.3 样品初步制备和缩分

初步制备包括对农产品样品（水稻或小麦样品）进行风干或烘干（图 4-14），并用小型脱粒机脱粒（图 4-15），或采用硬木搓板与硬木块进行手工脱粒，反复混合均匀。

初步制备后的水稻和小麦样品，采用四分法缩分至所需量。经缩分的农产品样品应分装各类指标的送检样品、入库样品与留存备用样品。送检样品送实验室按要求细磨后测试，留存备用样品送流转中心保存备用。

图 4-14 农产品样品风干现场

图 4-15 农产品粗制备——小型脱粒机脱粒

4.4.2.4　测试样品制备

（1）样品缩分

水稻、小麦等粮食类粒状样品应采用四分法缩分，将脱粒后的粮食样品反复混合均匀并铺成一圆形，过中心点画十字线平分为四等份，取对角线两等份，反复操作，直至缩分为所需数量为止；水果等块状样品和白菜等大型蔬菜样品应采用对角线分割法缩分，用清水洗净并晾至无水后，垂直放置，将中间部分横切，再将上下两部分分别进行对角线切割，去除非可食部分后，取所需量的样品；小型叶菜类样品应采用随机取样法缩分，清水洗净并晾至无水后，将整株植株粗切后混合均匀，随机取所需量的样品。

（2）样品制备

试样制备分干样加工与鲜样加工两种。水稻、小麦、玉米采用干样加工，蔬菜、水果和茶叶原则上采用鲜样加工。

干样加工：用干纱布擦净样品上的泥尘等附着物后直接磨碎，带皮样品应用清水冲洗、晾干或烘干（65℃±5℃）、去外壳后磨碎，可采用玛瑙研钵进行手工研磨或专用设备（玛瑙碎样机、石磨、不锈钢磨）进行机械研磨，使样品全部通过尼龙筛（筛网孔径 0.25～0.4 mm），并混合均匀。

鲜样加工：新鲜样品用干净纱布轻轻擦去样品上的泥沙等附着物后，直接用组织捣碎机捣碎，混合均匀成待测试样。含纤维较多的样品，如根、茎、叶子等不能用捣碎机捣碎，可用不锈钢刀或剪刀，切成小碎片，混合均匀成待测试样。

4.4.2.5　样品制备注意事项

1）样品风干、磨碎过程中样品编码必须始终保持一致，定期检查样品标签，严防样品标签模糊不清或丢失。

2）制样所用工具应在处理每份样品前清理干净，严防交叉污染；使用后工具应用自来水及时清洗后烘干或晾干。

3）须开展细磨工具的空白对比试验，排除细磨工具（如不锈钢粉碎机等）可能对样品造成的污染。细磨工具材质需达到食品级，新购置的细磨工具磨样前，应用同类型样品做磨损老化处理。

4）空白对比试验中，糙米、麦粒和玉米粒采用手工细磨时，应先称取糙米或玉米粒 10 g，再用木槌敲打破碎后，放入（65℃±5℃）烘箱烘 30 min，最后用木槌粉碎过 60 目筛；如有剩余，重复以上步骤。

5）糙米、麦粒和玉米粒细磨应先做粒度试验，要求 90%以上的细磨样品达到 60 目。根据粒度试验结果，确定糙米、麦粒或玉米粒细磨时间，无须再做过筛处理。

4.5 样品流转与保存方法

4.5.1 土壤样品流转与保存

4.5.1.1 土壤样品流转

（1）样品流转计划

综合考虑采样、分析测试等工作安排，对样品流转进行总体统筹，制订样品流转工作计划，上传至农用地详查信息化平台（图 4-16）。样品流转计划中包括样品份数，样品从采样现场向初步制备场所、流转中心、检测实验室流转的各环节交接时间、地点，质控样品插入要求等内容。

图 4-16 流转中心进行样品分配

（2）样品装运

指定核对负责人，在样品装运现场利用智能终端对样品逐一核对，并在土壤样品装运记录表上签字；重点检查样品标签、样品重量、样品数量、样品包装容器、保存温度、样品目的地、样品送达时限等，如有缺项、漏项和错误，要及时补齐、修正后方可装运。土壤样品装运记录见表 4-6。

依据调查检测质控技术要求，需要在流转中心插入外部质控样品的，流转中心按要求新建送检样包，按质控样品配比要求插入一定数量的密码平行样、统一监控样，再将样品流转至指定实验室分析测试。制备后分装的国家级和省级入库样品，按要求分别流转至指定样品库。

（3）样品流转运输

样品流转运输要保证样品安全，并及时送达收样单位。样品运输过程中使用样品运输箱，做好适当的减震隔离，防止样品破损、样品标签丢失或沾污等情况；有机样品运输过程中一般要求在 4℃以下避光保存，力争当天流转，一般要在样品有效期内尽早送达检测实验室。

土壤样品送到指定地点后，交样人和收样人均需清点核实样品，利用智能终端扫码确认收样、记录交接信息，打印交接记录表，双方签字并各自留存 1 份。土壤样品交接记录见表 4-7。

4.5.1.2　土壤样品保存方法

（1）实验室预留样品

实验室预留样品要造册保存；分析取用后的剩余样品，待全部完成测定并报出数据后，移交到实验室储存（柜）室保存，取用后的剩余样品一般保留半年，预留样品一般保留 2 年，有机样品分析任务完成后无须保存。

土壤无机样品制备前需存放在阴凉、避光、通风、无污染处；土壤有机样品测试前要在 4℃以下避光保存，必要时在−18℃以下冷冻保存。

（2）样品库保存样品

农用地土壤污染状况详查专门建设了国家级和省级土壤样品库长期保存样品。土壤样品库储存样品要保证适宜的环境条件，尽量避免日光、潮湿、高温和酸碱气体等的影响。有机样品时效性较短，一般不入库做长期保存。样品库土壤样品标签见表 4-8。

表 4-6　土壤样品装运记录表

样品箱号：________　样品数量：________

送达单位：________　送达期限：________

序号	样品编号	样品名称	保存方式	有无措施防止沾污	有无措施防止破损
		□表层土壤　□深层土壤	□常温　□低温　□避光	□有　□无	□有　□无
		□表层土壤　□深层土壤	□常温　□低温　□避光	□有　□无	□有　□无
		□表层土壤　□深层土壤	□常温　□低温　□避光	□有　□无	□有　□无
		□表层土壤　□深层土壤	□常温　□低温　□避光	□有　□无	□有　□无
		□表层土壤　□深层土壤	□常温　□低温　□避光	□有　□无	□有　□无
		□表层土壤　□深层土壤	□常温　□低温　□避光	□有　□无	□有　□无
		□表层土壤　□深层土壤	□常温　□低温　□避光	□有　□无	□有　□无
		□表层土壤　□深层土壤	□常温　□低温　□避光	□有　□无	□有　□无
		□表层土壤　□深层土壤	□常温　□低温　□避光	□有　□无	□有　□无
		□表层土壤　□深层土壤	□常温　□低温　□避光	□有　□无	□有　□无

交运单位：________　交运人：________　联系方式：________

承运单位：________　运输负责人：________　运输车（船）号牌：________

交运日期：　　年　　月　　日

表 4-7 土壤样品交接记录表

样品流转环节：□采样小组→制样机构 □采样小组→流转中心 □制样机构→流转中心 □流转中心→检测实验室

序号	样品编号	样品名称	样品重量 是否符合要求	样品包装容器 是否完好	样品标签 是否完好整洁	保存方法 是否符合要求
		□表层土壤 □深层土壤	□是 □否	□是 □否	□是 □否	□是 □否
		□表层土壤 □深层土壤	□是 □否	□是 □否	□是 □否	□是 □否
		□表层土壤 □深层土壤	□是 □否	□是 □否	□是 □否	□是 □否
		□表层土壤 □深层土壤	□是 □否	□是 □否	□是 □否	□是 □否
		□表层土壤 □深层土壤	□是 □否	□是 □否	□是 □否	□是 □否
		□表层土壤 □深层土壤	□是 □否	□是 □否	□是 □否	□是 □否
		□表层土壤 □深层土壤	□是 □否	□是 □否	□是 □否	□是 □否
		□表层土壤 □深层土壤	□是 □否	□是 □否	□是 □否	□是 □否
		□表层土壤 □深层土壤	□是 □否	□是 □否	□是 □否	□是 □否
		□表层土壤 □深层土壤	□是 □否	□是 □否	□是 □否	□是 □否
		□表层土壤 □深层土壤	□是 □否	□是 □否	□是 □否	□是 □否
		□表层土壤 □深层土壤	□是 □否	□是 □否	□是 □否	□是 □否

送样单位：________________ 送样人：________________ 联系方式：________________

收样单位：________________ 收样人：________________ 联系方式：________________

送样日期： 年 月 日 收样日期： 年 月 日

表 4-8　样品库土壤样品标签

样品编号：		
采样地点：　　　　　　省　　　市　　　县（区）　　　乡（镇）　　　村		
经纬度/（°）：东经：__________北纬：__________		
采样深度：　　cm	土壤类型：	
土地利用类型：□耕地　□园地　□牧草地　□其他		

4.5.2　农产品流转与保存方法

（1）农产品样品流转

农用地土壤污染状况详查流转机构综合考虑农产品样品、分析测试等任务安排，对本行政区域内样品流转进行统筹，制订样品流转计划。样品流转计划应包括：样品份数，样品从采样现场向初步制备场所和流转中心、从初步制备场所向流转中心，以及从流转中心向检测实验室流转的交接时间、地点，质控样品插入要求等。样品流转人员重点检查样品标签、样品重量、样品数量、样品包装袋、保存温度、样品目的地、样品送达时限等。如有缺项、漏项和错误，应及时核实、补齐、修正后再进行流转。

（2）插入质控样

依据质控技术要求，流转中心要对农产品样品数量按照不大于 50 份一批（包括实验室内密码平行样、实验室间密码平行样和统一监控样品各 1 份）建包送检，经二次加密编码后流转至指定实验室分析测试。

（3）注意事项

农产品样品流转运输必须保证样品的安全，并及时送达。样品运输过程中应使用样品箱，并严防破损、混淆和沾污。

参考文献

[1] International Organization for Standardization（ISO）. Soil quality—Sampling—Part 2：Guidance on sampling techniques（ISO 10381-2：2002）[S]. 2002.

[2] International Organization for Standardization（ISO）. Soil quality—Sampling—Part 201：Physical pretreatment in the field（ISO 18400-201：2017）[S]. 2017.

[3] International Organization for Standardization（ISO）. Soil quality—Preparation of laboratory samples from large samples（ISO 23909：2008）[S]. 2008.

[4] International Organization for Standardization（ISO）. Agricultural food products—Layout for a

standard method of sampling from a lot（ISO 7002：1986）[S]. 1986.

[5] 国家环境保护总局. 土壤环境监测技术规范：HJ/T 166—2004[S]. 北京：中国环境科学出版社，2004.

[6] 农业部. 农田土壤环境质量监测技术规范：NY/T 395—2012[S]. 北京：中国农业出版社，2012.

[7] 国土资源部. 多目标区域地球化学调查规范（1∶250 000）：DZ/T 0258—2014[S]. 北京：中国标准出版社，2014.

[8] 农业部. 农药残留分析样本的采样方法：NY/T 789—2004[S]. 北京：中国农业出版社，2004.

[9] 农业部. 蔬菜农药残留检测抽样规范：NY/T 762—2004[S]. 北京：中国农业出版社，2004.

[10] 农业部. 无公害食品 产品抽样规范：NY/T 5344—2006[S]. 北京：中国农业出版社，2006.

[11] 农业部. 蔬菜抽样技术规范：NY/T 2103—2011[S]. 北京：中国农业出版社，2011.

[12] 农业部. 茶叶抽样技术规范：NY/T 2102—2011[S]. 北京：中国农业出版社，2011.

[13] 农业农村部. 农产品检测样品管理技术规范：NY/T 3304—2018[S]. 北京：中国农业出版社，2018.

[14] 山东省市场监督管理局. 农产品质量安全监测样品制备技术规程：DB 37/T 3870—2020[S]. 2020.

[15] 山东省市场监督管理局. 农产品质量安全监测样品保存技术规程：DB 37/T 3869—2020[S]. 2020.

第5章　样品分析测试

为保证样品测试结果可靠、数据可比，通过统一样品分析测试方法，规范操作流程，严格执行质控要求，以确保获得真实、全面、准确的样品检测数据。通过对国内外相关分析测试方法标准进行比选，结合国内土壤环境检测实验室条件和仪器设备配置状况，本次农用地土壤污染状况详查构建了适用可行的土壤和农产品样品分析测试技术方法体系，制定和发布了统一的技术规程。本章介绍了土壤环境分析测试沿革，分析了农用地土壤污染状况详查关键指标分析测试方法技术体系的构建思路，凝练了样品分析测试关键技术要点，并对农用地土壤污染状况详查分析测试的常见问题进行了说明。

5.1　国内土壤环境分析测试技术发展概况

我国土壤环境调查始于20世纪70年代中期，初期主要为高等院校和科研院所开展的土壤背景值调查，随后陆续开展了“七五”期间的全国土壤环境背景值调查研究、2005—2013年开展的全国土壤污染状况调查、国家土壤环境监测网例行监测工作等，相关调查监测工作为我国土壤样品分析测试方法的不断完善，技术能力的提升和专业技术人才的培养，奠定了坚实基础。目前，我国已初步建立较为完备的分析测试方法，充足的环境检测实验室和高端仪器装备，以及高水平的生态环境检测技术队伍。

5.1.1　土壤环境分析测试标准制修订状况

21世纪初，与我国土壤相关的环境领域分析测试标准仅有20多种，主要检测重金属和六六六、滴滴涕等农药类污染物。早期分析测试方法多参考国际组织或相关机构，如国际标准化组织（ISO）、欧洲标准化委员会（CEN）、美国环境保护局（EPA）等。

随着我国土壤环境管理和分析测试技术水平的提升，截至 2017 年，有关土壤检测的国家标准、环保标准、农业行业标准和林业行业标准分析方法已达 115 个，标准性能和适用范围进一步提升和拓展，具体表现如下：一是标准检测项目涵盖了理化指标、重金属、挥发性有机物、半挥发性有机物等众多检测项目；二是标准测试指标从单一或有限指标向多组分同步测定发展；三是标准灵敏度和精密度显著提升，同时更加重视质量保证和质量控制。《环境监测分析方法标准制订技术导则》（HJ 168—2020）[1]的发布，为分析方法空白、检出限、精密度与准确度等方法特性指标的验证明确了技术要求。表 5-1 汇总了土壤中主要分析测试项目及方法。目前，土壤环境分析测试标准制（修）订进程稳步推进，已初步形成支撑《土壤环境质量　农用地土壤污染风险管控标准（试行）》（GB 15618—2018）[2]和《土壤环境质量　建设用地土壤污染风险管控标准（试行）》（GB 36600—2018）[3]的分析测试方法技术标准体系。

表 5-1　土壤中主要分析测试项目及方法

类别	指标	主要方法
理化性质	pH值、干物质和水分、有机质、机械组成和阳离子交换量、可交换酸度、氧化还原电位、电导率、有机碳	—
无机项目	无机元素类以及总磷、有效磷、硫化物、全氮、氨氮、亚硝酸盐氮、硝酸盐氮、氰化物和氟化物、水溶性和酸溶性硫酸盐	分光光度法
金属	金属元素类，如铜、锌、铅、镉、砷、总砷、镍、铬、六价铬、钼、钛、铍、汞、钡、硒、铋、锑，以及氧化物，如二氧化硅、三氧化二铝等	分光光度法 原子荧光法 ICP-MS ICP-AES
有机物	多环芳烃类、有机氯农药类、石油烃类、挥发性有机物类、酚类、多氯联苯类、硝基苯类、二噁英类、醛酮类、多溴二苯醚、邻苯二甲酸酯类、其他类农药	气相色谱质谱法 液相色谱质谱法

注：ICP-MS——电感耦合等离子体质谱法；ICP-AES——电感耦合等离子体发射光谱法。

5.1.2　检测实验室和仪器设备

2010 年，全国环境监测机构约 3 000 家，“十三五”期间，全社会形成由 3 500 余家机构、约 30 万从业人员组成的生态环境监测队伍。2011—2020 年，环境监测相关企业的数量增加至 25.5 万家，以 2020 年的注册量为高峰值，初步形成了研究类、行业类和社会化检测机构并行发展的格局。

土壤环境检测设备系统化和智能化水平明显提升。一是仪器设备持续迭代升级，如元素分析从传统的分光光度法向电感耦合等离子体发射光谱法（ICP-AES）、电感耦合等离子体质谱法（ICP-MS）、原子荧光法和 X 射线荧光光谱法（XRF）等转变，有机物分析从色谱法到色谱质谱联用转变，分析方法的精度从毫克级提升至微克级及纳克级。二是样品采集、样品制备、前处理设备和仪器分析以及数据分析处理呈现了由手工操作向自动化方向发展的趋势，实现了对大批量样品开展同步连续测试和对海量数据进行计算处理。

5.1.3 土壤环境主要分析测试方法

5.1.3.1 土壤理化性质分析测试方法

土壤理化性质包括 pH 值、有机质、机械组成、阳离子交换量等。

土壤 pH 值又称土壤酸碱度，是土壤酸度和碱度的总称，用以衡量土壤酸碱反应的强弱，主要由氢离子和氢氧根离子在土壤溶液中的浓度决定。其测定方法是当把 pH 玻璃电极和甘汞电极浸入土壤悬浊液中，构成电池反应，两者之间产生一个电位差，通过电位差确定试液中的氢离子活度，其负对数即为 pH，可在 pH 计上直接读出数值。

土壤有机质是土壤固相部分的重要组成成分，主要来源于植物、动物及微生物残体，对促进植物生长发育、改善土壤物理性质、提高土壤肥力具有重要作用。其测定方法是采用重铬酸钾氧化-外加热法，利用油浴加热消煮的方法来加速有机质的氧化，使土壤有机质中的碳氧化成二氧化碳，而重铬酸根离子被还原成三价铬离子，剩余的重铬酸钾用二价铁标准溶液滴定，根据有机碳被氧化前后重铬酸根离子数量的变化，计算出有机碳或有机质的含量。

土壤机械组成是土壤颗粒各个粒级在土壤中所占的相对比例或质量分数。其测定方法有吸管法和密度法。

土壤阳离子交换量是指土壤胶体所能吸附各种阳离子的总量，是评价土壤保水、保肥能力的重要指标。在使用该指标时，应先判断土壤的酸碱性，选择乙酸铵交换法或氯化铵-乙酸铵交换法对酸性与中性土壤，以及含碳酸钙较少的石灰性土壤进行测定。

5.1.3.2 土壤重金属分析测试方法

重金属的前处理方法以湿法为主。湿法消解主要采用硝酸、盐酸、氟化氢、过氧化氢、高氯酸等多种混合酸溶出土壤中的重金属。消解方法有 HCl-HNO_3 体系、HNO_3-H_2O_2 体系、HNO_3-H_2O_2-HCl 体系、HCl-HNO_3-H_2SO_4 体系，均为非完全消解方法，硅酸盐结构中的金属元素并不能被完全溶解出来。例如，美国用 HCl-HNO_3（王水）、HCl-HNO_3（1+1）或 H_2O_2-HNO_3（1+1）浸出，英国用 HNO_3 浸出，日本用 HNO_3-H_2SO_4-$HClO_4$ 浸出。日本规定了用 0.1 mol/L HCl 提取 Cd、Cu、As 的方法，但这些方法都无法实现全部消解。多种酸混合消解对土壤 Cd、Cu、Mn、Zn 的溶出率在 80%以上，但对 Ni、Pb、Cr 等的溶出率为 53%～67%，这是因为 Ni、Pb、Cr 等主要结合在土壤的矿物晶格中。只有加入 HF 进行前处理，才能破坏土壤中的矿物晶格，达到空气消解的目的。

目前《土壤环境质量　农用地土壤污染风险管控标准（试行）》（GB 15618—2018）[2]配套分析测试方法中前处理方法包括王水体系和 $HCl\text{-}HNO_3\text{-}HF\text{-}HClO_4$ 全消解体系。在区域调查中一般应统一前处理方法，以实现调查数据的可比性。

重金属的仪器分析方法常见的有下列几种：

（1）电感耦合等离子体质谱法

土壤样品经消解预处理后，采用电感耦合等离子体质谱仪进行检测，被测元素通过一定形式进入高频等离子体中，在高温下电离成离子，产生的离子经过离子光学透镜聚焦后进入质谱分析器按照荷质比分离，根据元素的质谱图或特征离子进行定性，用内标法定量。

（2）电感耦合等离子体发射光谱法

土壤样品经酸消解后，进入等离子体发射光谱仪的雾化器中被雾化，由氩载气带入等离子体火炬中，目标元素在等离子体火炬中被气化、电离、激发并辐射出特征谱线。特征光谱的强度与试样中待测元素的含量在一定范围内成正比。

（3）原子荧光法

由氩气将消解后的样品导入原子化器中，在特制砷或汞空心阴极灯的发射光激发下，发射出特征波长的荧光，产生的荧光强度与试样中被测元素含量成正比，通过与校准系列比较，求得样品中砷或汞的含量。

此外仪器中子活化分析（INAA）和质子 X 射线荧光分析（PIXE）等无损分析技术灵敏度可达到 10^{-15}～10^{-13} g 超痕量水平，但目前应用尚未普及。

5.1.3.3　土壤重金属有效态的分析

土壤重金属有效态是指土壤中易被植物吸收的重金属形态。通常使用不同化学试剂测定可提取态含量，来评估金属的生物有效性。由于作物种类、土壤类型和重金属性质的差异，很难使用统一的测定可提取态含量方法来表征不同作物、土壤和重金属的有效态。目前使用的土壤中有效态金属提取方法主要包括 DTPA（二乙烯三胺五乙酸）-$CaCl_2$-TEA（三乙醇胺）提取，HAC-NaAC 缓冲液提取，以及草酸-草酸铵提取等。

5.1.3.4 土壤有机污染物分析方法

农用地有机污染物分析方法主要针对有机氯农药、多环芳烃等半挥发性有机污染物（SVOCs）。其中，索式提取法是提取土壤有机污染物的传统方法，具有提取效率高、平行性好的优点。快速溶剂萃取法，也称加压流体萃取法，因具有提取效率高、时间短，溶剂用量少等优点，在土壤样品的提取中也获得广泛应用。根据目标物极性的差异，常用的提取体系包括二氯甲烷、正己烷、丙酮，以及不同比例的溶剂组合。

土壤基质复杂，需要经过铜粉脱硫、固相层析柱净化处理去除干扰后进行测试。常用的净化材料有硅胶、硅酸镁、氧化铝、活性炭、二乙烯基苯-*N*-乙烯基吡咯烷酮和苯乙烯-二乙烯基苯聚合物等，也可使用凝胶渗透色谱法（GPC）来净化。

土壤样品提取净化后，采用色谱分离、质谱检测。通过标准物质质谱图、保留时间、碎片离子质荷比及其丰度比较进行定性分析，利用内标法进行定量分析。

5.1.4 农产品重金属分析测试方法

农产品中的污染物主要来自种植土壤，检测项目以重金属为主，其前处理技术和仪器分析，与土壤中重金属的分析方法相似。农产品样品的前处理方式包括湿法灰化和干法灰化。按照测定金属元素的不同，选择不同湿法灰化用酸体系。干法灰化通过高温灼烧使有机物分解，以测定无机元素。早期的检测方法为原子吸收光谱法和电化学法，随着技术的发展，电感耦合等离子体发射光谱法、电感耦合等离子体质谱法等更先进的分析方法得到广泛应用。

5.2 适用可行样品分析测试方法确定

5.2.1 标准方法选择

因土壤详查启动时，《土壤环境质量　农用地土壤污染风险管控标准（试行）》（GB 15618—2018）[2]和《土壤环境质量　建设用地土壤污染风险管控标准（试行）》（GB 36600—2018）[3]及其配套分析测试标准尚未发布，为确保农用地土壤污染状况详查结果的准确性、可比性，本次详查采用全国统一的调查方法。在样品分析测试环节，选用准确度高、灵敏度高、抗干扰能力强、重现性比较好的分析测试方法，优先考虑选择生态环境部、自然资源部和农业农村部等部门最新颁布的国家标准和行业标准方法，以及国际标准化组织（ISO）标准方法和美国环境保护局（EPA）相应标准方法，并以此为依据编制了《全国土壤污染状况详查地下水样品分析测试方法技术规定》[4]、《全国土壤污染状况详查土壤样品分析测试方法技术规定》[5]和《全国土壤污染状况详查农产品样品分析测试方法技术规定》[6]。此外，深层土壤项目分析主要考虑与自然资源部已经开展的多目标区域地球化学背景调查已有数据衔接，分析方法使用自然资源部（原国土资源部）推荐的方法。[7]

根据本次详查确定的调查指标，农用地详查样品分析测试主要包括土壤理化性质分析测试、土壤无机项目分析测试、土壤有机项目分析测试、农产品无机项目分析测试四大类，按调查要求又分必测项目和土壤重点污染源影响区内农用地土壤增测项目两类，包括土壤理化性质、土壤重金属总量及可提取态、土壤多环芳烃、深层土壤分析测试项目、农产品重金属等。其中，土壤 pH 值、土壤重金属总量 8 项（镉、汞、砷、铅、铬、铜、镍、锌）、土壤可提取态镉、土壤苯并[*a*]芘、农产品重金属 5 项（镉、汞、砷、铅、铬）为参与农用地详查单元类别划分的核心指标。农用地土壤污染状况详查土壤样品分析测试必测和选测项目见表 5-2，农用地土壤污染状况详查土壤样品测试方法见表 5-3。

表 5-2 农用地土壤污染状况详查土壤样品分析测试必测和选测项目

样品类型	必测项目		选测项目
	理化性质	无机项目	有机项目
表层土壤	pH 值	镉、汞、砷、铅、铬、铜、镍、锌（总量及可提取态）	多环芳烃（苯并[*a*]芘等 15 项）
表层土壤（与农产品样品协同采样）	pH 值、有机质、机械组成、阳离子交换量	镉、汞、砷、铅、铬、铜、镍、锌（总量及可提取态）	多环芳烃（苯并[*a*]芘等 15 项）
深层土壤	pH 值、有机碳	镉等 52 项	—

表 5-3 农用地土壤污染状况详查土壤样品测试方法

检测领域	检测项目	分析方法	参考标准
土壤理化性质	pH 值	玻璃电极法	NY/T 1121.2—2006
	有机质	重铬酸钾容量法	LY/T 1237—1999
	机械组成	吸管法、密度计法	LY/T 1225—1999
	阳离子交换量	乙酸铵交换法	NY/T 295—1995
		氯化铵-乙酸铵交换法	LY/T 1243—1999

检测领域	检测项目	分析方法	参考标准
土壤无机项目	水分	重量法	HJ 613—2011
	总镉	GAAS 法、ICP-MS 法	GB/T 17141—1997、HJ 766—2015
	总汞	原子荧光法、分光光度法	GB/T 22105.1—2008、GB/T 17136—1997
	总砷	原子荧光法	GB/T 22105.2—2008、HJ 766—2015
	总铅	ICP-MS、ICP-AES、GAAS	GB/T 14506.30—2010、GB/T 17141—1997、HJ 766—2015、HJ 781—2016、GB/T 22105.1—2008
	总铬	ICP-AES、ICP-MS、FAAS	HJ 781—2016、HJ 766—2015、HJ 491—2009
	总铜	ICP-AES、ICP-MS、FAAS	HJ 781—2016、HJ 766—2015、GB/T 17138—1997
	总镍	ICP-AES、ICP-MS、FAAS	GB/T 17139—1997、HJ 781—2016、HJ 766—2015
	总锌	ICP-AES、ICP-MS、FAAS	GB/T 17138—1997、HJ 781—2016、HJ 766—2015
	总钴	ICP-AES、ICP-MS	HJ 781—2016、HJ 766—2015
	总钒	ICP-AES、ICP-MS	HJ 781—2016、HJ 766—2015
	总锑	ICP-AES、ICP-MS	HJ 781—2016、HJ 766—2015
	总铊	ICP-AES、ICP-MS	HJ 781—2016、HJ 766—2015
	总锰	ICP-AES、ICP-MS	HJ 781—2016、HJ 766—2015
	总铍	ICP-AES、ICP-MS	HJ 781—2016、HJ 766—2015
	总钼	ICP-MS	HJ 766—2015
	总锡	ICP-AES	HJ 781—2016
	氟化物	离子选择电极法	GB/T 22104—2008
	氰化物	分光光度法	HJ 745—2015
	重金属可提取态	$CaCl_2$ 提取法	ISO 19730：2008
土壤有机项目	挥发性有机物类	顶空 GC-MS、吹扫捕集 GC-MS	HJ 642—2013、HJ 605—2011
	多环芳烃类	GC-MS	HJ 805—2016
	有机氯农药类	GC-MS	HJ 835—2017

检测领域	检测项目	分析方法	参考标准
土壤有机项目	石油烃类（C_{10}~C_{40}）	GC-FID	ISO 16703：2011
	酚类	GC-FID	HJ 703—2014
	硝基苯类	GC-MS	EPA 8270D
	多氯联苯	GC-MS	HJ 743—2015
	二噁英类	HRGC-HRMS	HJ 77.4—2008

注：ICP-MS——电感耦合等离子体质谱法；ICP-AES——电感耦合等离子体发射光谱法；GAAS——石墨炉原子吸收分光光度法；FAAS——火焰原子吸收光谱法；GC-MS——气相色谱-质谱法；GC-FID——气相色谱-火焰离子化检测器法；HRGC-HRMS——高分辨气相色谱-高分辨质谱法。

5.2.2　方法验证

承担农用地土壤污染状况详查分析测试任务的检测实验室必须使用《全国土壤污染状况详查土壤样品分析测试方法技术规定》[5]和《全国土壤污染状况详查农产品样品分析测试方法技术规定》[6]中规定的分析测试方法进行样品检测，并在正式开始检测任务前，按照《环境监测分析方法标准制订技术导则》（HJ 168—2010）[1]的要求，完成对所选用分析测试方法的检出限、测定下限、精密度、准确度、线性范围等各项特性指标的确认（表 5-4）。所有检测实验室的方法确认工作需由省级质量控制实验室进行检查。[8]

表 5-4　全国土壤污染状况详查分析测试必测项目方法一览表

分类	测试指标	方法名称	检出限/（mg/kg）	定量限/（mg/kg）
土壤无机分析测试项目	总铅	详查土壤方法规定 2-1 ICP-MS	2.0	8.0
		详查土壤方法规定 2-2 ICP-AES	1.4	5.6
		详查土壤方法规定 2-3 石墨炉原子吸收分光光度法	0.1	0.4
	总砷	详查土壤方法规定 3-1 原子荧光法	0.01	0.04
	总镉	详查土壤方法规定 4-1 石墨炉原子吸收分光光度法	0.01	0.04
		详查土壤方法规定 4-2 ICP-MS	0.03	0.1
	总汞	详查土壤方法规定 5-1 原子荧光法	0.002	0.008
	总铜	详查土壤方法规定 6-1 ICP-AES	0.4	1.6
		详查土壤方法规定 6-2 ICP-MS	0.6	2.4
		详查土壤方法规定 6-3 火焰原子吸收法	1	4

分类	测试指标	方法名称	检出限/（mg/kg）	定量限/（mg/kg）
土壤无机分析测试项目	总锌	详查土壤方法规定 7-1 ICP-AES	1.2	4.8
		详查土壤方法规定 7-2 ICP-MS	2.0	8.0
		详查土壤方法规定 7-3 火焰原子吸收法	0.5	2
	总镍	详查土壤方法规定 8-1 ICP-AES	0.4	1.6
		详查土壤方法规定 8-2 ICP-MS	0.3	1.2
		详查土壤方法规定 8-3 火焰原子吸收法	5	20
	总铬	详查土壤方法规定 9-1 ICP-AES	0.5	2
		详查土壤方法规定 9-2 ICP-MS	0.4	1.6
		详查土壤方法规定 9-3 火焰原子吸收法	5	20
	氟化物	详查土壤方法规定 17-1 离子选择电极法	0.5	2
		详查土壤方法规定 17-2 离子色谱法	0.3	1.2
	可提取态铅	详查土壤方法规定 20-1 氯化钙溶液提取法	0.002	0.008
	可提取态砷		0.01	0.04
	可提取态镉		0.01	0.04
	可提取态汞		0.002	0.008
	可提取态铜		0.1	0.4
	可提取态锌		0.5	2.0
	可提取态镍		0.1	0.4
	可提取态铬		0.1	0.4
土壤有机分析测试项目	苊烯	详查土壤方法规定第二部分 1 GC-MS	0.000 4	0.001 6
	苊		0.000 37	0.001 5
	芴		0.000 39	0.001 6
	菲		0.000 16	0.000 6
	蒽		0.000 14	0.000 6
	荧蒽		0.000 37	0.001 5
	芘		0.000 3	0.001 2
	苯并[*a*]蒽		0.000 32	0.001 3
	䓛		0.000 27	0.001 1
	苯并[*b*]荧蒽		0.000 26	0.001

分类	测试指标	方法名称	检出限/（mg/kg）	定量限/（mg/kg）
土壤有机分析测试项目	苯并[k]荧蒽	详查土壤方法规定第二部分 1 GC-MS	0.000 19	0.000 8
	苯并[a]芘		0.000 17	0.000 7
	茚并[1,2,3-c,d]芘		0.000 14	0.000 6
	二苯并[a,h]蒽		0.000 14	0.000 6
	苯并[g,h,i]苝		0.000 12	0.000 5
	二噁英	详查土壤方法规定第二部分 9 HRGC-HRMS	0.000 000 05	—
土壤理化性质分析测试项目	pH 值	详查土壤方法规定第三部分 1 pH 值	—	—
	有机质	详查土壤方法规定第三部分 2 有机质	—	—
	机械组成	详查土壤方法规定第三部分 3 机械组成 3-1 吸管法	—	—
		详查土壤方法规定第三部分 3 机械组成 3-2 密度计法	—	—
	阳离子交换量	详查土壤方法规定第三部分 4 阳离子交换量 4-1 乙酸铵交换法	—	—
		详查土壤方法规定第三部分 4 阳离子交换量 4-2 氯化铵-乙酸铵交换法	—	—
农产品无机分析测试项目	总砷	详查农产品方法规定 1-1 ICP-MS	0.002	0.005
		详查农产品方法规定 1-2 氢化物发生原子荧光光谱法	0.01	0.04
	总铅	详查农产品方法规定 2-1 ICP-MS	0.02	0.05
		详查农产品方法规定 2-2 石墨炉原子吸收光谱法	0.02	0.04
	总镉	详查农产品方法规定 3-1 ICP-MS	0.002	0.005
	总镉	详查农产品方法规定 3-2 石墨炉原子吸收光谱法	0.001	0.003
	总汞	详查农产品方法规定 1-1 ICP-MS	0.001	0.003
		详查农产品方法规定 4-1 原子荧光光谱法	0.003	0.01
		详查农产品方法规定 4-2 冷原子吸收法	0.002	0.007

分类	测试指标	方法名称	检出限/（mg/kg）	定量限/（mg/kg）
农产品无机分析测试项目	总铜	详查农产品方法规定 5-1 ICP-MS	0.05	0.2
		详查农产品方法规定 5-2 石墨炉原子吸收光谱法	0.02	0.05
		详查农产品方法规定 5-3 火焰原子吸收光谱法	0.2	0.5
	总锌	详查农产品方法规定 6-1 ICP-MS	0.5	2
		详查农产品方法规定 6-2 火焰原子吸收光谱法	1	3
	总镍	详查农产品方法规定 7-1 ICP-MS	0.2	0.5
		详查农产品方法规定 7-2 石墨炉原子吸收光谱法	0.02	0.05
	总铬	详查农产品方法规定 8-1 ICP-MS	0.05	0.2
		详查农产品方法规定 8-2 石墨炉原子吸收光谱法	0.01	0.03

5.2.3 实验室筛选及仪器配备

在保障方法可行的基础上，筛选出一批长期从事相关工作、人员配备齐全、设备配置完善的实验室，确保全国尺度下样品分析测试的质量和效率。实验室分为无机污染物（包括土壤理化性质）检测实验室、有机污染物检测实验室、二噁英类检测实验室和质量控制实验室。各类实验室应配备数量充足、技术指标符合相关分析测试方法要求的仪器设备，基本要求见表 5-5。[9]针对参与的众多实验室，从组织管理、检测能力、专门能力验证样品考核、检测人员、仪器设备、工作业绩等 6 个方面设置筛选评分分值，确定实际参与工作的实验室，实验室筛选评分表如表 5-6 所示。[9]

表 5-5 实验室应配备的仪器设备基本要求

实验室类别	设备类别	设备名称	数量/台（套）
无机污染物（包括土壤理化性质）检测实验室	制样设备	视频监控设备	≥1
		研磨设备	≥2
		筛分设备	≥2
	前处理设备	可控温电热消解仪	≥2
		控温/控时烘箱	≥2
		水浴锅	≥3

实验室类别	设备类别	设备名称	数量/台（套）
无机污染物（包括土壤理化性质）检测实验室	分析仪器	火焰原子吸收分光光度计	≥1
		电感耦合等离子体发射光谱仪	
		原子荧光光谱仪	≥2
		石墨炉原子吸收分光光度计	≥1
		电感耦合等离子体质谱仪	
有机污染物检测实验室	前处理设备	索氏提取器	≥20
		加速溶剂萃取仪	≥2
		旋转蒸发仪	≥3
		氮吹仪（10 位以上）	≥3
	分析仪器	自动顶空进样器	≥2
		自动吹扫捕集装置	
		气相色谱仪	≥2
		气相色谱-质谱联用仪	≥2
二噁英类检测实验室	前处理设备	索氏提取器	≥20
		加速溶剂萃取仪	≥2
		旋转蒸发仪	≥3
		氮吹仪（10 位以上）	≥3
	分析仪器	高分辨气相色谱/高分辨磁质谱仪	≥1
质量控制实验室	制样设备	研磨设备	≥2
		筛分设备	≥2
	前处理设备	可控温电热消解仪	≥2
		控温/控时烘箱	≥2
		水浴锅	≥3
		微波消解仪	≥1
		索氏提取器	≥20
		加速溶剂萃取仪	≥2
		旋转蒸发仪	≥3
		氮吹仪（10 位以上）	≥3
	分析仪器	火焰原子吸收分光光度计	≥1
		石墨炉原子吸收分光光度计	≥1
		原子荧光光谱仪	≥1
		电感耦合等离子体发射光谱仪	≥1
		电感耦合等离子体质谱仪	≥1
		自动顶空进样器	≥1
		自动吹扫捕集装置	≥1
		气相色谱仪	≥2
		气相色谱-质谱联用仪	≥2

表 5-6 全国土壤污染状况详查实验室筛选评分表

序号	评审因素	分值	评分标准
1	组织管理	10	1）实验室组织管理体系健全，实验室内部质量管理有专设部门、制度和专职人员，得 8～10 分 2）实验室组织管理体系基本健全，实验室内部质量管理无专设部门、制度或专职人员，得 1～7 分
2	检测能力	32	1）获得认证/认可的检测领域与检测项目，按申请书给定的 7 个检测领域覆盖情况进行赋分（各检测领域全覆盖得分分别为：土壤中无机污染物 5 分；土壤中有机污染物 5 分；土壤理化性质 3 分；农产品污染物 5 分；水中无机污染物 5 分；水中有机污染物 5 分；环境中二□恶英类污染物 2 分；只覆盖部分项目的按实际项目覆盖率得分） 2）近 3 年参加能力验证和实验室间比对，按申请书给定的 7 个检测领域覆盖情况进行赋分，每覆盖 1 个检测领域且均为满意结果得 1 分
3	专门能力验证样品考核	30	计划组织开展土壤中重金属、多环芳烃和农产品中重金属 3 项专门能力验证样品考核，考核结果采用能力验证比分评价 实验室每参加 1 项专门能力验证样品考核且全部取得满意结果，得 10 分；如仅部分取得满意结果，但无不满意结果，按结果满意率赋分；如出现不满意结果，则不得分
4	检测人员	10	1）在本单位连续工作 5 年以上人员比例≥60%，持证检测人员≥50 人，得 8～10 分 2）在本单位连续工作 5 年以上人员比例≥50%，持证检测人员≥25 人，得 5～7 分 3）在本单位连续工作 5 年以上人员比例≥30%，持证检测人员≥15 人，得 3～4 分 4）在本单位连续工作 5 年以上人员比例＜30%，持证检测人员≥15 人，得 1～2 分
5	仪器设备	10	实验室仪器设备配置与申请分析测试任务要求的方法对应情况进行打分：100%，得 10 分；≥70%，得 5～9 分；＜70%，得 1～4 分
6	工作业绩	8	以已承担完成的检测任务合同书与合同任务验收文件为依据，按年统计，每完成检测土壤样品数达到 2 000 个得 1 分，每完成检测农产样品数达到 2 000 个得 1 分，每完成检测水样品数达到 5 000 个得 1 分，最高可得 8 分

5.3　土壤样品分析测试方法技术要点

5.3.1　土壤理化性质分析测试

土壤理化性质相关分析测试方法各关键环节（因素）的技术要点见表 5-7～表 5-10。

表 5-7　土壤 pH 值分析测试技术要点

关键环节	技术要点
样品制备	使用去除 CO_2 的蒸馏水制备土壤悬液，避免因水中残留弱酸引起 pH 值偏差，须严格执行推荐方法规定要求的土水比
电极位置	电极在悬液中所处的位置对测定结果有影响，要求将甘汞电极插入上部清液中，尽量避免与泥浆接触
环境控制	操作过程避免酸性或碱性气体侵入
温度控制	温度影响电极电位和水的电离平衡，测定时，要用温度补偿调节至与标准缓冲液、待测试液温度保持一致
重复试验	重复试验结果允许绝对差值：中性、酸性土壤 0.1pH 单位，碱性土壤 0.2 pH 单位
仪器读数	pH 读数时摇动烧杯会使读数偏低，要在摇动后稍加静止再读数

表 5-8　土壤有机质分析测试技术要点

关键因素	技术要点
相对偏差	＜15%（测定值：＜10 g/kg）；＜10%（测定值：10～100 g/kg）；＜5%（测定值：＞100 g/kg）
相对误差	＜±15%（测定值：＜10 g/kg）；±10%（测定值：10～100 g/kg）；±5%（测定值：＞100 g/kg）
称样量	为了保证有机碳氧化完全，如样品测定时所用硫酸亚铁溶液体积小于空白标定时所消耗硫酸亚铁体积的 1/3 时，需减少称样量，重新测试

表 5-9　土壤机械组成分析测试技术要点

关键环节	技术要点
有机质去除	土壤颗粒分析在样品处理环节不需要去除有机质；土壤矿质颗粒分析在样品处理环节需要去除有机质

表 5-10　土壤阳离子交换量分析测试技术要点

关键因素	技术要点
相对偏差	＜15%（测定值：＜10 g/kg）；＜10%（测定值：10～30 g/kg）；＜5%（测定值：＞30 g/kg）
相对误差	＜±15%（测定值：＜10 g/kg）；±10%（测定值：10～30 g/kg）；±5%（测定值：＞30 g/kg）

土壤有机质的测定采用农业行业标准《土壤检测　第6部分：土壤有机质的测定》（NY/T 1121.6—2006）给出的重铬酸钾定容法。土壤阳离子交换量的分析测试采用农业行业标准《中性土壤阳离子交换量和交换性盐基的测定》（NY/T 295—1995）和林业行业标准《森林土壤阳离子交换量的测定》（LY/T 1243—1999）给出的乙酸铵交换法和氯化铵-乙酸铵交换法。调查过程中，环境保护部也发布了分光光度的测定方法：《土壤　阳离子交换量的测定　三氯化六氨合钴浸提-分光光度法》（HJ 889—2017）。

5.3.2 土壤重金属分析测试

表层土壤重金属测定采用电感耦合等离子体质谱法（ICP-MS）和电感耦合等离子体发射光谱法（ICP-AES），汞和砷的测定采用原子荧光法。重金属可提取态测试方法参照国际标准化组织（ISO）标准方法，其余项目的分析方法直接引自国家标准和生态环境保护标准。深层土壤无机分析测试项目共52项，采用了自然资源部的多目标区域地球化学调查分析方法。

5.3.2.1 土壤重金属总量

土壤重金属总量采用湿法消解的前处理方法，为了保证全国土壤重金属数据分析的可比性，除汞采用硫酸、硝酸和高锰酸钾消解法，砷采用王水消解之外，其他重金属统一采用四酸消解方法（四酸指盐酸、硝酸、氢氟酸和高氯酸）；同时仪器以原子荧光法、质谱法、电感耦合等离子体法为主。

土壤重金属总量分析测试技术要点见表5-11。

表5-11　土壤重金属总量分析测试技术要点

分析方法	质控项目	技术要点
电感耦合等离子体质谱法	空白试验	每批样品至少应分析2个空白试样，空白值应符合下列情况之一：①空白值应低于方法检出限；②低于标准限值10%；③低于每一批样品最低测定值的10%
	内标定量校准曲线	曲线的相关系数应大于0.999。每分析20个样品，应分析一次校准曲线中间浓度点，其测定结果与实际浓度值相对偏差应不得超过10%，否则应查找原因或重新建立校准曲线。每批样品分析完毕后，应进行一次曲线最低点的分析，其测定结果与实际浓度值相对偏差应不得超过30%
	平行样品	每批样品（最多20个样品）应分析1对平行样，平行样测定结果相对偏差应小于30%
	基体加标回收率	每批样品应至少测定一个基体加标和一个基体重复加标，测定的加标回收率应在75%～125%，两个加标样品测定值的偏差在20%以内

分析方法	质控项目	技术要点
电感耦合等离子体发射光谱法	空白试验	每批样品至少做一个实验室空白，所测元素的空白值不得超过方法测定下限
	外标定量校准曲线	每批样品分析均须绘制校准曲线，校准曲线的相关系数应不得低于 0.995。每分析 20 个样品须用一个校准曲线的中间点浓度标准溶液进行校准核查，其测定结果与最近一次校准曲线该点浓度的相对偏差应不得超过 10%，否则应重新绘制校准曲线
	平行试验	采用平行双样测定，每 20 个样品做一个平行双样，样品数量少于 10 个时，应至少测定一个平行双样，各元素测定结果的实验室内相对标准偏差应小于 35%
原子荧光法	空白试验	操作中要注意检查全程序的试剂空白，发现试剂或器皿沾污，应重新处理，严格筛选，并妥善保管，防止交叉污染
	外标定量校准曲线	每批样品分析均须绘制校准曲线，校准曲线的相关系数应不得低于 0.995。每分析 20 个样品须用一个校准曲线的中间点浓度标准溶液进行校准核查，其测定结果与最近一次校准曲线该点浓度的相对偏差应不得超过 10%，否则应重新绘制校准曲线
	相对误差	测定土壤中砷、汞的相对误差绝对值不得超过 5%
	相对偏差	在重复条件下，获得的砷、汞两次独立测定结果的相对偏差不得超过 7% 和 12%

5.3.2.2 土壤重金属可提取态

农用地详查涉及 8 种重金属可提取态，根据详查工作要求，本次针对国内土壤重金属可提取态分析问题翻译 ISO 和 EPA 方法标准 8 份，共 9.6 万字。另外，本次组织 3 家实验室对稀硝酸提取法、氯化钙提取法、硝酸铵提取法、DTPA 提取法开展比对工作，共检测典型区域土壤样品 105 个，分析数据 3 780 个。最终通过召开多轮专家咨询会和论证会（图 5-1），确定氯化钙提取法为本次详查土壤可提取态分析方法，并编制了相关技术规定。

图 5-1 专家咨询会和论证会现场

方法原理：土壤经氯化钙溶液提取后，离心过滤，采用测定重金属总量的电感耦合等离子体质谱法或原子荧光法进行测定。技术要点在于定量限和测试中相对偏差的控制，见表 5-12。

表 5-12　土壤重金属可提取态分析测试技术要点

技术环节	技术要点
前处理	须严格执行推荐技术要求的提取液浓度、土水比和环境温度要求
定量限	可提取态镉：0.04 mg/kg；可提取态汞：0.008 mg/kg；可提取态砷：0.4 mg/kg（ICP-MS）、0.04 mg/kg（原子荧光法）；可提取态铅：0.8 mg/kg；可提取态铬：0.4 mg/kg；可提取态铜：0.4 mg/kg；可提取态镍：0.4 mg/kg；可提取态锌：2 mg/kg
相对偏差	可提取态镉：≤25%；可提取态汞：≤30%；可提取态砷：≤25%（ICP-MS）、≤30%（原子荧光法）；可提取态铅：≤30%；可提取态铬：≤25%；可提取态铜：≤20%；可提取态镍：≤25%；可提取态锌：≤20%

5.3.3　土壤有机物分析测试

土壤多环芳烃的分析测试方法引用已发布的 HJ 805—2016[10]，经索氏提取法、加压流体萃取法等方法提取后，根据样品基体干扰情况选择合适的净化方法（铜粉脱硫、硅胶层析柱、硅酸镁小柱或凝胶渗透色谱）对提取液进行净化后浓缩定容，经气相色谱分离、质谱检测。质谱检测方法采用内标法定量，分析测试技术要点如表 5-13 所示。

表 5-13　土壤多环芳烃分析测试技术要点

技术环节	技术要点
空白试验	每批样品（不超过 20 个样品）须做一个空白试验，测定结果中目标物浓度不应超过方法检出限。否则，应检查试剂空白、仪器系统以及前处理过程
校准曲线	校准曲线中目标化合物相对响应因子的相对偏差应小于或等于 20%。否则，说明进样口或色谱柱存在干扰，应进行必要的维护。连续分析时，每 24 h 分析一次校准曲线中间浓度点，其测定结果与实际浓度值相对标准偏差应小于或等于 20%。否则，须重新绘制校准曲线
平行样品	每批样品（最多 20 个样品）应分析一对平行样，平行样测定结果相对偏差应小于 30%
基体加标回收率	每批样品（最多 20 个样品）应分析一对基体加标样品。土壤加标样品回收率控制范围为 40%～150%
替代物回收率	实验室应建立替代物加标回收率控制图，按同一批样品（20～30 个样品）进行统计，剔除离群值，计算替代物的平均回收率 p 及相对标准偏差 s，实验室该方法替代物回收率应控制在 $p\pm3s$ 内

5.4 农产品分析测试技术要点

农产品中的分析测试项目为重金属总量，分析测试方法全部采用已发布的国家标准，见表 5-14。除了总汞采用原子荧光法和冷原子吸收法外，其他重金属均可采用 ICP-MS 法和原子吸收法。

农产品重金属分析测试的技术要点见表 5-15。

表 5-14 农产品项目分析测试方法

检测项目	方法	标准名称	标准编号
总砷、总铅、总镉、总汞、总铜、总锌、总镍、总铬	ICP-MS	食品安全国家标准 食品中多元素的测定	GB 5009.268—2016
总砷	AFS	食品安全国家标准 食品中总砷及无机砷的测定	GB 5009.11—2014
总铅	GAAS	食品安全国家标准 食品中铅的测定	GB 5009.12—2017
总镉	GAAS	食品安全国家标准 食品中镉的测定	GB 5009.15—2014
总汞	AFS	食品安全国家标准 食品中总汞及有机汞的测定	GB 5009.17—2014
	AAS	食品安全国家标准 食品中总汞及有机汞的测定	GB 5009.17—2014
总铜	GAAS	食品安全国家标准 食品中铜的测定	GB/T 5009.13—2017
总锌	FAAS	食品安全国家标准 食品中锌的测定	GB 5009.14—2017
总镍	GAAS	食品安全国家标准 食品中镍的测定	GB/T 5009.138—2017
总铬	GAAS	食品安全国家标准 食品中铬的测定	GB 5009.123—2014

注：AFS—原子荧光光谱法；AAS—原子吸收光谱法。

表 5-15 农产品重金属分析测试的技术要点

分析方法	技术环节	技术要点
电感耦合等离子体质谱法	平行试验	样品中各元素含量大于 1 mg/kg 时，在重复性条件下获得的两次独立测定结果的绝对差值不得超过算术平均值的 10%；小于或等于 1 mg/kg 且大于 0.1 mg/kg 时，在重复性条件下获得的两次独立测定结果的绝对差值不得超过算术平均值的 15%；小于或等于 0.1 mg/kg 时，在重复性条件下获得的两次独立测定结果的绝对差值不得超过算术平均值的 20%
其他方法	平行试验	在重复性条件下获得的两次独立测定结果的绝对差值不得超过算术平均值的 20%。对于火焰原子吸收分光光度法，在重复性条件下获得的两次独立测定结果的绝对差值不得超过算术平均值的 10%

5.5 样品检测管理子系统研发与应用

农用地土壤污染状况详查研发了样品检测管理子系统，包括样品测试 App 和 Web 端测试样品管理、检测实验室管理、检测数据报送与检测数据质控等功能模块。测试样品管理模块支持送检样品交接表单打印、样品检测项目、有效保存时间等关键信息批量下载。检测实验室管理模块通过样品测试 App 与采样送检单位进行样品扫码交接和样品信息查询（图 5-2）。检测数据报送模块支持检测实验室按照标准的检测数据报送模板，批量报送检测数据（图 5-3）。检测数据质控模块支持对送检样品中的密码平行样、统一监控样等外部质控样的检测数据进行评判，支撑样品检测数据质量审核。

图 5-2　农用地土壤污染状况详查检测实验室样品测试 App 查询页面

图 5-3　农用地土壤污染状况详查检测实验室基础信息填报页面

5.6　样品分析测试常见问题与解决方法

结合农用地土壤污染状况详查样品分析测试及质量管理实践，本次详细归纳和梳理了不同指标分析测试常见的问题与建议解决方法（表 5-16～表 5-19），相关经验为今后分析测试方法的改进和标准修订提供了依据。

表 5-16　土壤理化性质分析测试常见问题与解决方法

检测项目	问题类别	问题描述	解决方法
pH 值	前处理	土壤 pH 值土水比如何确定	须统一按技术方法规定的土水比执行
	内部质量控制	技术规定只给出绝对偏差，怎样界定是否符合质控要求	按质控要求执行即可，未作规定的参数不作要求
		技术规定中的质控要求根据土壤酸碱性有所不同，如何界定酸性土、中性土和碱性土	按照《土壤环境质量　农用地土壤污染风险管控标准（试行）》（GB 15618—2018）执行
		采用有证标准物质进行准确度控制时，内部质控比例如何确定	检测实验室应在每批次样品中同步插入有证标准物质进行分析测试，每批次按样品总数 2%的比例插入有证标准物质，当批次分析样品数不到 50 时，应至少插入 1 个有证标准物质

检测项目	问题类别	问题描述	解决方法
pH 值	数据处理	pH 值重复测试均值计算需要先换算成氢离子活度计算后再取负对数吗	从原理上讲，应该进行换算，但能够计算平均值的结果为已经满足重复性误差的结果，在此情况下换算与否计算出的误差很小，可以直接用 pH 数值进行计算
机械组成	有机质去除	实际检测环节，土壤机械组成无有证标准物质，如何进行准确度控制	只需正确判定土壤质地即可
	内部质量控制	质控要求只有相对偏差和相对误差，怎样界定是否符合要求	按质控要求执行即可，未作规定的参数不作要求
		采用有证标准物质进行准确度控制时，内部质控比例如何确定	检测实验室应在每批次样品中同步插入有证标准物质进行分析测试，每批次按样品总数 2%的比例插入有证标准物质，当批次分析样品数不到 50 时，应至少插入 1 个有证标准物质

表 5-17　土壤无机样品分析测试常见问题与解决方法

检测项目	问题类别	问题描述	解决方法
重金属总量	方法偏离及方法验证	土壤样品若出现消解不完全的情况，能否加入技术规定方法中未涉及的酸（如高氯酸），是否算方法偏离	通过方法验证后可以使用，但选用微波消解方式时，高氯酸存在安全隐患
		已有证书管理机构（CMA）认证资质，是否仍然需要做方法验证	必须按照技术规定要求再次进行方法验证
		配制校准曲线是否可以使用自动配标仪，是否属于方法偏离	如经过方法验证后，证明可以满足质量控制要求，则可以使用
		能否采用 ICP-MS 同时测定 8 种重金属（镉、汞、砷、铅、铬、铜、镍、锌）元素	不允许用 ICP-MS 测定汞、砷，ICP-MS 法的消解体系（四酸消解）会导致汞、砷的损失
		使用 ICP-MS 测量土壤重金属时，内标元素可以选择方法规定以外的元素吗	如经过方法验证后，证明可以满足质量控制要求，则可以选用
	样品前处理	微波消解时，如何避免爆管	样品加酸后先过夜冷消解（尤其是称样量较大时），次日消解前放在电热板或赶酸器上，在 100℃下充分预消解，待反应进入平稳阶段后，再用微波消解仪进行消解，消解时采用梯度升温的消解程序

检测项目	问题类别	问题描述	解决方法
重金属总量	样品前处理	微波消解罐使用后如何清洁	按照微波消解仪生产厂家提供的清洗方法清洗微波消解罐。清洗后做方法空白试验，如空白检测结果达到方法要求可投入使用，否则需要继续清洗，直到空白结果满足要求为止
		消解过程中如何避免待测元素损失	选用可控温的消解设备，避免超过规定温度消解样品；防止消解液溢出和蒸干；确保消解液转移完全
		样品定容时能否使用塑料刻度离心管	塑料刻度离心管不是计量器具，不能用于定容
		敞开体系消解时，空白大于方法检出限应如何处理	敞开体系消解时空白偏高可能是实验室样品前处理时环境本底较高引起的，包括消解用电热板、通风橱和消解间的洁净度等因素，建议检测实验室对实验室环境空气、电热板和通风橱等进行清洁度控制
	仪器分析及数据处理	考虑到基体的影响，ICP-MS 和 ICP-AES 测定土壤重金属总量时，能否使用工作曲线进行校准	检测实验室必须严格执行技术规定的相关要求，尤其是在定量环节
		土壤中重金属含量差异较大，推荐的校准曲线浓度点设置不一定合理，能否根据样品中的实际浓度自行设置标准曲线浓度点	可以根据土壤样品实际浓度自行设置校准曲线浓度点
		使用 ICP-MS 的碰撞反应池模式分析土壤重金属元素，是否可以不再考虑干扰方程	采用碰撞反应池技术去除干扰时，可不考虑干扰方程
		使用 ICP-MS 测定土壤中重金属总量时，内标物应如何分配，是否需要用到方法中规定的全部内标	内标元素用于校正质谱信号波动，其质量数应与目标元素质量数相匹配，仅针对镉、铅、铬、铜、镍、锌等元素，不必全部内标
		对 ICP-MS 进行质量数校正时，规定四极杆分辨率范围为 0.60～0.80 u，是不是小于 0.60 u 更好	分辨率范围为 0.60～0.80 u 时满足分析要求，过低会导致测量稳定性变差
		使用原子荧光法测汞时，汞灯漂移严重应如何处理	适当延长仪器预热时间，待仪器充分稳定后再进行测量。如果仪器长时间预热仍然漂移严重，应联系仪器厂商进行维修或者更换汞灯

检测项目	问题类别	问题描述	解决方法
重金属总量	仪器分析及数据处理	石墨炉原子吸收分光光度法测量重金属时出现圆平的信号峰或双峰是什么原因	出现异常信号峰，往往是因为灰化、原子化条件不理想，也可能是使用的基体改进剂类型或用量不合适，无法很好地去除样品中的基体。建议对灰化、原子化条件进行优化，或者尝试其他类型的基体改进剂，或者改变基体改进剂的用量。此外，样品中待测元素浓度太高，也会导致出峰异常
		石墨管使用寿命较短是什么原因	石墨管的使用寿命因加工来源、石墨管类型、使用的实验方法而不同。硝酸和高氯酸，尤其是后者的含量会大大影响石墨管的寿命。样品前处理过程中尽量不使用高氯酸。此外，石墨炉原子吸收仪的运行状态也会影响石墨管使用寿命，建议定期维护石墨炉原子化器以延长石墨管寿命
	内部质量控制	分析测试方法技术规定与质控技术规定的相关要求不一致，应如何处理	当分析方法技术规定对质量控制有明确要求时，按分析方法技术规定中的要求执行，否则按质控技术规定中的要求执行
		使用 ICP-MS 测量土壤重金属时，若使用有证标准样品进行准确度控制，方法中规定的基体加标实验能否取消	不可以，检测实验室必须严格按技术规定的相关要求执行，基体加标和基体加标平行实验用于检查样品分析过程是否存在基体影响，有证标准物质测量结果只能反映有证标准物质的土壤基质是否会有影响
重金属可提取态	样品前处理	某北方省份土壤呈碱性，可提取态检出率较低，是否正常	北方碱性土壤中金属可提取态的检出率较低属正常情况
		土壤固液相难分离，应如何处理	当样品固液相难分离时，建议离心机转速超过 3 000 r/min
	仪器分析及数据处理	同重金属总量测试项目	
	内部质量控制	对于实验室内部异常样品复查环节，可提取态是按照元素的 10%还是按样品的 10%	对可提取态应按照元素进行统计，不过由于测量结果存在大量未检出的情况，因此建议复检的重点为可检出的土壤样品

表 5-18 土壤有机样品分析测试常见问题与解决方法

检测项目	问题类别	问题描述	解决方法
多环芳烃	方法偏离及方法验证	使用商品化的硅胶小柱而非推荐的硅胶填充柱进行样品净化，是否算方法偏离	技术文件规定的所有净化过程都需要实验室进行方法验证，因此使用商业化的硅胶小柱也需要进行方法确认，以获得适合的洗脱溶剂体系及体积等参数
		已有 CMA 认证资质，是否仍然需要做方法验证	必须按照技术规定要求再次进行方法验证
	样品前处理	含水率过高的样品，是否应减少称样量，避免在萃取池中加入过多硅藻土	若水分含量过高，应使用离心或冷冻干燥等方法进行脱水
		土壤样品为鲜样，而统一监控样为干样，称样量相同的情况下统一监控样中大部分指标可能超出标准曲线范围，是否可以减少称样量	确定统一监控样浓度较高的前提下可以适当减少称样量，但必须确保所有目标化合物满足方法检出限要求
		因样品含水量的差异，导致索氏抽提回流次数因无水硫酸钠填塞量差异较大而难以统一控制	水分含量过高时应用离心或冷冻干燥等方法脱水后再进行提取操作，同时建议使用独立温控的索氏提取器调节回流速度
		使用快速溶剂萃取仪时，为什么要萃取三次	一是保证目标物的提取效率；二是彻底清洗管路，降低交叉污染的风险
		是否必须进行脱硫步骤	是否进行该步骤与土壤中硫化物含量有关。如果土壤中存在硫化物而未脱硫净化，将导致色谱分离系统被沾污，同时影响定性和定量的准确性
		加速溶剂萃取时是否可以加入无水硫酸钠进行脱水	不可以，无水硫酸钠经高温加热溶解于土壤水分中，从萃取池流出后会形成结晶析出，从而堵塞管路
		苊烯在氮吹环节损失较大，回收率较低，应如何处理	实验室须控制浓缩过程中的加热温度和氮气流速，不可以为压缩样品前处理时间而提高加热温度或氮气流速
	仪器分析及数据处理	多环芳烃测试结果计算能否使用最小二乘法	检测实验室必须严格按技术规定的相关要求执行，尤其是在定量环节
		详查技术规定中要求使用平均相对响应因子计算结果，是否可以直接使用仪器软件制作的线性回归方程计算结果	检测实验室必须严格按技术规定的相关要求执行，尤其是在定量环节

检测项目	问题类别	问题描述	解决方法
多环芳烃	仪器分析及数据处理	高强度复杂机体样品分析后，仪器灵敏度下降如何处理	可尝试的处理方式包括：①进一步优化净化条件，充分实现样品净化；②定期更换进样头中的石英棉；③定期将色谱柱柱头截去10～20 cm；④用高纯有机试剂定期冲洗色谱柱；⑤定期清洗离子源
		内标物应如何分配	以保留时间就近原则，三个苯环的内标定量三个苯环的目标化合物，以此类推
		代替物加标量是否能够调整	实验室可以根据仪器灵敏度和实际样品浓度调整内标和代替物浓度，建议加入量要达到校准曲线中间点以上的浓度
		统一监控样中多环芳烃的提取率能否用作样品中多环芳烃的提取率	二者提取效率不同，应通过代替物回收率或加标回收率实验来评价提取效率
		连续进样时，当有证标准物质的回测结果发生变化且超出偏差范围时，能否用回测结果变化率校正样品测定结果	不可以，由于基体不同，二者变化程度不一致，需重新绘制校准曲线，并复测所有相关样品

表 5-19 农产品样品分析测试常见问题与解决办法

检测项目	问题类别	问题描述	解决办法
重金属	方法偏离及方法验证	农产品中汞的检测分析要求使用压控微波消解对样品进行前处理，但压控微波消解属于旧式消解仪，生产厂商很少，是否可以使用自动泄压温控型微波消解仪	在不改变方法原理的前提下，允许适当的方法偏离。经过方法验证满足质控要求后可以使用
		已有 CMA 认证资质，是否仍然需要做方法验证	必须按照技术规定要求再次进行方法验证
		配制校准曲线是否可以使用自动配标仪，是否属于方法偏离	如经过方法验证后，证明可以满足质量控制要求，则可以使用
		使用 ICP-MS 测量农产品重金属时，内标元素可以选择方法规定以外的元素	如经过方法验证后，证明可以满足质量控制要求，则可以选用。当土壤基质中含有内标元素（如锗、铟时），不宜选择这些元素作为内标
	样品前处理	由于稻谷中汞的含量极低，而微波消解环节规定的称样量为0.2～0.5 g，按照这个称样量处理时，检测浓度在检测下限附近，影响检测结果的准确度，建议称样量增加到1 g	实验室应当采取措施提高仪器检出限或定量限。微波消解样品量应考虑仪器适用性，不宜随意增加

检测项目	问题类别	问题描述	解决办法
重金属	样品前处理	建议统一各检测实验室农产品称样质量和定容体积，以减少实验室间误差	按分析方法要求执行即可
		农产品含水率测试应在哪个步骤进行	农产品（小麦或水稻）晾干后经脱粒、脱壳、细磨，不再进行水分测定
		样品定容时能否使用塑料刻度离心管	塑料刻度离心管不是计量器具，不能用于定容
		敞开体系消解时，空白大于方法检出限应如何处理	敞开体系消解时空白偏高可能是实验室样品前处理时环境本底较高引起的，包括消解用电热板、通风橱和消解间的洁净度等因素，建议检测实验室对实验室环境空气、电热板和通风橱等进行清洁度控制
	仪器分析及数据处理	使用 ICP-MS 的碰撞反应池模式分析土壤重金属元素，是否可以不再考虑干扰方程	采用碰撞反应池技术去除干扰时，可不考虑干扰方程
		对 ICP-MS 进行质量数校正时，规定四极杆分辨率范围为 0.60～0.80 u，是不是小于 0.60 u 更好	分辨率范围为 0.60～0.80 u 时满足分析要求，过低会导致测量稳定性变差
		使用原子荧光法测汞时，汞灯漂移严重应如何处理	适当延长仪器预热时间，待仪器充分稳定后再进行测量。如果仪器长时间预热仍然漂移严重，应联系仪器厂商进行维修或者更换汞灯
		石墨炉原子吸收分光光度法测量重金属时出现圆平的信号峰或双峰是什么原因	出现异常信号峰，往往是因为灰化、原子化条件不理想，也可能是使用的基体改进剂类型或用量不合适，无法很好地去除样品中的基体。建议对灰化、原子化条件进行优化，或者尝试其他类型的基体改进剂，或者改变基体改进剂的用量。此外，样品中待测元素浓度太高，也会导致出峰异常
	内部质量控制	分析测试方法技术规定与质控技术规定的相关要求不一致，应如何处理	当分析方法技术规定对质量控制有明确要求时，按分析方法技术规定中的要求执行，否则按质控技术规定中的要求执行
		农产品中水果和蔬菜的重金属含量较低，当样品含量处于检出限附近时，平行样可能未检出，这时平行试验结果如何评价	平行双样分析结果如出现两个均未检出，可直接评定结果合格；如一个未检出一个检出，且检出的结果小于方法定量限，也可判定结果合格；但如果一个未检出、一个检出但检出结果大于等于方法定量限，则可判定结果不合格

参考文献

[1] 生态环境部. 环境监测分析方法标准制订技术导则：HJ 168—2020[S]. 北京：中国环境出版集团，2020.

[2] 生态环境部，国家市场监督管理总局. 土壤环境质量　农用地土壤污染风险管控标准（试行）：GB 15618—2018[S]. 北京：中国环境出版集团，2018.

[3] 生态环境部，国家市场监督管理总局. 土壤环境质量　建设用地土壤污染风险管控标准（试行）：GB 36600—2018[S]. 北京：中国环境出版集团，2018.

[4] 环境保护部办公厅，国土资源部办公厅，农业部办公厅. 全国土壤污染状况详查地下水样品分析测试方法技术规定（环办土壤函〔2017〕1625 号）[Z]. 2017.

[5] 环境保护部办公厅，国土资源部办公厅，农业部办公厅. 全国土壤污染状况详查土壤样品分析测试方法技术规定（环办土壤函〔2017〕1625 号）[Z]. 2017.

[6] 环境保护部办公厅，国土资源部办公厅，农业部办公厅. 全国土壤污染状况详查农产品样品分析测试方法技术规定（环办土壤函〔2017〕1625 号）[Z]. 2017.

[7] 国土资源部. 多目标区域地球化学调查规范（1∶250 000）：DZ/T 0258—2014[S]. 北京：中国标准出版社，2014.

[8] 环境保护部办公厅，国土资源部办公厅，农业部办公厅. 农用地土壤污染状况详查质量保证与质量控制技术规定（环办土壤函〔2017〕1332 号）[Z]. 2017.

[9] 环境保护部办公厅，国土资源部办公厅，农业部办公厅. 全国土壤污染状况详查实验室筛选技术规定（环办土壤函〔2016〕2325 号）[Z]. 2016.

[10] 环境保护部. 土壤和沉积物　多环芳烃的测定　气相色谱-质谱法：HJ 805—2016[S]. 北京：中国环境出版集团，2016.

第6章　农用地土壤污染状况详查数据分析与综合评价

农用地土壤污染状况详查旨在查明农用地土壤污染的面积、分布及其对农产品质量的影响，如何根据点位的调查数据测算土壤污染面积至关重要。为此，在对已有评价方法比较的基础上，基于农用地详查的特点和已获得的数据，构建了“多要素、多维度”的综合评价方法体系，即依据土壤点位调查评价结果，在详查单元内划定评价单元，初步确定土壤环境质量类别，在评价单元内根据农产品及土壤重金属活性评价结果，对评价单元的质量类别进行调整，根据评价单元的土壤环境质量类别统计土壤污染面积，实现“由点及面”测算土壤污染面积的跨越，查明农用地土壤污染的面积与分布。基于土壤、农产品协同调查结果，分析土壤污染对农产品质量的影响。

6.1　详查数据审核与统计

6.1.1　详查数据汇总

农用地土壤污染状况详查获得了表层土壤（污染物总量及可提取态）、深层土壤和农产品的采样检测数据，以及调查布点、采样、流转、制备等信息。各省（区、市）农用地土壤污染状况详查工作完成后，相关调查数据统一报送国家汇总，形成全国农用地土壤污染状况详查成果数据库。除上述成果数据外，农用地土壤污染状况详查数据分析与成果集成过程中，还汇总了生态环境、自然资源、农业农村等部门的各类型调查成果数据，包括以往土壤调查数据、土壤污染源数据、地质背景数据以及其他辅助性数据。农用地土壤污染状况详查数据库源数据类型见表 6-1。

表 6-1 农用地土壤污染状况详查数据库源数据类型

序号	数据类型	数据名称
1	农用地土壤污染状况详查数据	表层土壤调查数据
2		深层土壤调查数据
3		农产品调查数据
4		详查单元
5	以往土壤调查数据	全国土壤污染状况调查数据
6		全国农产品产地土壤重金属污染普查数据
7		多目标区域地球化学调查数据
8		中国地球化学图矢量数据
9	地质背景数据	成矿带分区数据
10		岩溶区分布数据
11		玄武岩分布数据
12		全国岩性数据
13		全国地质图数据
14		水文地质数据
15	土壤污染源数据	重点行业企业调查数据
16		污染源普查数据
17		国家重点监管单位名单
18		国家统计基本名录
19		全国尾矿库数据
20		全国涉重金属矿山数据
21	其他辅助性数据	第二次全国土地调查数据
22		全国小流域分布数据
23		全国河流水系数据
24		全国行政村区划数据
25		数字高程模型（Digital Elevation Model，DEM）高程数据
26		全国高分遥感影像

6.1.2 详查数据审核

为确保农用土壤污染状况详查数据能够真实、准确、全面地反映土壤污染状况，在进行数据统计分析前，国家层面组织开展了详查数据质量审核工作。按照统一数据审核规则，采用专业软件规范性检查和线下专家会议审查相结合的方式，对各省（区、市）报送的农用地详查数据进行系统质量审核与数据清洗，确保调查数据内容完整规范，数据质量准确可信。

（1）数据完整性

依托农用地土壤污染状况详查数据分析评价管理子系统和专业空间数据分析处理软件，对各省（区、市）农用地详查调查评估数据进行系统检查，核查成果数据是否完整齐全。

按照样品类型分类，详查数据包括表层土壤调查数据、深层土壤调查数据、土壤镉活性调查数据和农产品调查数据；按照检测指标分类，应包括镉、汞、砷、铅、铬、铜、镍、锌 8 种重金属含量数据，以及苯并[*a*]芘、六六六、滴滴涕等有机污染物含量数据。

（2）数据规范性

农用地土壤污染状况详查数据采用规范的数据储存形式，主要包括统计表格和矢量数据两种数据储存类型。

1）统计表格。农用地土壤污染状况详查表层土壤、深层土壤和农产品调查数据采用统计表格形式存储，表格编号、标题及内容格式清晰明确。表格中数据样点编码、点位经纬度、样品检测数据等关键信息采用统一格式要求，与国家数据库中相关原始数据一致。

2）矢量数据。详查采样点位、详查单元和基础地理地图等矢量数据采用 ArcGIS 的文件数据库（File Geodatabase，GDB）格式存储，统一坐标系为 CGCS2000。

在接收地方上报数据时重点审查了矢量数据存放类型和坐标系的合规性。

（3）数据准确性

根据质控样品合格率标准，综合评定数据质量，掌握批次数据合格率，对成果集成数据的准确性进行审核；重点针对数据异常值进行判别、溯源和处理；对发现的数据异常状况，进行数据回溯，查找问题根源并进行修正，确保数据的准确性。

异常值根据拉依达准则、格拉布斯（Grubbs）检验法、历史数据比对、协同点位异常分析等方法，结合专家判断确定。

1）拉依达准则。拉依达准则又称为 3σ原则，它是先假设一组检测数据只含有随机误差，对其进行计算处理得到标准偏差（σ），按一定概率确定一个区间，认为超过这个区间的误差，就不属于随机误差，含有该误差的数据应予以剔除。该方法仅局限于对正态或近似正态分布的样本数据处理，且数据量不宜过少。

成果集成以省级行政区域为单位，结合某检测指标的平均值（μ）及标准偏差（σ），对超过 $\mu+3\sigma$且超过筛选值的点位检测数据进行重点审核。

2）格拉布斯检验法。以县级行政区域为单位，计算单元内有土壤超筛选值数据且点位数大于 10 的详查单元内数据变异系数，当单元内数据变异大于 50%时，参考格拉布斯检验法筛选异常值，同时计算剔除异常值后的详查单元内数据变异系数。对于剔除异常之后数据单元变异系数仍大于 50%时，可考虑重新划分详查单元。

格拉布斯检验法根据式（6-1）计算 G 值：

$$G=\frac{\left|x_k-\overline{x}\right|}{S} \tag{6-1}$$

式中，x_k—— 样本的调查数据；

$\overline{x}$、S—— 样本平均值和标准差。

根据确定的检出水平 α 及样品容量 n 查询格拉布斯临界值 g_α。若 $G \geqslant g_\alpha$，则为异常值；若 $G < g_\alpha$，则不是异常值。

3）历史数据比对。对比分析农用地土壤污染状况详查数据与历史调查数据。计算详查单元内历史调查数据的均值和变异程度，并与详查结果分别进行统计分析，对存在显著差异的单元进行数据审核。

4）协同点位异常分析。当协同调查点位土壤评价与农产品安全性评价结果产生重大差异时，对协同点位异常进行审核。主要包括同一污染指标土壤未超筛选值但农产品超标，或是土壤污染指标超筛选值但农产品未超标的点位数据。

6.1.3 详查数据统计

（1）统计单元

统计单元主要按以下几种方式划分：

1）按检测项目划分。根据农用地土壤污染状况详查检测项目划分统计单元。统计单元可按镉、汞、砷、铅、铬、铜、锌和镍 8 种重金属（总量和提取态）、苯并[a]芘、六六六、滴滴涕等有机污染物，以及各省（区、市）自行选择检测的区域性特征污染物（如总石油烃、氟化物、硼等）进行划分。各统计单元内数据量应不少于 30 个。

2）按行政区域划分。按照省级行政区域、市级行政区域或区（县）级行政区域划分统计单元，各统计单元内数据量不少于 30 个。

3）按样品类型划分。按照样品类型划分统计单元。其中，土壤数据按不同土壤采样深度分为表层和深层土壤统计单元，农产品按照不同农产品（水稻和小麦）分别统计。

（2）数据统计

描述性统计方法是统计学中用来描绘或总结数据集基本情况的统计总称，通过图表等多种形式，对数据资料进行整理和分析，获取数据分布状态、数字特征和随机变量之间关系，用于揭示一组数据分布特征及其特征统计量。统计格式包括统计表格、柱状图/折线图、箱线图等。

1）统计表格。统计表格应包括统计单元名称（如检测指标、行政区）、样点数量（异常值数量）、顺序统计量（最小值、1%、5%、10%、25%、中位值、75%、90%、95%、

99%、最大值）、分布类型、算术平均值、几何平均值、算术标准差、几何标准差、变异系数、偏度系数和峰态系数。其中，平均值、中位值、25%分位值和 75%分位值表征数据的集中程度，几何标准差、变异系数、偏度系数和峰态系数表征数据的离散程度。

按照检测指标和行政区域统计农用地土壤监测项目的集中程度与离散程度，各监测项目顺序量统计表样式见表 6-2 和表 6-3。

表 6-2　不同检测指标下农用地土壤监测项目顺序量统计表样式

检测指标	样点数量（异常值数量）	顺序统计量											算术		几何		变异系数	偏度系数	峰态系数	分布类型
		最小值	1%	5%	10%	25%	中位值	75%	90%	95%	99%	最大值	平均值	标准差	平均值	标准差				

表 6-3　不同行政区域农用地土壤监测项目顺序量统计表样式

行政区域	样点数量（异常值数量）	顺序统计量											算术		几何		变异系数	偏度系数	峰态系数	分布类型
		最小值	1%	5%	10%	25%	中位值	75%	90%	95%	99%	最大值	平均值	标准差	平均值	标准差				

2）柱状图/折线图。柱状图/折线图是常用的比表格更具直观性的统计表现形式，柱状图以长方形的长度为变量，长条柱或柱组中线对齐项目刻度，折线图中则是数据点对齐项目刻度。如图 6-1 中所示，土壤 pH 值主要在 4～9，pH 值为 8 左右时的样本数最多，通过图 6-1 可以直观地观察各组数据的分布特征，并进一步应用这些数据的特点进行数据分析，支撑决策。

3）箱线图。四分位距反映了一组数据中间 50%的数据的离散程度，其数值越大，说明数据的离散程度越大；其数值越小，说明离散程度越小。为了简单和可视化，直观描述四分位数代表的含义，引入了箱线图。箱线图是利用数据中的五个统计量：最小值、第一四分位数（Q_1）、中位数（x_m）、第三四分位数（Q_3）与最大值来描述数据的一种方法，可以用来反映原始数据的分布特征。四分位距 $\mathrm{IQR}=Q_3-Q_1$，在 $Q_3+1.5\mathrm{IQR}$ 和 $Q_1-1.5\mathrm{IQR}$ 处画两条与中位线一样的线段，这两条线段所对应的数值为异常值截断点，

高于 Q_3+1.5IQR 或低于 Q_1−1.5IQR 均属于异常值。土壤监测项目含量箱线示意见图 6-2。

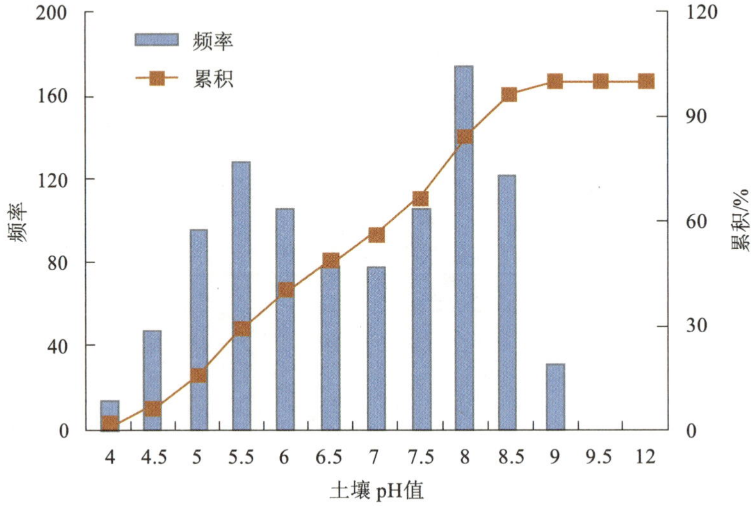

图 6-1 土壤 pH 值分布特征示意图

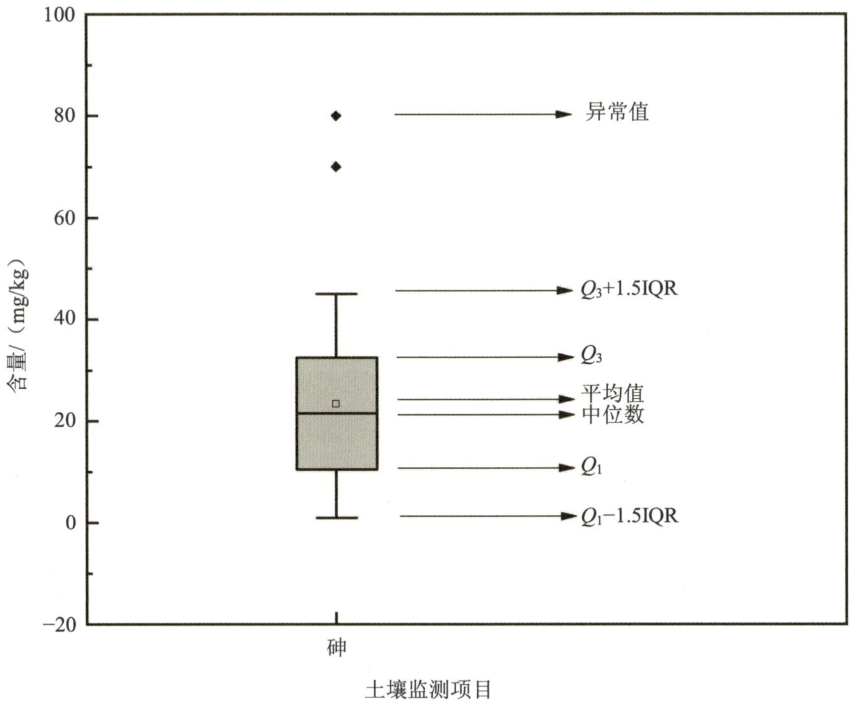

图 6-2 土壤监测项目含量箱线示意图

6.2　土壤环境调查数据评价方法概况

6.2.1　文献报道土壤环境评价方法

目前国内外研究所使用的土壤环境质量评价方法已经有很多，按照评价对象可将现有的评价方法归纳为两类：评价单个污染因子污染程度的单因子评价方法和评价多种污染因子共同污染的综合评价方法。

（1）单因子评价方法

单因子评价方法能清晰识别单个污染物的污染状况，但不能反映综合环境质量。常见单因子评价方法主要有单因子指数法、地累积指数法、富集系数法、潜在生态危害指数法等，其中潜在生态危害指数法引入了毒性响应系数，使得评价结果主观性较强。本部分介绍前三种单因子评价方法。

1）单因子指数法。在我国土壤重金属污染环境质量评价中，单因子指数法是最常用的方法，其计算公式如下：

$$P_i = \frac{C_i}{S_i} \tag{6-2}$$

式中，P_i —— 第 i 个单因子污染指数；

C_i —— 第 i 个污染物的实测值；

S_i —— 第 i 个污染物的评价标准值。

单因子指数法仅仅针对土壤中重金属单元素进行评价，不能反映土壤污染的综合状况，评价结果与评价标准的内涵息息相关。

2）地累积指数法。地累积指数法由德国科学家 Müller[1]于 1969 年提出，是反映土壤中重金属富集程度的常用评价方法。该方法考虑了人为污染因素、环境地球化学背景值，还特别考虑到自然成岩作用对背景值的影响，广泛应用于大气沉降、土壤以及现代沉积物中重金属的污染评价。

地累积指数（I_{geo}）定量评价公式如下：

$$I_{geo} = \mathrm{lb}(C_i / 1.5B_i) \tag{6-3}$$

式中，C_i —— 土壤样品中元素 i 实测含量；

B_i —— 元素 i 土壤背景值。

地累积指数法主要反映外源重金属的富集程度，充分考虑自然地质过程对背景值的影响，还考虑到人为活动对重金属污染的影响，但地累积指数法不能判断重金属的危害程度。

3）富集系数法。表层富集系数指某种元素表层含量与深层含量的比值。表层土壤元素除部分来自大气沉降、农田灌溉、化肥和农药施用等人为污染或外源输入外，主要来自成土母质。因此，表层土壤元素的组成在很大程度上继承了成土母质或深层土壤元素的组成特征，二者既表现出一定的继承性，又因成土作用影响不同而存在差异性。利用表层土壤元素含量与深层土壤元素含量的比值系数，可以在一定程度上反映出区域地球化学景观条件下元素相对富集或亏损的程度，即成土作用过程中元素的次生富集与贫化特征，同时可以辅助评价受外源人为污染影响的程度[2]。

生物富集系数（biological accumulation factor，BAF）可用于表征元素在土壤-植物体系中的迁移能力。其表达式为

$$\mathrm{BAF} = R_i / C_i \tag{6-4}$$

式中，R_i —— 作物中重金属 i 含量；

C_i —— 土壤中重金属 i 含量。

生物富集系数受土壤污染物活性和生物品种的影响。适用于微观研究，不适于大尺度调查应用。

（2）综合评价方法

土壤环境评价方法除单因子评价方法外，其他常见的方法多为综合评价方法。

综合评价方法是目前进行土壤环境污染评价常用的方法，是通过单因子污染指数得出综合污染指数的方法，它能够较全面地评判其重金属的污染程度。

综合评价方法常见的有：简单叠加法、算术平均法、加权平均法、均方根法、内梅罗污染指数法（最大值法）等，[3]这些方法原理类似，应用较多的是内梅罗污染指数法。

本书结合《土壤环境监测技术规范》（HJ/T 166—2004）[4]推荐使用内梅罗污染指数法，其计算过程如下：

$$P_i = C_i / B_i \tag{6-5}$$

$$P_{\mathrm{ave}} = 1/n \sum_{i=1}^{n} P_i \tag{6-6}$$

$$P_{综合} = \sqrt{\frac{P_{\mathrm{ave}}^2 + P_{\max}^2}{2}} \tag{6-7}$$

式中，P_i —— 土壤样品中重金属 i 的环境质量指数；

C_i —— 土壤样品中重金属 i 的实测含量；

B_i —— 土壤样品中重金属元素 i 评价标准值（基于 GB 15618—1995 中的二级标准值）；

$P_{综合}$ —— 土壤综合污染指数；

P_{ave} —— 土壤样品中各重金属的环境质量指数平均值；

P_{max} —— 土壤样品中单项重金属的最大环境质量指数。

内梅罗污染指数反映了各污染物对土壤的作用，同时突出了高浓度污染物对土壤环境质量的影响。土壤内梅罗污染指数评价标准见表 6-4。

表 6-4　土壤内梅罗污染指数评价标准

等级	内梅罗污染指数（用 $P_{综合}$表示）	污染等级
Ⅰ	$P_{综合} \leqslant 0.7$	清洁（安全）
Ⅱ	$0.7 < P_{综合} \leqslant 1.0$	尚清洁（警戒线）
Ⅲ	$1.0 < P_{综合} \leqslant 2.0$	轻度污染
Ⅳ	$2.0 < P_{综合} \leqslant 3.0$	中度污染
Ⅴ	$P_{综合} > 3.0$	重污染

鉴于土壤不同污染物的危害风险与管控要求不同，综合指数会掩盖特定污染物的影响，并且 GB 15618[5,6]已经修订，原来引用标准值的内涵有所不同，目前不提倡使用。

（3）其他评价方法

除上述列出的单因子评价方法和综合评价方法外，土壤环境风险评价常用方法还有物元分析法[7]、模糊综合评价法[8]、灰色聚类法[9]、潜在生态危害指数法[10]、健康风险评价方法等，上述环境评价方法在应用上侧重点有所不同。此类方法的共性为计算方法相对复杂，且多应用于小区域尺度的调查评价，大尺度应用存在局限性。

6.2.2　全国土壤污染状况调查项目评价方法

2008 年，环境保护部印发了《全国土壤污染状况评价技术规定》（环发〔2008〕39 号）[11]，该规定适用于全国土壤污染状况调查工作中的土壤环境质量状况评价、土壤背景点环境评价和重点区域土壤污染评价，提出了各类评价项目的评价标准和方法。

此次调查中土壤环境质量评价包括无机类项目和有机类项目，其对应的评价标准值分别见表 6-5 和表 6-6。

表 6-5　土壤环境质量评价标准值（无机类项目）

<table>
<tr><th rowspan="3">序号</th><th rowspan="3" colspan="2">评价项目</th><th colspan="4">标准值/（mg/kg）</th></tr>
<tr><th colspan="3">耕地、草地、未利用地</th><th rowspan="2">林地</th></tr>
<tr><th>pH 值<6.5</th><th>6.5≤pH 值≤7.5</th><th>pH 值>7.5</th></tr>
<tr><td>1</td><td colspan="2">镉</td><td>0.30</td><td>0.30</td><td>0.60</td><td>1.0</td></tr>
<tr><td>2</td><td colspan="2">汞</td><td>0.30</td><td>0.50</td><td>1.0</td><td>1.5</td></tr>
<tr><td rowspan="2">3</td><td rowspan="2">砷</td><td>旱地</td><td>40</td><td>30</td><td>25</td><td rowspan="2">40</td></tr>
<tr><td>水田</td><td>30</td><td>25</td><td>20</td></tr>
<tr><td>4</td><td colspan="2">铅</td><td>80</td><td>80</td><td>80</td><td>100</td></tr>
<tr><td rowspan="2">5</td><td rowspan="2">铬</td><td>旱地</td><td>150</td><td>200</td><td>250</td><td rowspan="2">400</td></tr>
<tr><td>水田</td><td>250</td><td>300</td><td>350</td></tr>
<tr><td>6</td><td colspan="2">铜</td><td>50</td><td>100</td><td>100</td><td>400</td></tr>
<tr><td>7</td><td colspan="2">锌</td><td>200</td><td>250</td><td>300</td><td>500</td></tr>
<tr><td>8</td><td colspan="2">镍</td><td>40</td><td>50</td><td>60</td><td>200</td></tr>
</table>

注：1. 重金属和砷均按元素量计，适用于阳离子交换量>5 cmol（+）/kg 的土壤；阳离子交换量≤5 cmol（+）/kg 的土壤，评价标准值为表内数值的半数。

2. 草地、未利用地，评价砷时执行旱地标准。

表 6-6　土壤环境质量评价标准值（有机类项目）

<table>
<tr><th colspan="2">评价项目</th><th>标准值/（mg/kg）</th></tr>
<tr><td rowspan="2">有机氯</td><td>六六六总量</td><td>0.10</td></tr>
<tr><td>滴滴涕总量</td><td>0.10</td></tr>
<tr><td>多环芳烃类</td><td>苯并[a]芘*</td><td>0.10</td></tr>
</table>

注：1. 注*的项目，表中所列为评价参考值。

2. 耕地、林地、草地和未利用地均适用本表所列评价标准。

3. 六六六总量：*α*-六六六、*β*-六六六、*γ*-六六六、*δ*-六六六四种异构体总和。

4. 滴滴涕总量：*p,p′*-滴滴伊、*o,p′*-滴滴涕、*p,p′*-滴滴滴、*p,p′*-滴滴涕四种衍生物总和。

土壤环境质量状况评价采用单项污染指数法，其计算公式为

$$P_i = \frac{C_i}{S_i} \tag{6-8}$$

式中，P_i —— 土壤中污染物 i 的单项污染指数；

C_i —— 土壤中污染物 i 的实测浓度，mg/kg；

S_i —— 土壤中污染物 i 的评价标准值或参考值，mg/kg。

根据 P_i 的大小，可将土壤污染程度划分为五级（表 6-7）。

表 6-7　土壤环境质量评价分级

等级	P_i	污染评价
I	$P_i \leqslant 1$	无污染
II	$1 < P_i \leqslant 2$	轻微污染
III	$2 < P_i \leqslant 3$	轻度污染
IV	$3 < P_i \leqslant 5$	中度污染
V	$P_i > 5$	重度污染

此次土壤调查评价仅针对点位数据开展了评价分级，受调查布点密度影响，未划定土壤污染范围和确定污染面积，调查结论最终以“点位超标率”形式呈现，具体内容详见《全国土壤污染状况调查公报》（环境保护部　国土资源部，2014 年 4 月 17 日）。

6.2.3　全国农产品产地土壤重金属污染普查项目评价方法

2015 年，农业部办公厅印发了《全国农产品产地土壤重金属安全评估技术规定》（农办科〔2015〕42 号）[12]，该规定为全国农产品产地土壤重金属污染普查制定了具体的评估方法。

（1）土壤重金属普查安全评估

此次普查综合考虑了农产品种类、土壤理化性质等因素，以保障食用农产品安全为主要目的开展产地土壤重金属安全评估。评价标准以《土壤环境质量标准》（GB 15618—1995）标准限值为基础，针对水稻、蔬菜产地及其他农产品产地，分别确定部分指标的土壤安全评估参比值。评估指标为土壤中镉、汞、砷、铅和铬 5 项重金属，各元素的农产品产地土壤安全评估参比值按照表 6-8 执行。

表 6-8　农产品产地土壤安全评估参比值*　　单位：mg/kg

项目	农产品产地土壤	土壤 pH 值		
		<6.5	6.5~7.5	>7.5
镉	农产品产地土壤	0.3	0.4	0.5
汞	农产品产地土壤	0.3	0.5	0.7
砷	水稻及蔬菜产地土壤	25	20	20
	其他农产品产地土壤	40	30	30
铅	蔬菜产地土壤	40	60	80
	其他农产品产地土壤	100	150	200

项目	农产品产地土壤	土壤 pH 值		
		<6.5	6.5~7.5	>7.5
铬	蔬菜产地土壤	150	200	250
	其他农产品产地土壤	200	250	300

注：* 产地农产品种类两种或两种以上（包括轮作、套种等情况）者，以常年主栽相对更敏感的农产品种类确定其土壤安全评估参比值。

评估方法采用单因子指数法，计算公式如下：

$$P_i = \frac{C_i}{C_{0i}} \tag{6-9}$$

式中，P_i —— 土壤中重金属 i 的单因子指数；

C_i —— 土壤中重金属 i 的实测值；

C_{0i} —— 土壤中重金属 i 的安全评估参比值。

土壤各个单项重金属的安全等级按其单项指数 P_i 划分，土壤各个点位的安全等级按其点位单项指数的最大值 P_{max}（点位最大指数）划分。

按照保障农产品质量的安全程度，其土壤的安全性水平分为无风险、低风险、中风险和高风险四级，划分依据按表 6-9 执行。

表 6-9　土壤重金属安全等级划分

等级	农产品产地土壤		土壤安全水平
	P_i	P_{max}	
1	$P_i \leqslant 1$	$P_{max} \leqslant 1$	无风险
2	$1 < P_i \leqslant 2$	$1 < P_{max} \leqslant 2$	低风险
3	$2 < P_i \leqslant 3$	$2 < P_{max} \leqslant 3$	中风险
4	$P_i > 3$	$P_{max} > 3$	高风险

（2）土壤农产品协同监测安全评估

土壤农产品协同监测安全评估包括土壤和农产品的安全评估，分别依据农产品产地土壤安全评估参比值（表 6-8）和《食品安全国家标准　食品中污染物限量》（GB 2762—2017）[13]中的农产品中重金属限量进行评估（表 6-10）。

表 6-10　农产品中重金属限量　　单位：mg/kg

项目	农产品种类	限量
镉	水稻、蔬菜（叶菜类）、大豆	0.2
	小麦、玉米、蔬菜（豆类）、蔬菜（根茎类）	0.1
	蔬菜（茄果类）、水果	0.05
汞	水稻、小麦、玉米	0.02
	蔬菜	0.01
砷	小麦、玉米、蔬菜	0.5
	水稻	0.2（以无机砷计）
铅	茶叶	5.0
	蔬菜（叶菜类）	0.3
	水稻、小麦、玉米、蔬菜（豆类）、蔬菜（根茎类）、大豆	0.2
	蔬菜（茄果类）、水果	0.1
铬	水稻、小麦、玉米、大豆	1.0
	蔬菜	0.5

评估对象为同时实施土壤和农产品重金属协同采样检测的点位土壤。评估指标为土壤及对应点位农产品中的镉、汞、砷、铅和铬 5 项重金属。评估方法采用土壤单项指数和农产品单项指数相结合方法，土壤单因子指数计算公式同式（6-9），农产品单因子指数计算公式如下：

$$E_i = \frac{A_i}{S_i} \tag{6-10}$$

式中，E_i—— 协同监测的农产品中重金属 i 的单因子指数；

A_i—— 协同监测的农产品中重金属 i 的实测浓度，mg/kg；

S_i—— 农产品中重金属 i 的限量值，mg/kg。

土壤和农产品协同监测区域，采用点位单项指数的最大值 P_{max} 结合农产品单项指数 E_i 进行划分，重金属安全等级划分见表 6-11。

表 6-11 土壤和农产品重金属安全等级划分*

<table>
<tr><th rowspan="2">等级</th><th colspan="2">划分依据</th><th rowspan="2">土壤安全水平</th><th rowspan="2">划分依据说明</th></tr>
<tr><th>P_{max}</th><th>E_i</th></tr>
<tr><td>1</td><td>P_{max}≤1</td><td>E_i≤1</td><td>无风险</td><td>土壤重金属含量未超过参比值，农产品达标，表明生产环境对农产品安全未构成危害</td></tr>
<tr><td rowspan="2">2</td><td>P_{max}≤1</td><td>1＜E_i≤2</td><td rowspan="2">低风险</td><td>土壤重金属含量未超过参比值，但农产品重金属含量为限量标准的1～2倍，表明生产环境对农产品安全已造成一定的危害</td></tr>
<tr><td>1＜P_{max}≤2</td><td>E_i≤1</td><td>土壤重金属含量为参比值的1～2倍，但农产品达标，提示产地环境具有一定的潜在安全风险</td></tr>
<tr><td rowspan="2">3</td><td>1＜P_{max}≤2</td><td>1＜E_i≤2</td><td rowspan="2">中风险</td><td>土壤重金属含量为参比值的1～2倍，且农产品重金属含量为限量标准的1～2倍，表明生产环境对农产品安全已构成较大的安全威胁</td></tr>
<tr><td>2＜P_{max}≤3</td><td>E_i≤2</td><td>土壤重金属含量为参比值的2～3倍，但农产品未超标或超标在2倍以内，提示生产环境对农产品安全的潜在风险很大</td></tr>
<tr><td rowspan="2">4</td><td>P_{max}＞3</td><td>任意</td><td rowspan="2">高风险</td><td>土壤重金属含量为参比值的3倍以上，无论当季农产品质量如何，都表明产地具有极高的风险</td></tr>
<tr><td>任意</td><td>E_i＞2</td><td>无论土壤重金属含量如何，农产品中重金属含量为限量标准的2倍以上，表明农产品安全已受到极大的安全威胁</td></tr>
</table>

注：* 农产品超标的重金属元素与土壤重金属单项指数最大值（P_{max}）所对应的重金属元素不一致时，土壤安全水平按降低一个等级处理，即由高风险降为中风险或由中风险降为低风险。

（3）区域安全性划定与管理决策

在点位评价的基础上，开展了区域安全性划定，即以实测重金属含量为基础，综合考虑点位土壤理化性质及其他自然社会经济情况与土壤重金属含量之间的关系以及行政边界、地物等因素，结合必要的实地考察调研确定后进行综合划分。土壤和农产品区域安全性等级划定依据，按照表6-9和表6-11的划分依据执行。

边界划分借助克里金法、反距离权重法、径向基函数法等空间插值方法[14-16]及相关技术手段进行划分，以最大限度反映区域土壤重金属含量特征及与相邻区域的差异为目标。对于划分精度，要求全国尺度上精确到乡镇，省级尺度精确到村，县级尺度精确到地块。

该项调查从保障农产品质量安全角度出发，根据土壤重金属的含量，参考不同种类农作物对重金属的敏感性，将土壤安全性等级划分为无风险、低风险、中风险和高风险四级，并给出各级安全性主要特征及管理策略。

此次调查测试指标仅限于镉、汞、砷、铅、铬 5 项重金属。区域安全性评价时采用的插值栅格面积是依据行政单元来确定的，因此对污染面积和范围的判断存在较大误差。

6.2.4　多目标区域地球化学调查项目评价方法

2016 年，国土资源部发布了《土地质量地球化学评价规范》（DZ/T 0295—2016）[17]。该规范中明确了土地质量地球化学评价方法。该方法依据影响土地质量的营养有益元素、重金属元素及化合物、有机污染物、土壤理化性质等地球化学指标，以及大气干湿沉降物环境质量、灌溉水环境质量，评定土地质量地球化学等级。

《土地质量地球化学评价规范》（DZ/T 0295—2016）采用土地利用现状图斑划分评价单元，1∶250 000 多目标区域地球化学调查中，表层土壤采用 2 km×2 km、深层土壤采用 4 km×4 km 网格作为评价单元。评价标准包括重金属等污染类指标和酸碱度、盐渍化指标，其中土壤中砷、镉、铬、铅、汞、镍、铜、锌和六六六、滴滴涕的环境质量等级划分标准同《土壤环境质量标准》（GB 15618—1995）中的二级标准值。

土壤中污染物指标采用单项污染指数法进行评价，计算公式如下：

$$P_i = \frac{C_i}{S_i} \tag{6-11}$$

式中，P_i—— 土壤中污染物 i 的单项污染指数；

C_i—— 土壤中污染物 i 的实测质量分数，mg/kg；

S_i—— 土壤中污染物 i 在《土壤环境质量标准》（GB 15618—1995）中对应的二级标准值，mg/kg。

按照土壤单项污染指数环境地球化学等级划分界限值，进行单指标土壤环境地球化学等级划分，共划分为清洁、轻微污染、轻度污染、中度污染和重度污染 5 个等级，土壤环境地球化学等级划分情况见表 6-12。

表 6-12　土壤环境地球化学等级划分

等级	一等	二等	三等	四等	五等
土壤环境	$P_i \leqslant 1$	$1 < P_i \leqslant 2$	$2 < P_i \leqslant 3$	$3 < P_i \leqslant 5$	$P_i > 5$
	清洁	轻微污染	轻度污染	中度污染	重度污染

在单指标土壤环境地球化学等级划分基础上，每个评价单元（调查网格）的土壤环境地球化学综合等级等同于单指标划分出的环境等级最差的等级。对于农作物可食部分

中的镉、汞、砷、铅、铬等重金属元素超标程度与土壤中对应元素的含量范围存在较大出入时，可根据农作物可食部分的元素超标率和超标程度对土壤环境地球化学等级进行适当调整，但实际操作中该部分内容并未完全应用。

依据采样网格，本次调查实现了区域土壤质量等级划分，但由于每一个检测数据代表了至少 2 km×2 km 的网格面积，在污染面积和范围确定方面仍有较大局限性。

6.3 农用地土壤污染状况详查综合评价体系构建

从文献调研和前期全国性调查来看，在科学研究层面上，国内外已提出多角度、多样化的土壤污染评价方法，尤其本次详查是基于前几次全国性调查数据开展的。调查范围聚焦前期调查的超标区和重点污染源影响区，在调查点位布设的同时，根据影响土壤环境要素的一致性划定了调查单元，为本次详查确定污染范围和面积打下基础。另外，土壤环境管理的理念转向风险管理，土壤环境评价需结合其主要受体农作物的效应，并考虑土壤自然背景含量的情况，因此本次详查除布设了农用地表层土壤的调查点位，同时布设了食用农产品（主要是水稻和小麦两大粮食作物）和深层土壤的调查。详查确定的评价方法充分利用本次的调查数据，并借鉴前期的评价实践经验，坚持目标导向，构建了支撑实现本次农用地土壤污染状况详查目的综合评价体系。

6.3.1 总体思路

根据农用地土壤污染状况详查目的和预期成果，本次农用地土壤污染状况详查综合评价方法体系构建的总体思路如下：

（1）坚持风险管控理念

《中华人民共和国土壤污染防治法》和《土壤污染防治行动计划》（以下简称“土十条”）均明确将风险管控确立为我国土壤污染防治的基本原则，农用地土壤污染状况详查评价方法要与土壤污染防治法律确定的分类管理理念保持一致。

（2）转变质量评价思路

以往土壤环境质量评价多采用类似于大气和水环境质量评价的思路，由于土壤环境和土壤污染特点不同于大气和水环境，所以土壤环境评价与管理工作也应从以往的“质量评价与管理”转变为“风险评价与管理”。

（3）保持与新标准衔接

为适应新时期土壤环境管理与风险管控需要，我国已新修订发布《土壤环境质量 农用地土壤污染风险管控标准（试行）》（GB 15618—2018），本次农用地土壤污染状况详查采用该标准作为重要的评价依据。

（4）突出方法的科学性

本次充分利用农用地土壤污染状况详查获得的各类数据，初步判定表层土壤环境质量类别，结合土壤重金属累积性分析、土壤镉活性分析，以及农产品质量安全性评价，综合评定农用地土壤污染风险。

（5）流程具有可实施性

评价程序和方法不能太过于繁杂，应具有广泛的可接受性和可操作性，评价结果的表征方式需能清楚地表达环境问题，为环境管理提供技术支撑。

（6）实现“由点到面”的跨越

以往的调查更多地停留在对点位数据的评价上，将点位数据分为不同的等级，用土壤污染点位超标率来表征污染状况。而本次土壤污染状况详查是响应“土十条”的要求，因此评价方法要综合考虑，实现土壤环境质量评价从“点位超标率”向“农用地超标面积”的重要转变。

专栏 6-1　土壤环境评价标准 GB 15618 的修订

GB 15618 由 1995 年的《土壤环境质量标准》修订为 2018 发布的《土壤环境质量　农用地土壤污染风险管控标准（试行）》，从名称上就体现了风险管控的管理理念。标准包含的污染物指标在原来 10 项的基础上增加了 1 项有机污染物（苯并[*a*]芘），并区分了基本项目（8 项金属元素）和其他项目（3 项有机污染物），规定了 11 项污染物的风险筛选值和 5 项污染物（镉、汞、砷、铅、铬）的风险管制值。取消了原来全国统一规定的源于土壤环境背景值的一级标准，改为配套背景值确定的方法，后由生态环境部制定了行业标准《区域性土壤环境背景含量统计技术导则（试行）》（HJ 1185—2021）。

ICS 13.080
Z 64
GB
中华人民共和国国家标准
GB 15618—2018
代替 GB 15618—1995
土壤环境质量
农用地土壤污染风险管控标准
（试行）
Soil environmental quality
—Risk control standard for soil contamination of agricultural land
2018-06-22 发布　2018-08-01 实施
生态环境部
国家市场监督管理总局　发布

GB 15618—2018 中的筛选值相较于 GB 15618—1995 二级标准值主要有两个变化：土壤 pH 5.5 ~ 6.5 对应的水田土壤镉由 0.3 mg/kg 调整为 0.4 mg/kg；土壤铅的筛选值不仅考虑了土壤铅对作物的危害效应，也结合了我国土壤铅的背景水平，土壤铅筛选值比原来的二级标准值收严了，这体现了防控污染的理念。

6.3.2 评价内容与评价流程

6.3.2.1 评价内容

农用地土壤污染状况详查土壤环境风险评价内容包括：

（1）土壤环境质量初步评价

以表层土壤污染物含量对照《土壤环境质量 农用地土壤污染风险管控标准（试行）》（GB 15618—2018）的筛选值和管制值，初步判定土壤环境质量类别。

（2）农产品质量安全性评价

以食用农产品中污染物含量对照《食品安全国家标准 食品中污染物限量》（GB 2762—2017），判定食用农产品中污染物含量的超标程度。本次详查主要针对水稻和小麦，其他食用农产品由各省（区、市）自行确定。

（3）表层土壤重金属活性评价

以表层土壤重金属可提取态含量，对照可提取态含量阈值，判定表层土壤重金属的活性。本次详查仅尝试评价了土壤镉的活性。

（4）表层土壤重金属累积性评价

以同一点位表层土壤与深层土壤中重金属含量的比值，或者以表层土壤重金属含量与同一区域（半径 3 km 之内）最近点位深层土壤重金属含量的比值，判定表层土壤重金属累积程度。

（5）农用地土壤环境风险评价

在土壤环境质量初步评价的基础上，本次结合农产品安全性评价、土壤重金属活性评价等结果，评价农用地土壤环境风险，判定土壤环境质量类别。

6.3.2.2 评价流程

农用地土壤环境风险评价包括了三方面的评价：一是对照土壤污染物总量限值的土壤环境质量进行初步判定；二是根据土壤污染物可提取态含量进行的土壤重金属活性评价；三是农产品安全性评价。在三方面评价的基础上，综合确定农用地土壤的环境风险及环境质量类别，并汇总统计农用地土壤污染面积与分布。农用地土壤环境风险评价流程见图 6-3。

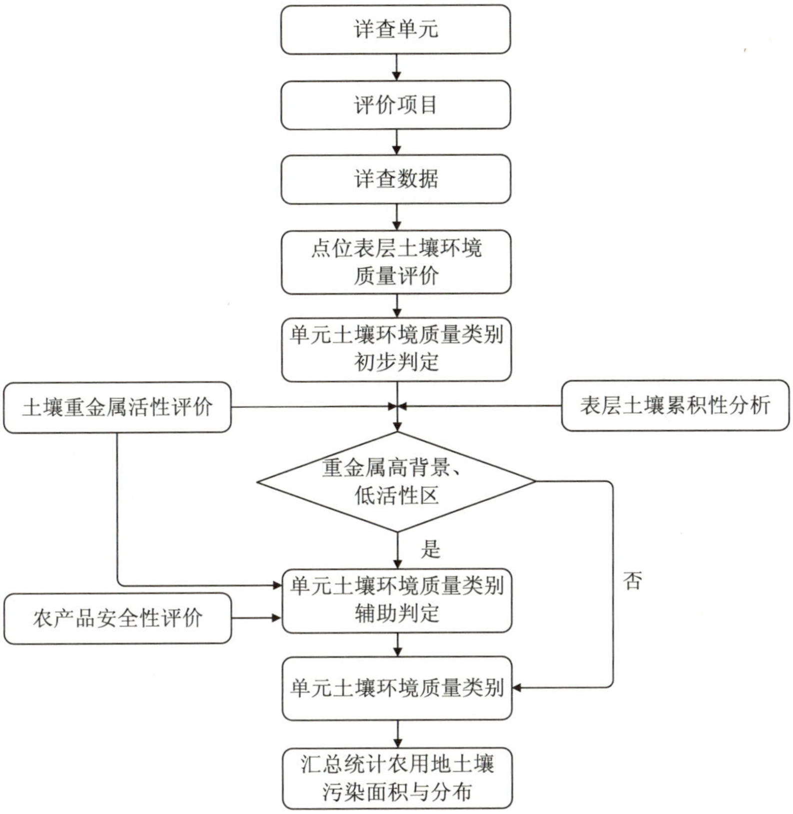

图 6-3　农用地土壤环境风险评价流程

6.3.3　评价项目

农用地土壤环境质量评价更多地关注农产品质量标准中有规定的指标，其次选择在农作物中易富集、对农产品毒性较大、区域内存在可疑污染源的污染物。依据《土壤环境质量　农用地土壤污染风险管控标准（试行）》（GB 15618—2018）和《食品安全国家标准　食品中污染物限量》（GB 2762—2017）包含和规定的污染物，结合农用地土壤污染状况详查数据实际情况，本次农用地土壤污染状况详查评价项目确定如下：

（1）农用地土壤环境质量初步评价项目

表层土壤中的镉、汞、砷、铅、铬、铜、镍、锌、苯并[*a*]芘、六六六、滴滴涕。

（2）农产品安全性评价的项目

农产品（可食部分）中镉、汞、砷、铅、铬。

（3）表层土壤镉活性评价的项目

表层土壤中镉可提取态。

（4）表层土壤重金属累积性评价项目

表层土壤与深层土壤中镉、汞、砷、铅、铬、铜、镍、锌。

其中，土壤及农产品的镉、汞、砷、铅、铬含量水平作为农用地土壤环境质量类别划分的依据。对土壤铜、镍、锌、苯并[*a*]芘，以及部分地区的六六六、滴滴涕进行的土壤环境质量初步评价，不作为农用地土壤环境质量类别划分的依据。

6.3.4 土壤环境综合评价

6.3.4.1 表层土壤质量评价

表层土壤环境质量评价以 GB 15618—2018 标准为依据，以表层土壤中各污染物含量对照标准规定的土壤污染物筛选值和管制值，初步判定各表层土壤点位的环境质量类别。

（1）单因子评价

1）镉、汞、砷、铅、铬单因子评价。依据《土壤环境质量　农用地土壤污染风险管控标准（试行）》（GB 15618—2018）中的筛选值 S_i（表 6-13）和管制值 G_i（表 6-14），并基于表层土壤中镉、汞、砷、铅、铬的含量 C_i 评价农用地土壤污染的风险程度，将其土壤环境质量类别分为三类（表 6-15）：

Ⅰ类：$C_i \leqslant S_i$，农用地土壤污染风险低，可忽略，划为优先保护类；

Ⅱ类：$S_i < C_i \leqslant G_i$，可能存在农用地土壤污染风险，但风险可控，划为安全利用类；

Ⅲ类：$C_i > G_i$，农用地土壤存在较高污染风险，划为严格管控类。

表 6-13　农用地土壤 8 种重金属污染风险筛选值

序号	污染物项目		风险筛选值 S_i/（mg/kg）			
			pH≤5.5	5.5＜pH≤6.5	6.5＜pH≤7.5	pH＞7.5
1	镉	水田	0.3	0.4	0.6	0.8
		其他	0.3	0.3	0.3	0.6
2	汞	水田	0.5	0.5	0.6	1.0
		其他	1.3	1.8	2.4	3.4
3	砷	水田	30	30	25	20
		其他	40	40	30	25
4	铅	水田	80	100	140	240
		其他	70	90	120	170

序号	污染物项目		风险筛选值 S_i/（mg/kg）			
			pH≤5.5	5.5＜pH≤6.5	6.5＜pH≤7.5	pH＞7.5
5	铬	水田	250	250	300	350
		其他	150	150	200	250
6	铜	果园	150	150	200	200
		其他	50	50	100	100
7	镍		60	70	100	190
8	锌		200	200	250	300

注：1. 重金属和类金属砷均按元素总量计。
2. 水旱轮作农用地采用较为严格的筛选值标准。

表 6-14　农用地土壤污染风险管制值

序号	污染物项目	风险管制值 G_i/（mg/kg）			
		pH≤5.5	5.5＜pH≤6.5	6.5＜pH≤7.5	pH＞7.5
1	镉	1.5	2.0	3.0	4.0
2	汞	2.0	2.5	4.0	6.0
3	砷	200	150	120	100
4	铅	400	500	700	1 000
5	铬	800	850	1 000	1 300

表 6-15　单因子土壤污染风险评价及环境质量分类*

污染物含量	风险程度	质量分类
$C_i \leq S_i$	无风险或风险可忽略	优先保护类 I
$S_i < C_i \leq G_i$	污染风险可控	安全利用类 II
$C_i > G_i$	污染风险较大	严格管控类III

注：* 单因子包括镉（Cd）、汞（Hg）、砷（As）、铅（Pb）、铬（Cr）。

2）铜、锌、镍、苯并[*a*]芘、六六六、滴滴涕单因子评价。依据《土壤环境质量　农用地土壤污染风险管控标准（试行）》（GB 15618—2018）中铜、镍、锌、苯并[*a*]芘、六六六、滴滴涕的筛选值 S_i（表 6-13 和表 6-16），评价农用地土壤污染的风险，并将其土壤环境质量类别分为两类（表 6-17）：

I 类：$C_i \leq S_i$，农用地土壤污染风险低，可忽略，划为优先保护类；

II 类：$C_i > S_i$，可能存在农用地土壤污染风险，划为安全利用类。

表 6-16　农用地土壤 3 种有机污染物风险筛选值

序号	污染物项目	风险筛选值 S_i/（mg/kg）
1	六六六总量	0.10
2	滴滴涕总量	0.10
3	苯并[*a*]芘	0.55

注：1. 六六六总量为 *α*-六六六、*β*-六六六、*γ*-六六六、*δ*-六六六四种异构体的含量总和。
2. 滴滴涕总量为 *p,p′*-滴滴伊、*p,p′*-滴滴滴、*o,p′*-滴滴涕、*p,p′*-滴滴涕四种衍生物的含量总和。

表 6-17　单因子土壤污染风险评价及环境质量分类*

污染物含量	风险程度	质量分类
$C_i \leqslant S_i$	无风险或风险可忽略	优先保护类 I
$C_i > S_i$	有污染风险	安全利用类 II

注：* 单因子包括铜、镍、锌、苯并[*a*]芘、六六六、滴滴涕。

另外，其他增测项目由各地依据评价参考值（表 6-18），进行是否超过该值的分析，并可对相关行业企业周边污染农用地的情况进行综合分析。

表 6-18　农用地土壤其他增测项目评价参考值

序号	污染物项目	评价参考值/（mg/kg）
1	总锰	1 200
2	总钴	24
3	总硒	3.0
4	总钒	150
5	总锑	10
6	总铊	1.0
7	总钼	6.0
8	氟化物（水溶性氟）	5.0
9	石油烃（C_{10}～C_{40}）	500

（2）多因子综合评价

1）镉、汞、砷、铅、铬 5 项因子综合评价。按表层土壤的镉、汞、砷、铅、铬中类别最差的因子确定对应点位的综合评价结果。

2）铜、锌、镍 3 项因子综合评价。按表层土壤的铜、锌、镍中类别最差的因子确定对应点位的综合评价结果。

3）苯并[a]芘、六六六、滴滴涕 3 因子综合评价。按表层土壤的苯并[a]芘、六六六、滴滴涕中类别最差的因子确定对应点位的综合评价结果。

6.3.4.2　农产品质量安全性评价

多数情况下，土壤重金属含量与农作物的吸收具有一定的相关性，但土壤重金属含量与农产品质量之间并非简单的线性关系。土壤-作物系统中的重金属迁移是一个复杂过程，除受土壤中重金属含量、形态及环境条件影响外，还受到农作物种类影响。不同类型农作物吸收重金属元素的生理生化机制各异，对土壤重金属的吸收和富集特征也不同。即使是同一类型农作物，不同品种间富集重金属的能力也存在显著差异。例如，我国西南某些自然地质高背景区，存在土壤重金属含量超标但农产品不超标的情况。为此，农用地土壤污染状况详查将农产品质量安全性评价纳入土壤环境质量综合评价方法体系。

农用地土壤污染状况详查主要针对水稻（稻谷）和小麦开展土壤与农产品协同调查，核心目的是要分析土壤污染对粮食类农产品质量的影响。评价标准主要采用国家统一规定的《食品安全国家标准　食品中污染物限量》（GB 2762—2017）。由于本次详查中水稻（稻谷）砷的检测方法为总砷的检测，而 GB 2762—2017 中为无机砷限量值，考虑水稻（稻谷）和小麦皆为食用主粮农产品，因此水稻总砷限量值参考小麦总砷标准限量值。主要食用农产品中 5 种重金属国家标准限量值见表 6-19。

表 6-19　主要食用农产品中 5 种重金属国家标准限量值

污染物项目	农产品种类	标准限量值/（mg/kg）
镉	水稻（稻谷）	0.2
	小麦	0.1
汞	水稻（稻谷）、小麦	0.02
砷*	小麦	0.5
	水稻	0.5
铅	水稻（稻谷）、小麦	0.2
铬	水稻（稻谷）、小麦	1.0

注：* 水稻砷标准限量值参考《食品安全国家标准　食品中污染物限量》（GB 2762—2017）中小麦砷标准限量值。

农用地土壤污染状况详查农产品质量安全采用了单因子指数法进行评价，计算公式为

$$E_{ij} = C_{ij} / L_{ij} \tag{6-12}$$

式中，E_{ij} —— 农产品 i（水稻或小麦）中重金属 j 的单因子超标指数；

C_{ij} —— 农产品 i（水稻或小麦）中重金属 j 的含量测定值，mg/kg；

L_{ij}—— 农产品 i（水稻或小麦）中重金属 j 的食品安全国家标准限量值，mg/kg。

根据 E_{ij} 值的大小，将农产品 i（水稻或小麦）超标程度分为 3 级，见表 6-20。

表 6-20 农产品超标程度分级

超标等级	E_{ij} 值
Ⅰ（未超标）	$E_{ij} \leqslant 1.0$
Ⅱ（轻度超标）	$1.0 < E_{ij} \leqslant 2.0$
Ⅲ（重度超标）	$E_{ij} > 2.0$

6.3.4.3 土壤重金属活性评价

土壤重金属可提取态含量可指示土壤重金属的生物活性，与农作物对土壤重金属的吸收富集效应相关。通常采用浸提液对土壤进行单次提取或者连续提取的方法，获得土壤重金属形态和有效性的信息。连续提取法包括 BCR 法、Tessier 法等，[18]但由于连续提取方法步骤繁多、耗时长、专业要求高，因此不适用于大范围的调查项目。单次提取法具有操作简单、迅速、成本低的优点，但是不同提取剂与植物吸收的相关性受重金属种类和土壤性质的影响。[19-23]单次提取法主要体现在提取剂的差异，国际常用的土壤重金属有效态提取剂有无机盐提取剂，如 $CaCl_2$、$NaNO_3$、NH_4NO_3[24]；酸类提取剂，如 CH_3COOH、HCl、Mehlich Ⅰ；螯合试剂，如 DTPA、EDTA。[24,25]各国土壤重金属有效态的标准提取方法不一，德国采用 NH_4NO_3 法，英国采用 EDTA 法，瑞士采用 $NaNO_3$ 法，荷兰采用 $CaCl_2$ 法，法国采用 DTPA-TA-$CaCl_2$ 法。[26,27]我国以 DTPA 法为土壤中重金属有效态的标准提取方法（参照 HJ/T 166—2004、NY/T 890—2004），但 DTPA 法最初是针对中性和石灰性旱作土壤提出，适用于中性土壤和石灰性土壤。

土壤镉对农产品质量的影响最为突出，因此食用农产品中镉的超标率也最高。本次详查重点考虑以南方水稻为主的食用农产品中镉的超标率和土壤重金属高背景值等情况。经文献调研、专家论证，并综合考虑提取剂的普适性、可获取性和结果稳定性，本次详查尝试采用 0.01 mol/L 氯化钙溶液进行可提取态土壤镉含量的分析。本次运用详查获取的大量同点位土壤和农产品样品镉数据，建立不同拟合条件下的对数-逻辑斯蒂（log-logistic）模型方程，基于方程推算出保证 95%、90%和 80%农产品镉含量不超标的土壤有效态阈值。选择其中最合理的阈值作为评判有效态的阈值，即采用土壤和农产品同时不超标或同时超标的样本比例最高时土壤有效态镉含量作为评判阈值。

经研判后确定，土壤 pH≤6.5 时，0.01 mol/L 氯化钙溶液可提取态的土壤镉含量阈值为 0.04 mg/kg；土壤 pH＞6.5 时，0.01 mol/L 氯化钙溶液可提取态的土壤镉含量阈值为 0.01 mg/kg。小于或等于阈值，表示土壤镉活性低；大于阈值，表示土壤镉活性高。土壤镉活性评价结果主要作为土壤镉背景较高地区农用地土壤环境质量类别的辅助判定依据。

6.3.4.4　土壤重金属累积性评价

一般情况下，受外源污染影响的土壤往往表现出表层累积的现象。土壤污染物累积性评价用来表征土壤受外来污染物影响的程度，用于判断土壤超标是否为自然高背景值影响。表层土壤重金属累积性分析结果也是重金属超标原因分析的重要依据。

为评价表层土壤污染物的累积状况，农用地土壤污染状况详查采集和检测了部分深层土壤样品的重金属含量，检测结果作为累积性评价的参考依据。累积性评价仅用于土壤污染物的变化趋势及污染来源分析，不作为土壤质量类别划分的依据。

采用单因子累积系数（A_i）法表征表层土壤重金属累积性，计算公式为

$$A_i = C_i / B_i \tag{6-13}$$

式中，A_i—— 土壤中重金属 i 的单因子累积系数；

C_i—— 表层土壤中重金属 i 的测定值，mg/kg；

B_i—— 深层土壤（一般为 100 cm 以下）中重金属 i 的测定值，mg/kg。

根据农用地土壤污染状况详查工作总体部署，详查深层土壤样点数量与表层土壤样点数量非一一对应，二者点位数量比例约为 1∶4。本次详查在同一点位同时对表层与深层土壤样品的区域进行采集，采用同点位表层与深层的数据计算累积系数；本次详查未采集深层样品的区域，因此采用多目标区域地球化学调查深层样品检测数据，按照就近且满足表层与所引用的深层点位具有相同土壤类型或地质类型的原则选择与表层土壤数据匹配的深层土壤数据（3 km 内最近的深层土壤调查数据），计算累积系数。

根据 A_i 值的大小，进行土壤调查点位单项重金属累积性分析，分级依据主要是参考地累积指数法计算公式［式（6-3）］，土壤单项重金属累积程度分级见表 6-21。

表 6-21　土壤单项重金属累积程度分级

累积程度分级	累积系数 A_i 值
无明显累积	$A_i \leq 1.5$
轻度累积	$1.5 < A_i \leq 3$
中度累积	$3 < A_i \leq 6$
重度累积	$A_i > 6$

表层土壤重金属累积性分析结果是土壤重金属高背景区判定的参考依据。在土壤重金属超标时，结合区域地质背景及污染源分布情况，区域内 $A_i \leqslant 3$ 且周边无相关污染源的情况下，方可作为地质高背景区的判定条件之一。

6.3.4.5 评价结果统计与表征

（1）土壤环境质量初步评价

参照 6.3.4.1 节单因子和多因子评价方法，根据表层土壤点位的镉、汞、砷、铅、铬 5 项指标含量数据，对照农用地土壤风险管控标准中的筛选值和管制值，统计农用地土壤镉、汞、砷、铅、铬及 5 项综合评价的优先保护类、安全利用类和严格管控类的点位情况。三种类别的点位用不同颜色进行空间表征，一般用绿色、黄色、红色分别表征以上三类。

根据表层土壤点位的铜、锌、镍 3 项指标含量数据，对照农用地土壤风险管控标准中的筛选值，统计农用地土壤铜、锌、镍及 3 项综合评价的优先保护类、安全利用类的点位情况。

根据表层土壤点位的苯并[*a*]芘、六六六、滴滴涕 3 项指标含量数据，对照农用地土壤风险管控标准中的筛选值，统计农用地土壤苯并[*a*]芘、六六六、滴滴涕及 3 项综合评价的优先保护类和安全利用类的点位情况。

表层土壤点位数据按照调查项目或行政区进行统计（表 6-22 和表 6-23）。

表 6-22 某行政区表层土壤点位不同调查项目评价结果统计表样式

调查项目	样点数量	含量 C_i/（mg/kg）								
		最小值	平均值	最大值	$C_i \leqslant$筛选值		筛选值$< C_i \leqslant$管制值		$C_i >$管制值	
					点位数	比例/%	点位数	比例/%	点位数	比例/%
镉										
……										

表 6-23 某调查项目表层土壤点位不同行政区综合评价结果统计表样式

行政区	样点数量	含量 C_i/（mg/kg）								
		最小值	平均值	最大值	$C_i \leqslant$筛选值		筛选值$< C_i \leqslant$管制值		$C_i >$管制值	
					点位数	比例/%	点位数	比例/%	点位数	比例/%
×市										
……										
全省										

（2）农产品安全性评价

参照 6.3.4.2 节农产品质量安全性评价方法，根据农产品镉、汞、砷、铅、铬 5 项指标安全性评价结果，统计农用地农产品的镉、汞、砷、铅、铬的点位超标情况，包括未超标、轻度超标和重度超标点位。

农产品样品数据按照调查项目或行政区统计内容见表 6-24 和表 6-25。

表 6-24　某调查项目农产品（水稻或小麦）安全性评价结果统计表样式

调查项目	样点数量	未超标		轻度超标		重度超标	
		点位数	比例/%	点位数	比例/%	点位数	比例/%
镉							
……							

表 6-25　某行政区农产品（水稻或小麦）安全性评价结果统计表样式

行政区	样点数量	未超标		轻度超标		重度超标	
		点位数	比例/%	点位数	比例/%	点位数	比例/%
×市							
……							
全省							

（3）土壤重金属活性评价

参照 6.3.4.3 节土壤重金属活性评价方法，根据表层土壤镉的提取态含量数据，统计农用地土壤镉的生物活性高低情况。

（4）土壤重金属累积性评价

参照 6.3.4.4 节土壤重金属累积性评价方法，根据表层和深层土壤重金属含量数据，统计农用地表层土壤的重金属累积程度，包括无累积、轻度累积、中度累积和重度累积的点位情况。

土壤重金属累积性评价结果按照调查项目或行政区统计内容见表 6-26 和表 6-27。

表 6-26　某调查项目表层土壤重金属累积性评价结果统计表样式

调查项目	样点数量	表层土壤污染物累积程度 A_i										
		最小值	平均值	最大值	无累积		轻度累积		中度累积		重度累积	
					点位数	比例/%	点位数	比例/%	点位数	比例/%	点位数	比例/%
镉												
……												

表 6-27　某行政区表层土壤重金属累积性评价结果统计表样式

<table>
<tr><th rowspan="3">行政区</th><th rowspan="3">样点数量</th><th colspan="11">表层土壤污染物累积程度 A_i</th></tr>
<tr><th rowspan="2">最小值</th><th rowspan="2">平均值</th><th rowspan="2">最大值</th><th colspan="2">无累积</th><th colspan="2">轻度累积</th><th colspan="2">中度累积</th><th colspan="2">重度累积</th></tr>
<tr><th>点位数</th><th>比例/%</th><th>点位数</th><th>比例/%</th><th>点位数</th><th>比例/%</th><th>点位数</th><th>比例/%</th></tr>
<tr><td>×市</td><td></td><td></td><td></td><td></td><td></td><td></td><td></td><td></td><td></td><td></td><td></td><td></td></tr>
<tr><td>……</td><td></td><td></td><td></td><td></td><td></td><td></td><td></td><td></td><td></td><td></td><td></td><td></td></tr>
<tr><td>全省</td><td></td><td></td><td></td><td></td><td></td><td></td><td></td><td></td><td></td><td></td><td></td><td></td></tr>
</table>

6.4　不同环境质量类别的农用地土壤面积确定

受调查方式和目的等影响，以往的几次调查成果多呈现在点位层面，对于不同类别的面积涉及较少，即便面积赋值也多在网格层面。本次在详查单元基础上，通过引入农用地评价单元的概念，将详查单元划分为一个或多个评价单元，对于每个评价单元基于点位评价和辅助判定结果，确定唯一的土壤环境质量类别，实现“由点及面”的污染面积测算。

6.4.1　评价单元的划分

6.4.1.1　详查单元与评价单元的关系

详查初期布点阶段，基于土壤污染“源-汇”关系和土壤污染尺度效应分析，依据农用地受污染规律和特点，综合考虑农用地的类型（如水田、旱地等）、地形地貌、污染源类型等，在详查范围内划分具有相似污染特征的详查单元。调查初期受信息不完整的局限，对详查单元边界的预判划分与实际情况存在一定的偏差。如果详查单元内点位的土壤环境质量类别一致，该详查单元可直接划为评价单元；否则根据详查单元内点位土壤环境质量评价结果，依据聚类原则，以及空间插值法，结合专家经验研判，将详查单元划分为多个评价单元，每个评价单元内的点位土壤环境质量类别尽量保持一致。

6.4.1.2　评价单元划分的流程

评价单元划定工作流程见图 6-4，主要有准备阶段、详查单元筛选、评价单元调整、评价单元边界微调等流程，最终完成评价单元划分，其中需要开展详查单元调整的单元，可参考地类图斑进行切分，通过空间插值和边界调整确定不同类别边界。

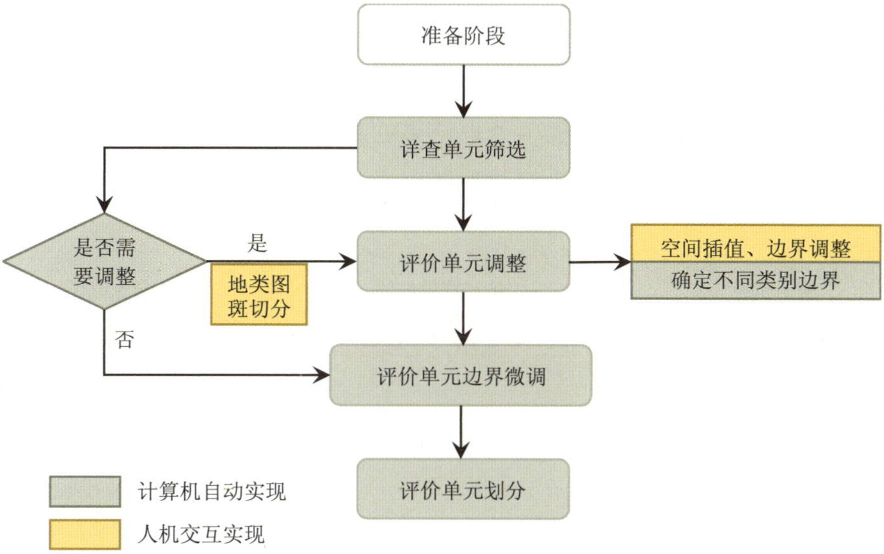

图 6-4　评价单元划定工作流程

6.4.1.3　评价单元边界确定过程

（1）详查单元筛选

根据详查单元内点位的土壤环境质量类别筛选不需要调整的详查单元（图 6-5），包括以下三类：

1）单元内各点位土壤环境质量类别一致；

2）单元内同时存在Ⅰ类和Ⅱ类点位，仅有 1 个Ⅰ类或Ⅱ类的点位；

3）单元内同时存在Ⅰ类和Ⅱ类点位，但仅有 2 个Ⅰ类或Ⅱ类的点位，且至少有 1 个点位与筛选值偏差不超过 10%。

上述三种情况的详查单元与评价单元范围一致，除此之外的其他类型详查单元，均需进行详查单元调整和边界优化。

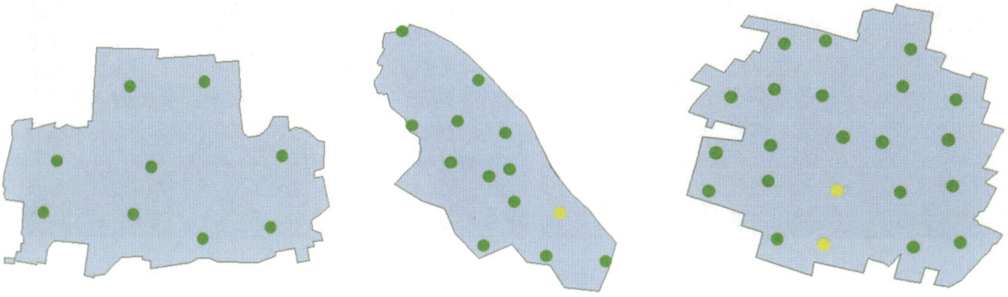

（a）各点位类别一致，均为Ⅰ类点位　　（b）仅 1 个Ⅱ类点位　　（c）仅 2 个Ⅱ类点位，且与筛选值偏差均低于 10%

图 6-5　不需要调整的详查单元

（2）评价单元调整

针对需要调整的评价单元，以“人机交互、逐个调整”的方式，选择适合的插值范围和插值方法，在计算机标准化插值处理结果的基础上，组织专家进行审核和研判，充分考虑地质背景、地形地貌和土壤类型等因素，划分评价单元。评价单元调整方法见图 6-6。

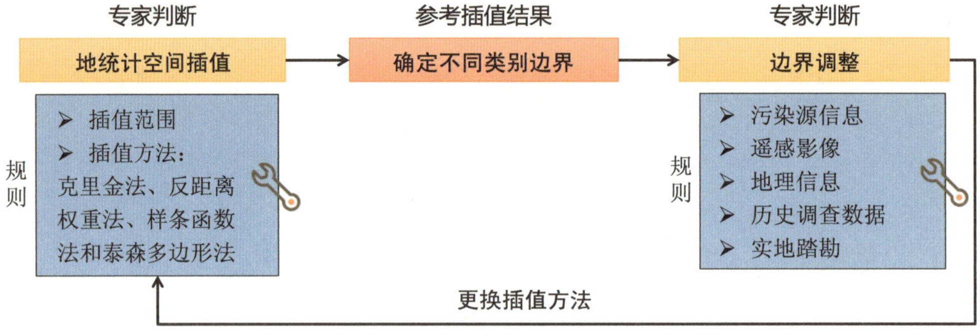

图 6-6　评价单元调整方法

为了避免出现空间插值过程中异常高值点位影响扩大化的情况，对于面积较大的农用地图斑，如果存在孤立严格管控类点位或者连片的其他类点位，一般需结合遥感影像、地理信息等，根据点位所在地块、同类型点位连片区、明显地物标志（道路、沟渠、田埂等）将详查单元进行切分，成为内部点位类别基本一致的评价单元。

1）确定插值范围。插值范围在同一地形地貌、同一流域、同一污染源影响区内选择，对于无法确定插值范围的情况，需结合详查数据、遥感影像、地理信息、历史调查数据等，通过专家判读等综合判定确定合适的插值范围。插值范围确定过程示意图见图 6-7，可根据河谷、山体和河流等地貌类型的分布边界来确定插值范围。

图 6-7　插值范围确定过程示意图

2）筛选插值方法。针对不同的元素，在同一地理分布范围（地形地貌、流域等）或插值范围内，随机挑选点位总数的 15%作为“验证数据集”，不参与插值计算，然后利用剩余的点位进行空间插值，插值结果与“验证数据集”的数值进行多次比对，按照平均相对偏差最小原则，在反距离权重法、克里金法、样条函数法、泰森多边形法中选择最优的插值方法。平均相对偏差计算公式如下：

$$\text{平均相对偏差（\%）}=\frac{1}{n}\sum_{i=1}^{n}\left(\frac{|\text{插值}-\text{实测值}|}{\text{实测值}}\times 100\%\right) \tag{6-14}$$

3）评价单元边界调整。在详查单元内点位插值计算结果基础上，通过遥感影像及实地踏勘等方式，结合周边地理信息等，以专家判断方式调整划分评价单元边界，初步确定土壤环境质量类别。

根据土壤各重金属元素空间评价结果，通过叠加遥感影像、历史调查数据（土壤重金属空间含量以及周边污染企业分布）和其他可以影响到土壤重金属含量的地理信息（如地形地貌、土壤类型等），在室内进行农用地土壤污染风险不同类型的空间范围调整，针对室内难以判别的类型进行专家实地踏勘和现场采样，最终划定评价单元并确定单元土壤环境质量不同类别空间范围，评价单元调整过程见图 6-8。

（a）叠加遥感影像

（b）叠加地理信息、历史调查数据

（c）实地踏勘

（d）调整结果

图 6-8　评价单元调整过程

4）评价单元边界划分与质量类别初步确定。如果地类图斑上存在详查点位（非异常高值点位），则取点位平均值的环境质量类别为该地类图斑的类别；如果地类图斑上不存在详查点位，则通过插值获取。专家判读过程，按以下规则依次进行：

①如果单元内存在单个III类（含异常高值）点位，需要根据所在地块或明显地物标志（道路、沟渠、田埂等）划定最小的影响范围。后续工作中，可以根据遥感影像、污染源信息、地理信息以及实地踏勘最终确定质量类别和影响范围。

②如果单元内存在同一类别的点位数量占比超过80%且其他类别点位离散分布，则该详查单元调整为主导点位的类别。如果非主导点位所在地类图斑面积较大，可依据点位类别确定该图斑类别。

③如果单元内存在连片的两个或两个以上相同类别的地类图斑（点位插值结果），根据不同类别图斑边界切分详查单元。

④通过上述规则仍然无法确认的详查单元类别（不含III类点位），则根据保守性原则，划为安全利用类别。

（3）评价单元边界微调

根据第二次全国土地调查土地分类图斑，调整评价单元的边界，以便后续不同土壤环境质量类别的农用地面积测算，与第二次全国土地调查土地分类面积的方法保持一致，调整规则如下：

如果地类图斑超过50%的面积位于某评价单元内或地类图斑内有点位，评价单元的边界应覆盖该地类图斑，即该地类图斑划入评价单元内；否则，如果地类图斑不足50%的面积位于某评价单元内，该地类图斑不划入评价单元内（图6-9）。

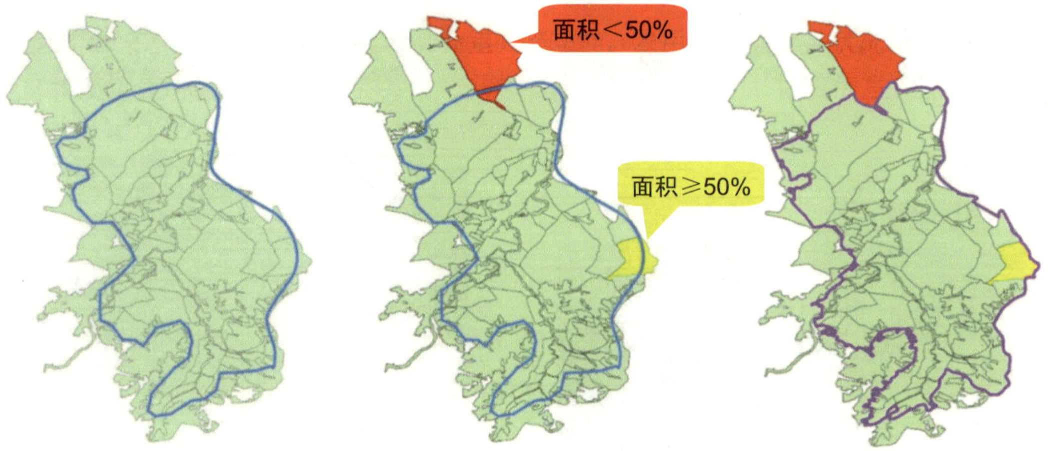

（a）初步划分的单元　（b）判断农用地地块被单元包含的面积　（c）细化后的单元

图6-9　评价单元边界微调示意图

对于单元压盖的地类图斑过大的情形，如北方平原地区，为了避免出现微调后单元边界变化幅度过大的情况，可结合土壤类型、土地利用现状、污染源信息等以及遥感影像等，根据明显地物标志（道路、沟渠、田埂等）对单元压盖的地类图斑进行切分。

6.4.2　评价单元土壤环境质量类别初步判定

（1）单因子评价单元划分

按以下四个原则初步判定评价单元内农用地土壤环境质量类别：

1）一致性原则：当评价单元内点位类别一致时，该点位类别是该评价单元的类别。

2）主导性原则：当评价单元内存在不同类别点位时，某类别点位数量占比超过 80%，其他点位（非严格管控类点位）不连续分布，则按照优势点位类别确定评价单元的类别；如存在 2 个或 2 个以上非优势类别点位连续分布，则划分出连续非优势点位对应的评价单元。

3）谨慎性原则：对于孤立的严格管控类点位，根据遥感影像或实地踏勘情况划分出对应的严格管控类范围；如果无法判断边界，则按最靠近的地物边界（地块边界、村界、道路、沟渠、河流等），划出面积范围合理的评价单元。

4）保守性原则：当评价单元内存在不连续分布的优先保护类点位和安全利用类点位，且无优势点位时，可将该评价单元划分为安全利用类，保证有风险的农用地地块整体纳入管理。

（2）多因子综合评价结果判定

在单因子评价单元划分及农用地土壤环境质量类别初步判定的基础上，多因子叠合形成新的评价单元，评价单元内部农用地土壤环境质量综合类别按最差类别确定。

根据管理需要可分别形成 5 项重金属（镉、汞、砷、铅、铬）、3 项重金属（铜、锌、镍）、3 项有机污染物（苯并[*a*]芘、六六六、滴滴涕）的农用地土壤环境质量初步判定结果。

6.4.3　评价单元土壤环境质量类别辅助判定

6.4.3.1　辅助判定原则

对重金属高背景、低活性（仅针对镉，其他重金属未考虑活性）地区，在区域内无相关污染源存在或者无污染历史的情况下，根据农产品（水稻或小麦）安全性评价结果或表层土壤镉活性评价结果，按照谨慎原则，对初步判定为安全利用类或严格管控类的评价单元进行辅助判定。一般情况下，地质高背景区域内方可进行农产品质量的辅助调整，即在土壤重金属超标时，结合区域地质背景及污染源分布情况，区域内土壤累积系数小于 3 且周边无相关污染源的情况下，方可进行单元环境质量类别辅助调整。

对于土壤镉环境质量评价，有农产品数据的采用农产品安全性评价结果辅助判定，没有农产品数据的采用土壤镉活性评价结果辅助判定；其他重金属仅依据农产品评价结果辅助判定，若没有农产品数据，则维持初步判定结果不变。初步判定及辅助判定的结果均保留在数据库，以备评价结果溯源。

6.4.3.2 单因子辅助判定方法

（1）利用农产品安全性评价结果进行辅助判定

根据评价单元内农产品安全性评价结果辅助判定评价单元内农用地土壤环境质量类别（图 6-10），判定依据见表 6-28。

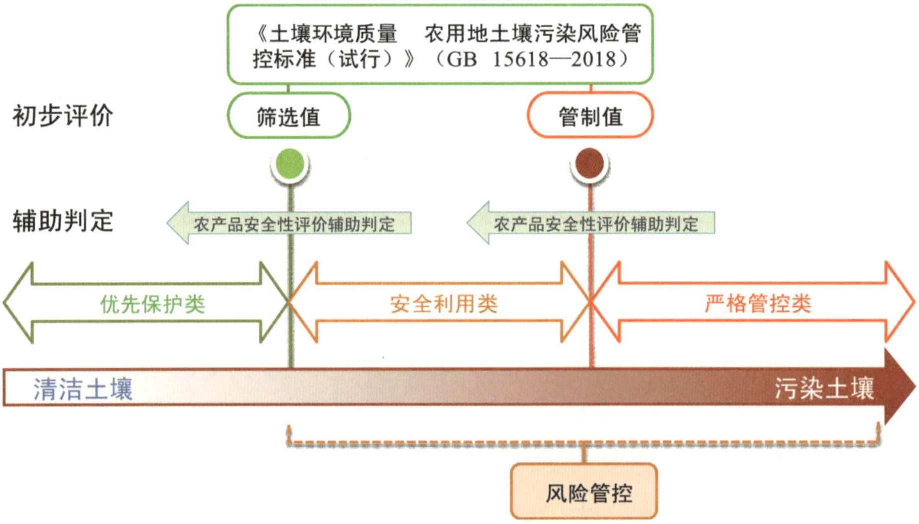

图 6-10 农用地土壤环境质量类别辅助判定示意图

表 6-28 农用地土壤环境质量类别辅助判定依据

评价单元土壤环境质量类别初步判定	判定依据（评价单元内或相邻单元农产品重金属超标情况）		辅助判定后农用地土壤环境质量类别
	评价单元内农产品点位 3 个及以上	评价单元内农产品点位小于 3 个	
优先保护类	—	—	优先保护类（I_1）

评价单元土壤环境质量类别初步判定	判定依据（评价单元内或相邻单元农产品重金属超标情况）		辅助判定后农用地土壤环境质量类别
	评价单元内农产品点位3个及以上	评价单元内农产品点位小于3个	
安全利用类	均未超标	均未超标，且周边相邻单元农产品点位未超标	优先保护类（I_2）
	上述条件都不满足的其他情形		安全利用类（II_1）
严格管控类	未超标点位数量占比≥65%，且无重度超标的点位	均未超标，且周边相邻单元农产品点位未超标	安全利用类（II_2）
	上述条件都不满足的其他情形		严格管控类（Ⅲ）

（2）利用土壤镉活性评价结果进行辅助判定

如果严格管控类评价单元内没有农产品协同调查点位，则按照单元内农用地土壤镉活性评价结果，辅助判定土壤镉环境质量类别，判定依据见表 6-29，其他重金属单因子土壤环境质量类别不变。

表 6-29　土壤镉活性评价结果辅助判定土壤镉环境质量类别的判定依据

评价单元土壤环境质量类别初步判定	土壤 pH	单元或区域辅助判定依据	污染风险	辅助判定后土壤镉环境质量类别
严格管控类	pH≤6.5	单元内或区域内所有点位土壤可提取态镉含量均≤0.04 mg/kg	风险可控	安全利用类II_2
		其他情形	风险较高	严格管控类Ⅲ
	pH＞6.5	单元内或区域内所有点位土壤可提取态镉含量均≤0.01 mg/kg	风险可控	安全利用类II_2
		其他情形	风险较高	严格管控类Ⅲ

6.4.3.3　单因子辅助判定后的单元综合类别

单因子辅助判定后的单元农用地土壤环境质量类别可进行 5 项因子（镉、汞、砷、铅、铬）综合评价，单元综合类别按照评价结果最差因子的类别确定。

6.4.4 评价单元土壤环境质量类别面积汇总

基于评价单元内农用地图斑及土壤环境质量类别，实现“由点及面”的十壤环境质量类别面积测算。

分别按单因子类别、多因子综合类别统计详查范围内不同土壤环境质量类别对应面积及其比例，其中土壤镉、汞、砷、铅、铬的单项或综合统计内容见表 6-30，其他单项或无机 3 项综合或有机综合统计内容见表 6-31。未布点的区域依据历史调查数据按相同的方法判定类别。

表 6-30 详查范围内不同土壤环境质量类别农用地对应面积及比例统计

（镉、汞、砷、铅、铬单项或综合）

类别	初步判定类别		辅助判定后的类别	
	面积/hm^2	占详查范围内农用地面积比例/%	面积/hm^2	占详查范围内农用地面积比例/%
优先保护类				
安全利用类				
严格管控类				

表 6-31 详查范围内不同土壤环境质量类别农用地对应面积及比例统计

（其他单项或无机 3 项综合或有机综合）

类别	面积/hm^2	占详查范围内农用地面积比例/%
优先保护类		
安全利用类		

对行政区内农用地不同土壤环境质量类别对应面积及比例进行统计，其中土壤镉、汞、砷、铅、铬的单项或综合统计内容见表 6-32，其他单项或无机 3 项综合或有机综合统计内容见表 6-33。

表 6-32 行政区内不同土壤环境质量类别农用地对应面积及比例统计

（镉、汞、砷、铅、铬单项或综合）

类别	初步判定类别		辅助判定后的类别	
	面积/hm^2	占行政区内全部农用地面积比例/%	面积/hm^2	占行政区内全部农用地面积比例/%
优先保护类				
安全利用类				
严格管控类				

表 6-33　行政区内不同土壤环境质量类别农用地对应面积及比例统计

（其他单项或无机 3 项综合或有机综合）

类别	面积/hm^2	占行政区内全部农用地面积比例/%
优先保护类		
安全利用类		

6.5　专题分析

6.5.1　土壤污染对农产品质量的影响

6.5.1.1　土壤重金属含量与农产品重金属含量相关性分析

土壤重金属含量和土壤理化性质是影响农产品质量的重要因素。根据农用地土壤污染状况详查协同调查点位中土壤与农产品重金属含量以及土壤理化性质参数，包括土壤 pH 值、土壤有机碳（OC）、黏粒含量（Clay）和阳离子交换量（CEC），开展多元回归分析，建立土壤与农产品重金属之间的剂量-效应关系，分析土壤重金属含量和理化性质对农产品质量的影响。采用的多元回归模型如式（6-15）所示：

$$\lg（C_{plant}）= a\times\lg（C_{soil}）+ b\times pH + c\times\lg（OC/Clay/CEC）+ d \quad (6\text{-}15)$$

式中，C_{plant} —— 农产品重金属含量，mg/kg；

C_{soil} —— 土壤重金属含量或可提取态含量，mg/kg；

pH —— 土壤 pH 值，量纲一；

OC —— 土壤有机碳含量，mg/kg；

Clay —— 土壤黏粒含量，%；

CEC —— 土壤阳离子交换量，cmol/kg；

a、b、c、d —— 方程中参数。

6.5.1.2　土壤超筛选值与农产品超标对应关系

土壤超筛选值与农产品超标之间并不是简单的线性关系（图 6-11）。根据农用地土壤污染状况详查协同调查点位中的土壤超筛选值情况以及水稻、小麦等农产品超标情况，将土壤超筛选值结果与农产品超标结果进行制表，统计土壤超筛选值和不超筛选值情况下的农产品超标比例，建立土壤超筛选值与农产品超标之间的对应关系。

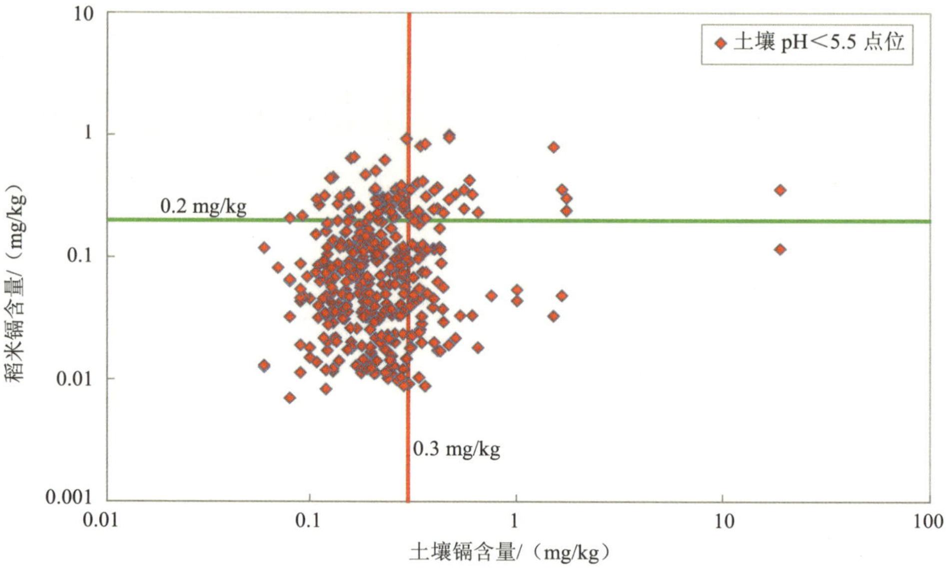

图 6-11　土壤超筛选值与农产品超标情景示意图

农用地土壤污染状况详查点位的土壤超筛选值与农产品超标情景统计见表 6-34，将详查协同调查点位的土壤或农产品超标与否组合为 4 种情景结果，并与农用地图层叠加，分析土壤超筛选值与农产品超标的对应空间分布，可为进一步开展农用地土壤污染防治提供支撑。

表 6-34　土壤超筛选值与农产品超标情景统计表样式

土壤超标情况	农产品超标情况							
	不超标		轻度超标		重度超标		合计	
	点位数	比例/%	点位数	比例/%	点位数	比例/%	点位数	比例/%
不超标								
超筛选值不超管制值								
超管制值								

6.5.2　地质高背景对农用地土壤环境质量的影响

土壤继承了成土母质和基岩的地球化学成分，土壤重金属异常区通常与地质高背景地区空间分布高度一致。因此，地质高背景是影响土壤超筛选值的重要因素。同时，《中华人民共和国土壤污染防治法》（以下简称《土壤法》）在定义“土壤污染”时特别明确了土壤污染是“人为因素”导致的。因此，分析土壤环境背景也是识别“土壤污染”的重要途径。

为分析地质高背景对农用地土壤环境质量的影响，本次基于农用地土壤污染状况详查表层土壤和深层土壤重金属含量，结合多源地质背景相关数据，包括成矿带分区、岩溶区分布、玄武岩分布、全国岩性数据、全国地质图数据、水文地质等信息，探索划定我国土壤重点高背景区，分析地质高背景区农用地土壤环境质量状况。

6.5.2.1　重点高背景区确定

通过叠加地质高背景区、地球化学高值区和重点地质高背景区图层确定全国农用地土壤重点高背景区，具体确定过程如下：

（1）地质高背景区

地质高背景区包括成矿区带高背景区、碳酸盐岩高背景区和玄武岩高背景区。将这三类高背景区矢量文件合并，初步获得全国地质高背景区矢量图。

（2）地球化学高值区

基于多目标区域地球化学调查及区域化探全国扫面计划获得的全国尺度重金属元素等值线图，对照《土壤环境质量　农用地土壤污染风险管控标准（试行）》（GB 15618—2018），以土壤风险筛选值为阈值，提取重金属元素的全国地球化学高值区。

（3）重点地质高背景区

重点地质高背景区将本次农用地土壤污染状况详查的深层土壤数据和自然资源部提供的多目标地球化学调查深层土壤分析测试数据结合，将两期数据统一按照《农用地土壤环境风险评价技术规定（试行）》（环办土壤函〔2018〕1479 号）要求进行评价，获得重点地质高背景区。

6.5.2.2　重点高背景区农用地土壤环境质量状况分析

统计重点高背景区内农用地土壤镉、汞、砷、铅、铬、铜、镍和锌等重金属的含量分布情况。根据综合分析评价方法，统计重点地质高背景区内不同质量类别农用地面积，分析地质高背景区农用地土壤污染面积和分布特征。

6.5.3　农用地土壤污染趋势分析

根据农用地土壤污染状况详查和不同时期的历史调查项目（全国土壤污染状况调查、多目标区域地球化学调查、全国农产品产地土壤重金属污染普查等）开展土壤重金属含量变化分析，探索我国农用地土壤污染趋势。

由于我国不同时期开展的土壤调查项目在调查目的、调查点位、调查技术方法、分析测试方法等方面存在差异，考虑当前实际情况，土壤污染趋势分析首先应建立可比点位，以尽可能消除不同项目间因土壤点位布设导致的数据集差异。

6.5.3.1 建立比较数据集

以农用地土壤污染状况详查、全国农产品产地土壤重金属污染普查、全国土壤污染状况调查和多目标区域地球化学调查 4 期调查数据为基础，将详查范围的单元边界分别与不同时期历史调查范围相叠加。在详查单元内，以 1 km×1 km 的网格为辅助，筛选同时存在不同时期历史项目调查点位的网格，利用网格范围内的调查数据进行趋势分析。

6.5.3.2 土壤污染趋势表征

对筛选出的不同时期、不同调查项目间的可比较数据集进行统计分析，包括顺序统计量、算术平均值、算术标准差、几何平均值和几何标准差等。采用折线图或箱线图进行表征，分析土壤重金属历史数据变化特征，研判土壤污染趋势。

图 6-12 以数据集的百分位数为 *X* 轴，以土壤污染物含量为 *Y* 轴，展示不同调查项目土壤调查数据变化特征。不同项目对应折线图相较于 *X* 轴的位置，反映不同时期土壤污染物含量水平增加的情况，可以初步探讨土壤污染的演变趋势。

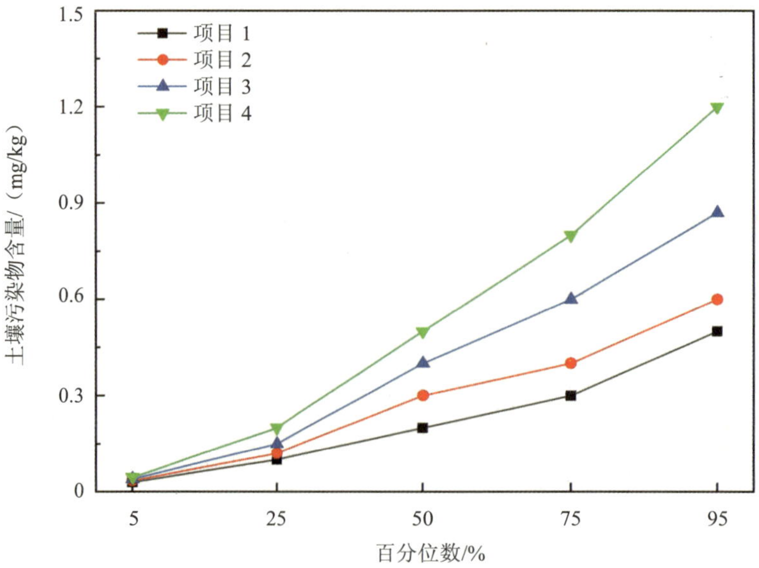

图 6-12 不同调查项目土壤调查数据变化特征示意图

50%分位数可以表征农用地土壤重金属含量的平均变化程度，95%分位数可以表征农用地高污染土壤的变化情况。

箱线图可以用来表征不同数据组的数据分布特征。同时，采用 t 检验或 Wilcoxon 秩和检验（rank-sum test）开展显著性差异分析（图 6-13）。当 P 值小于 0.05 时，表明土壤污染含量发生了显著变化，否则认为没有显著变化。

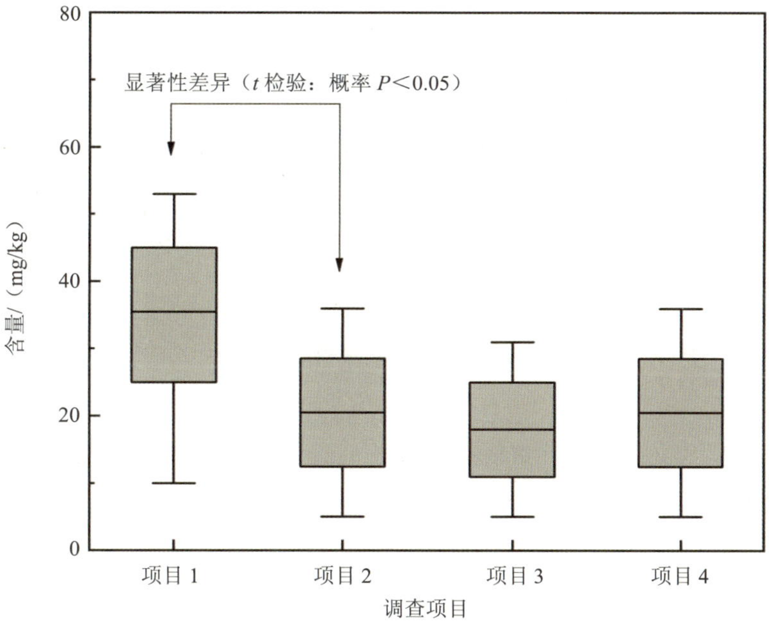

图 6-13　不同调查项目土壤调查数据的显著性差异示意图

参考文献

[1] Müller G. Index of geo-accumulation in sediments of the Rhine River[J]. Geojournal，1969，2（3）：108-118.

[2] 陈国光，奚小环，梁晓红，等. 长江三角洲地区土壤地球化学基准值及其应用探讨[J]. 现代地质，2008，22（6）：1041-1048.

[3] 杜艳，常江，徐笠. 土壤环境质量评价方法研究进展[J]. 土壤通报，2010，41（3）：749-756.

[4] 国家环境保护总局. 土壤环境监测技术规范：HJ/T 166—2004[S]. 北京：中国环境科学出版社，2004.

[5] 国家环境保护局，国家技术监督局. 土壤环境质量标准：GB 15618—1995[S]. 北京：中国标准出版社，1995.

[6] 生态环境部，国家市场监督管理总局. 土壤环境质量　农用地土壤污染风险管控标准（试行）：GB 15618—2018[S]. 北京：中国环境出版集团，2018.
[7] 徐笠，常江，杜艳，等. 应用物元分析法评价安徽省土壤重金属污染现状[J]. 土壤，2009，41（6）：875-879.
[8] 石晓翠，钱翌，熊建新. 模糊数学模型在土壤重金属污染评价中的应用[J]. 土壤通报，2006，37（2）：334-336.
[9] 王金生. 灰色聚类法在土壤污染综合评价中的应用[J]. 农业环境保护，1991，10（4）：169-172.
[10] Hakanson L. An ecological risk index for aquatic pollution control.a sedimentological approach[J]. Water Research，1980，14（8）：975-1001.
[11] 环境保护部. 全国土壤污染状况评价技术规定（环发〔2008〕39 号）[Z]. 2008.
[12] 农业部办公厅. 全国农产品产地土壤重金属安全评估技术规定（农办科〔2015〕42 号）[Z]. 2015.
[13] 国家卫生和计划生育委员会，国家食品药品监督管理总局. 食品安全国家标准　食品中污染物限量：GB 2762—2017[S]. 北京：中国标准出版社，2017.
[14] 陈思萱，邹滨，汤景文. 空间插值方法对土壤重金属污染格局识别的影响[J]. 测绘科学，2015，40（1）：63-67.
[15] 费坤，汪甜甜，邹文嵩，等. 土壤重金属污染空间插值及其验证方法研究综述[J]. 环境监测管理与技术，2022，34（2）：1-6.
[16] 肖艳桐，张瑞雪，吴攀. 土壤重金属分析常用空间插值法研究进展[J]. 环境科学与技术，2019，42（3）：198-205.
[17] 国土资源部. 土地质量地球化学评价规范：DZ/T 0295—2016[S]. 北京：中国标准出版社，2016.
[18] 刘玉荣，党志，尚爱安，等. 几种萃取剂对土壤中重金属生物有效部分的萃取效果[J]. 土壤与环境，2002，11（3）：245-247.
[19] 贺静，林玉锁，刘鹏，等. 不同提取剂提取酸性土壤有效态 Cu 和 Cd 的方法研究[J]. 环境监测管理技术，2009，21（5）：25-29.
[20] 李亮亮，张大庚，李天来，等. 土壤有效态重金属提取剂选择的研究[J]. 土壤，2008，40（5）：819-823.
[21] 颜世红，吴春发，胡友彪，等. 典型土壤中有效态镉 $CaCl_2$ 提取条件优化研究[J]. 中国农学通报，2013，29（9）：99-104.
[22] 郑绍建，胡霭堂，蒋延惠，等. 污染土壤中镉活性提取剂的选择[J]. 农业环境保护，1995，14（2）：49-53.
[23] 熊礼明，鲁如坤. 土壤有效 Cd 浸提剂对 Cd 的浸提机制[J]. 环境化学，1992，11（3）：41-47.
[24] Pueyo M，López-Sánchez J F，Rauret G. Assessment of $CaCl_2$，$NaNO_3$ and NH_4NO_3 extraction

procedures for the study of Cd，Cu，Pb and Zn extractability in contaminated soils[J]. Analytica Chimica Acta，2004，504：217-226.

[25] Neal W，Michael J D，Peter M K. Evaluation of extractants for estimation of the phytoavailable trace metals in soils[J]. Environmental Pollution，2007，145：121-130.

[26] Rauret G. Extraction procedures for the determination of heavy metals in contaminated soil and sediment[J]. Talanta，1998，46（3）：449-455.

[27] Pueyo M，Lopez-Sanchez J F，Rauret G. Assessment of $CaCl_2$，$NaNO_3$ and NH_4NO_3 extraction procedures for the study of Cd，Cu，Pb and Zn extractability in contaminated soils[J]. Analytica Chimica Acta，2004，504（2）：217-226.

第7章 农用地土壤污染状况详查图件编制

农用地土壤污染状况详查图件综合运用地理信息系统、遥感和地图制图等技术，以及点状、面状、统计图表等多种符号，以地图的形式全面直观地呈现农用地土壤污染状况详查主要成果。其内容包括详查单元划分及点位布设、详查点位评价、农用地土壤环境质量评价、农用地土壤污染影响因素分析等。针对详查数据点位密集、图斑复杂、分布不均等特点，本次运用制图分析、科学建模、综合表达等方法，科学、合理、准确地展示了全国农用地土壤环境质量类别面积、分布特征以及土壤污染对农产品质量的影响，为我国土壤环境管理提供坚实的技术支持。

7.1 制图难点与技术方法

7.1.1 制图难点

（1）专题要素与基础地图要素重叠

在专题图制作中，专题要素符号与基础地图要素、专题要素符号之间的空间重叠是很常见的，在要素展示出现冲突时，选择优先保证专题数据在图件中的展示。图件内容的选取，原则上不舍弃与当前图件相关的专题信息，基础地图要素仅保留国界（包括九段线）、省界、省会、岛屿（包括东沙、南沙）、重要河流等信息。

（2）专题要素空间异质性明显

农用地土壤污染状况详查点位和详查单元的数量和分布与我国农用地分布具有密切关系。全国农用地土壤污染状况详查点位呈总体分散，局部地区高度密集的特点，空间异质性明显。全国农用地土壤污染状况详查图集以体现全国农用地土壤环境质量的空间分布规律为主要目的，因此在点位密集分布、信息压盖明显的地区，通过对图件内容的概化处理，优化展示效果。

（3）多要素集中可视化表达

农用地土壤环境质量影响因素分析是图件展示的重要内容之一。其中，在京津冀、长三角等城市群，工业污染源（重点行业企业）高度集中，专题要素重叠现象十分严重。为此，在制作中将突出污染源密度作为处理要素重叠的基本原则，对污染源的空间位置和细节特征做概化处理，突出和优化展示污染源区域密度特征。

7.1.2　技术方法

（1）网格统计

网格统计是一种基于相同面积网格对专题要素数量或面积进行统计，以内部均一化的网格代替实际地物的概括方法，主要用于区域农用地土壤环境质量的综合展示。首先，对整个区域铺设网格，网格大小应综合考虑覆盖区域面积和图件比例尺确定。为了体现农用地土壤环境质量空间特征，农用地土壤污染状况详查图件制作中在全国范围设置了 4 km×4 km 的网格。然后，在网格内部统计要素内容，如某一类别详查点位数量等。在图件中主要对网格内处于不同土壤环境质量的农用地土壤污染状况详查点位数量进行统计。

（2）要素分级

图件制作中专题要素分级存在两种情况。一种情况是标准法规或研究报告中已经对分级分类方法做了规定。例如，土壤环境质量类别、详查单元类别等。对于这种情况，图件一般采用“绿-黄-红”等色阶或同一色系由浅到深的色阶进行渲染，保证相同信息在图件或图组内部的颜色和图形表达方式一致。另一种情况是专题要素的分级内容已由图件主题确定，但分级数量、分级阈值需要自行确定。这种情况下主要通过综合分析图件主题和专题要素表达的信息确定分级级别数量，由专题要素值统计分布特征确定分级阈值。

（3）地理统计

综合使用多种地理统计方法，结合专题要素分布图可以从多个维度展示农用地土壤环境质量空间分布规律。图件制作的统计方法包括行政区划统计数量并分级渲染、单位网格内专题要素统计渲染、行政区划分类统计制作饼图等统计图表。使用地理统计方法的目的是对专题信息进行简化概括，一方面通过统计方法集中展示专题数据某一方面的内容，另一方面以行政区、单位网格等大尺度空间要素作为空间统计单位，降低图件空间分辨率。通过减少图件承载的信息量，降低信息获取难度，突出专题信息空间分布规律。

7.2 制图内容和方法

7.2.1 制图内容及技术路线

图件是对农用地土壤污染状况详查成果的集中展示，从全国和重点区域两个尺度，全面直观地反映了农用地土壤污染状况详查重要过程及成果和土壤环境质量状况空间差异，体现了我国农用地土壤污染问题突出区域，分析了农用地土壤污染影响因素，从而为管理决策提供支撑。本次制图技术路线如图 7-1 所示。

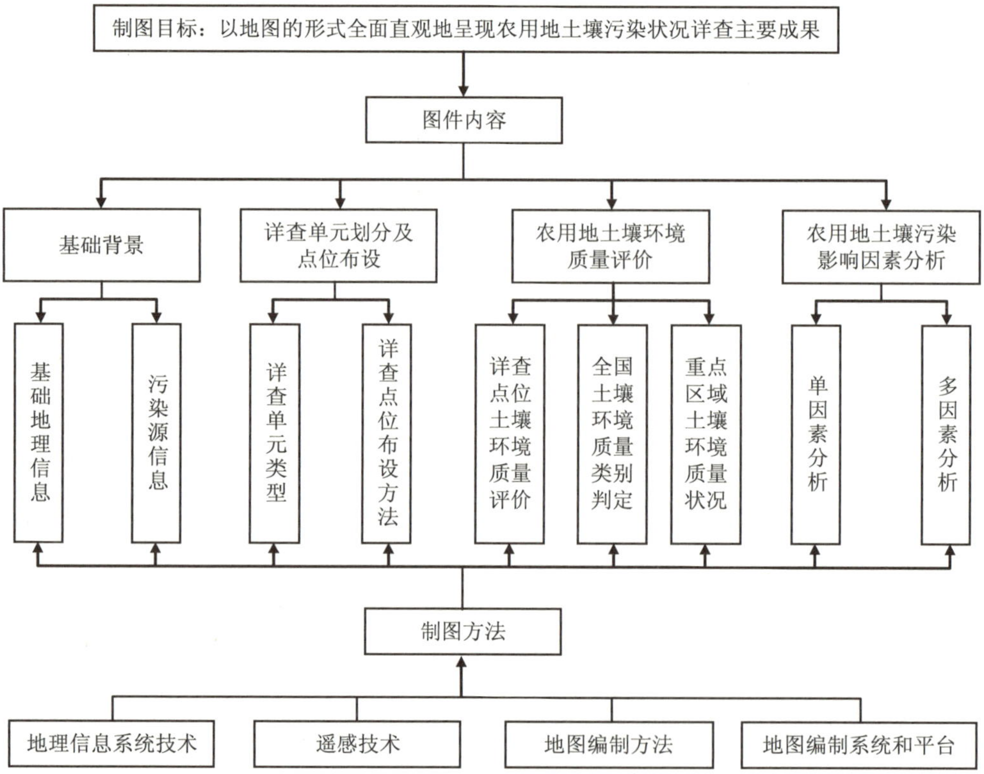

图 7-1　制图技术路线

根据制图目标和技术路线，制图内容包括：

（1）基础背景

土壤环境质量与其形成的地理环境背景、人类工农业活动等密切相关。图件从我国地质、岩性、地形地貌、水系流域、土壤类型等基础地理信息和工业污染源信息等方面展示了基础背景空间特征，为农用地土壤污染状况详查结果分析提供基础。

（2）详查单元划分及点位布设

详查单元划分及点位布设是开展全国农用地土壤污染状况详查的基础。结合地理统计方法，运用遥感技术，采用点状、面状符号和多层级渲染方法，全面展示各类型详查单元、详查点位、质控点位的空间分布特征，结合图表、文字详细解释了详查单元划分及点位布设方法，为后续农用地土壤环境质量评价奠定基础。

（3）农用地土壤环境质量评价

土壤环境质量评价是农用地土壤污染状况详查工作的核心。图件由点位到面积，结合网格统计、空间聚类等方法，采用点状、面状和统计图表符号，全面展示详查点位农用地表层土壤、深层土壤、农产品环境质量分布等特征和农用地土壤污染面积及格局，结合图表、文字详细展示全国农用地土壤污染具体信息。

从重点区域农用地土壤环境质量状况来看，土壤环境质量对推动国家重点经济区域经济社会高质量发展、保障耕地安全乃至粮食安全具有重要意义和支撑作用。图件采用点状、面状符号，运用网格统计等方法，重点分析了京津冀地区、长三角地区、粤港澳大湾区（广东省九市）、长江经济带等国家重大战略发展区农用地和粮食主产区耕地土壤污染特征及其对主要粮食作物的影响。

（4）农用地土壤污染影响因素分析

地质背景和人类活动是影响农用地土壤环境质量的重要因素。图件采用点状、面状和统计图表符号，运用网格统计等方法，从单因素到多因素，展示了自然地质高背景、重点行业企业，高背景叠加重点行业企业、其他因素等自然和人为活动对农用地土壤环境质量的影响，为农用地土壤环境保护决策提供支撑。

7.2.2　制图方法

7.2.2.1　数据空间分析

为了突出专题信息的空间特征，制图前常常需要进行必要的数据空间分析，以解决多要素集中表达、要素重叠、数据量过大等问题。数据空间分析是地理信息系统的核心功能，可以实现对地理空间现象的定量研究，包括叠加分析、区域统计分析、聚类分析等。[1,2]

叠加分析是指在统一空间参考系统下，通过对两个数据进行一系列集合运算，产生新数据的过程。叠加分析的目标是分析在空间位置上有一定关联的空间对象的空间特征和专属属性之间的相互关系。多层数据的叠加分析，不仅可以产生新的空间关系，还可以产生新的属性特征关系，能够发现多层数据间的相互差异、联系和变化等特征。例如，在进行农用地土壤污染影响因素分析时，通过叠加自然地质高背景数据、重点行业企业污染源数据和农用地土壤环境质量数据，可以初步判断农用地土壤污染的主要影响因素。

区域统计分析是按照一定规则，对特定区域内某类地理信息进行统计分析的方法。在编制农用地土壤污染状况详查相关图件时，为了体现行政单元间数量和类别的差异，常常需要先利用数据空间分析进行预处理，结合要素分级等制图方法达到突出重要地理信息的目的。

聚类分析是把具有相似属性的对象通过静态分类的方法分成不同的组别或类型。例如，为了更加直观体现农用地土壤污染空间格局，在综合分析农用地土壤污染状况详查点位土壤环境评价结果和评价单元土壤环境质量状况的基础上，运用 GIS 的空间聚类功能，突出展示土壤污染问题较为严重的区域，在空间上划分出三区九片的农用地土壤污染格局，为管理决策提供支撑。

7.2.2.2 地图数学基础

地图数学基础是地图具有严密的科学性和精确的可量测性的重要保证，包括坐标系统、地图投影和地图比例尺等。[3]为了在全国和重要经济发展区域展示农用地土壤环境质量状况，农用地土壤污染状况详查图件所有图幅采用统一的数学基础，统一采用 2000 国家大地坐标系，阿尔伯斯（Albers）双标准纬线多圆锥投影方式。

（1）大地坐标系

自 2008 年 7 月 1 日起，我国全面启用 2000 国家大地坐标系（China Geodetic Coordinate System 2000，CGCS2000），图件中全部图幅均采用了该坐标系。该坐标系为地心、动态、三维大地坐标系，原点位于地球质心，初始定向由 1984.0 时国际时间局（BIH）定向给定，椭球长半径 6 378 137 m。2000 国家大地坐标系采用的地球椭球参数如下[4]：

长半轴 a =6 378 137 m

扁率 f=1/298.257 222 101

地心引力常数 GM=3.986 004 418×10^{14} m^3/s^2

自转角速度 ω =7.292 115×10^{-5}rad/s

短半轴 b =6 356 752.314 14 m

极曲率半径 c =6 399 593.625 86 m

第一偏心率 e =0.081 819 191 042 8

（2）地图投影

中国全图常用的投影有等角斜方位投影、等面积斜方位投影、等距离斜方位投影以及等变形线为三瓣形的伪方位投影。当把南海诸岛作插图处理时，常用投影为等角正割圆锥投影或等面积正割圆锥投影。[3]根据图幅及内容，本次农用地土壤污染状况详查图件采用阿尔伯斯（Albers）双标准纬线多圆锥投影，其中南海诸岛作为插图处理。投影参数如下：

南标准纬线：25°N

北标准纬线：47°N

中心经线：105°E

起始纬度：0°

（3）地图比例尺

地图比例尺是指地图上某段线的长度与实地相应线段的水平长度之比。地图比例尺通常有数字式、文字式和图解式三种形式。数字式是指用阿拉伯数字表示，如 1∶100 000（或简写为 1∶10 万），也可用分数式表示。[3]

根据设计要求，农用地土壤污染状况详查图件统一采用数字式比例尺。全国比例尺为 1∶25 000 000～1∶9 500 000，重要经济发展区域比例尺为 1∶20 000 000～1∶1 500 000。

7.2.2.3 专题地图编制方法

（1）地理底图编制

地理底图是用于编绘专题地图的基础底图，专题信息的存储、表达、传递、提取，都必须通过地理底图这一地理基础才能实现。[3]为了体现我国农用地土壤环境质量空间特征及其与污染源的相互关系，同时考虑到农用地和详查单元分布特征、土壤环境质量特征等，国家级地理底图要素主要有国界线（完整表示中华人民共和国疆域）、省级行政区界线、主要城市驻地（包括首都、直辖市和省会城市）、主要河流和湖泊。省级及以下级别图件主要表达本级行政区界线（若部分本级界线为上级界线，则优先显示更高级界线），下级行政区界线，本级及下级主要城市驻地，以及行政区内主要河流、湖泊及主要铁路、国道、省道、高速公路等交通要素。

（2）专题地图编制

农用地土壤污染状况详查点位及评价单元土壤环境质量相关内容是农用地土壤污染状况详查图件的专题要素。为了突出表达专题要素和图件主题，专题图利用地图符号和各种视觉变量的功能和特征，通过图形、颜色和尺寸等的变化，突出表示各种专题要素的现状、分布规律及其相互联系等。[3]农用地土壤污染状况详查图件中专题要素主要利用点值法、等值区域法、分区统计图表法，通过点状、面状和统计图表符号表达。

1）点状符号及点值法。农用地土壤环境质量是通过大量分散的详查点位，由点及面综合评价反映土壤环境质量状况的。因此，制图时，主要利用点值法和点状符号来表达农用地土壤污染状况详查点位的分布、土壤和农产品质量状况（图 7-2）。

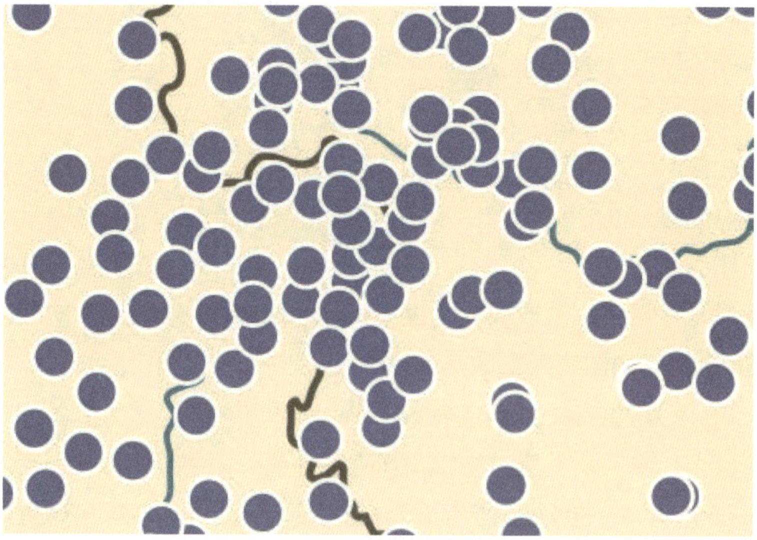

图 7-2　点值法示意图

点状符号是指表示定位点上的地图信息的符号。点状符号的形状和色彩是专题要素定性特征表示的重要视觉变量，点状符号的尺寸可以表示专题要素的数量特征。当表示专题要素分级特征时，符号的尺寸也可以表示要素的等级。点状符号不仅可以表示单一要素，还可以表示多种联合要素的各方面特征。点值法是利用点状符号对制图区域中呈分散的、复杂分布的现象（如农用地土壤污染状况详查点位分布），用一定大小和形状的点群来反映的方法。点的大小及其所代表的数值是固定的；点的多少可以反映现象的数量规模；点的配置可以反映现象集中或分散的分布特征。在一幅地图上，可以利用不同尺寸或不同颜色的点，表示专题要素数量或类别的不同。

2）面状符号及等值区域法。不同区域内农用地土壤污染面积、土壤环境质量类别、污染源密度等信息通常呈面状分布。因此制图时，主要利用等值区域法，以面状符号表达全国范围内土壤环境质量和污染源分布特征。

面状符号主要表示呈面状分布的要素。面状符号由面符号和轮廓线组成，其视觉变量是色彩和图案。等值区域法实质上就是用面状符号表示要素的分级特征（图 7-3）。用面状符号的色彩或图案（晕线）表示分级的各等值区域，通过色彩的同色或相近色的亮度变化以及晕线的疏密变化，反映现象的强度变化，而且要有等级感受效果。当表示数量差异时，可以利用同一色系由浅到深的色阶进行渲染；当表示类别差异时，可以利用不同色系的色阶进行体现。

图 7-3　等值区域法示意图

3）统计图表符号及分区统计图表法。为了表达各行政区范围内一个或几个指标数量的差异和相互关系，通常要进行分区统计，以统计图直观表示。

分区统计图表法是以一定区划为单位，用统计图表符号表示各区划单位内地图要素的数量及其结构的方法（图 7-4）。在专题图制作中，统计图表既可以根据统计要素空间位置展示在地图斑块上，也可以作为辅助展示手段展示在图幅边缘。常用的统计图表符号有圆形（扇形）图表、条（柱）形图表、折（曲）线图表、辐射形图表、定值累加符号图表等。图件根据展示内容和版式设计，主要采用条（柱）形和圆形（扇形）图表等表达。

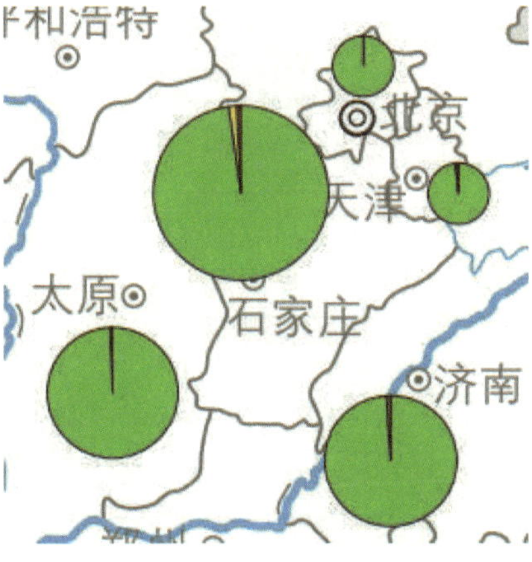

图 7-4　分区统计图表法示意图

4）图例设计。图例是地图必不可少的，它能揭示地图上的内容和表示的要素，以及与符号系统的联系，是人们读图使用符号的依据，也是地图编绘作业的标准。

图例设计是在符号设计和表示方法选择的基础上进行的，与地图符号设计和表示方法的选择是三位一体的，其任务就是对图面上全部地图内容的表示做出图形设计并做出示例和解释说明。

图例设计应遵循的基本原则如下。

①图例要素的完备性。图例中必须包含地图上所有的图形和文字标记，并对每个符号和综合性图表逐一做出图例及定义或必要解释。

②图例符号的一致性。图例中符号的形状、色彩、尺寸等视觉变量和注记的字体、字号及方向等设计要素，必须严格与图面上的相应内容一致。

③图例说明的确切性。图例中符号的含义（或名称）要确切，每个符号只能有一种解释，不同的符号不能有相同的解释，所有的说明都应简洁明白，字体、字号要适宜，专题地图的图例表示方法多样，因此确切说明图例尤为重要。

④图例编排的逻辑性。图例编排虽无固定格式，但编排时要注重逻辑性。对于一类要素，要考虑类别结构合理和内部的连续性，对各要素的序列，要根据它们的联系和从属关系进行排列。大多采用序列式，如通常把更为重要的要素排在前面；有的也可采用列表式，如组合符号的表示与编排；当然也可以按点状、线状、面状符号分组编排。在布局上，要注意在一定范围内排列的密度要适中，可以把符号分成几组并加上标题，也可以不要标题连续排列。有定量含义的图例应标明计量单位。图例要与主区内容相配合，达到全图面的视觉平衡，一般将图例安排在图形重力最小的一边（图 7-5）。

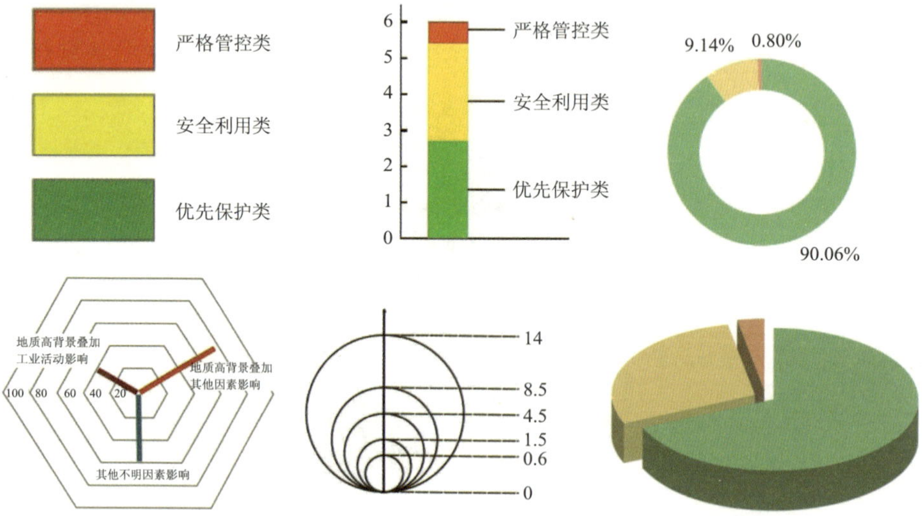

图 7-5　图件中几种图例示意图（图仅作示意，数字无任何含义）

7.3　制图系统及平台

7.3.1　数据分析和专题要素制图

专题要素数据的管理、预处理和专题要素制图常常需要使用 GIS 软件完成。农用地土壤污染状况详查图件编制时，主要使用 ArcGIS 软件的 ArcMap 组件。

ArcGIS 软件是美国环境系统研究所公司（Environmental Systems Research Institute，ESRI）开发的一套完整的 GIS 平台产品，具有强大的地图制作、空间数据管理、空间分析、空间信息整合、发布共享的能力。ArcMap 是 ArcGIS 桌面系统的核心应用程序，具有地图制图的所有功能，同时内嵌了具有强大空间数据处理和分析工具的 Geoprocessing 地理处理框架（图 7-6）。农用地土壤污染状况详查专题地图制作时，利用 ArcMap 的空间分析、空间统计功能完成数据的分析和预处理。此外，内嵌于 ArcMap 的 ArcCatalog 是一个组织和管理数据的空间数据资源管理器。农用地土壤污染状况详查数据主要通过 ArcCatalog 实现有效管理。[1,2]

图 7-6　常用的专题要素制图系统 ArcMap

7.3.2　地图整饰和排版

专题地图不仅包含专题图件，还需要配置文字和图表。专题地图的整饰和排版是专题地图编制的重要一环，是专题地图出版的基础。农用地土壤污染状况详查图件的整饰和排版编辑工作主要利用 CorelDRAW 软件完成。

CorelDRAW 全称“CorelDRAW Graphics Suite”，是一款智能高效的平面设计软件，广泛应用于排版印刷、矢量图形编辑及网页设计等领域。CorelDRAW 不仅可以对矢量文件进行编辑，还可以对点阵文件进行编辑。该款软件具有友好的界面，提供给设计者一整套的绘图工具包括圆形、矩形、多边形、方格、螺旋线，并配有塑形工具，对各种基本图形做出更多的变化，如圆角矩形，弧形、扇形、星形等。颜色是地图表达的要素，CorelDRAW 提供了各种模式的调色方案以及专色的应用、渐变、位图、底纹填充，而且该软件的颜色匹配管理方案可以让显示、打印和印刷达到颜色一致。同时，CorelDRAW 还具有强大的图层管理功能和文字编辑、排版功能，是农用地图件编制不可或缺的工具（图 7-7）。

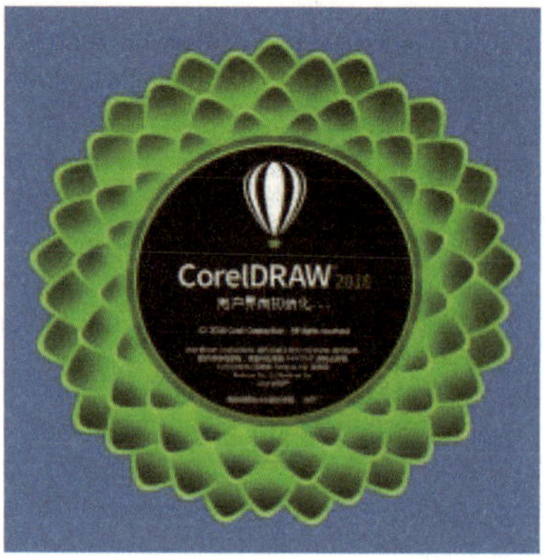

图 7-7　常用的地图整饰和排版系统及平台

7.4　详查单元划定和详查点位布设

本次详查建立了从详查单元划分、点位布设、实验室分析到成果集成的全流程质量管理体系。其中，详查单元依据已有土壤污染调查结果、污染源空间分布、土地利用类型，综合考虑地形地貌等因素进行划分，主要分为污水灌溉型、大气污染型和其他类型三种详查单元。在详查单元划分的基础上进行布点采样，并选取部分样点进行质量控制。本次共划分详查单元 6 万多个，布设点位 50 多万个，质控点位 2 万多个。

由于数据量较大，在制图时需要采用数据格式转换和网格统计方法对数据进行概化处理。其中，在对详查点位布设情况进行展示时，首先通过在全国范围铺设 4 km×4 km 网格，对网格内的各类农用地土壤污染状况详查点位数量进行统计，以详查点位数量作为该网格的值。在专题图编制时，以同一色系不同色阶进行分层色设，展示详查点位空间格局并突出显示详查点位密集区域。

质控点位数据量相对较小，采用点状符号进行展示。但局部点位相对密集，信息压盖问题严重，因此采用增加白色边线的方法，展示质控点位的具体信息（图 7-8）。

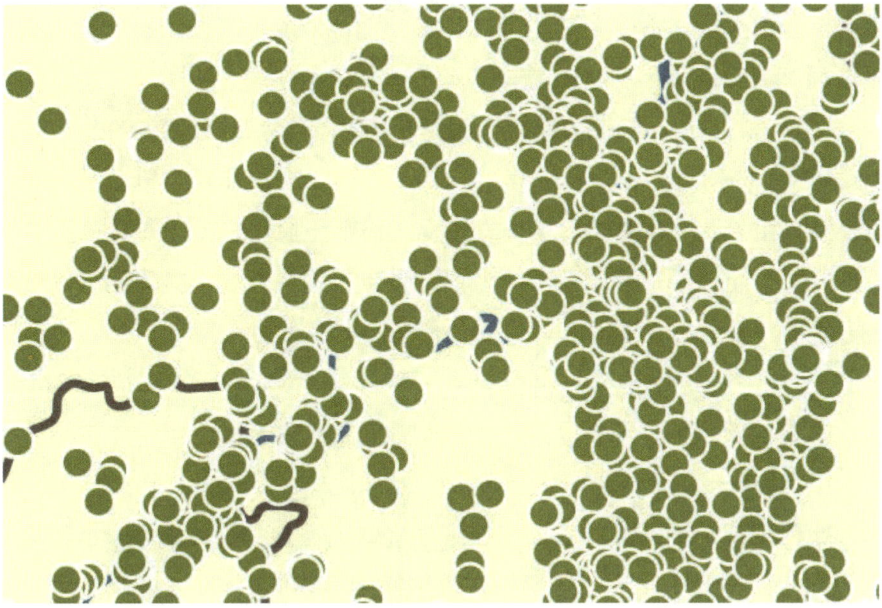

图 7-8　详查质控点位布设图（样图）

7.5　农用地土壤环境质量评价

本次农用地土壤污染状况详查主要目标是查明农用地土壤污染的面积、分布和污染程度，并综合评价土壤污染环境风险。为此，在采样调查的基础上，开展了农用地表层土壤环境质量评价、农产品安全性评价、表层土壤重金属累积性评价和土壤镉活性评价等。在农用地土壤污染状况详查点位评价的基础上，结合其他辅助数据，划分评价单元，实现由点位到面积的转换，确定农用地土壤环境质量类别，进而形成农用地土壤环境污染总体空间格局。

图件从数量分布和空间分布上分别展示了详查点位农用地土壤环境评价结果和农用地土壤环境质量空间格局。其中，详查点位表层土壤综合评价图在制作中使用到了网格统计、专题要素概括、要素分级等多种制图综合方法。通过网格统计方法，在全国范围铺设 4 km×4 km 网格，对网格内处于各类农用地表层土壤评价类别的点位数占比进行统计，以点位数占比最大的表层土壤类别作为该网格的质量类别。以红、黄、绿色系分别对应不同评级类别，在评价类别内部以点位数占比分级，点位数占比越大渲染颜色越深，突出表现了全国农用地表层土壤环境质量的空间分布规律（图 7-9）。

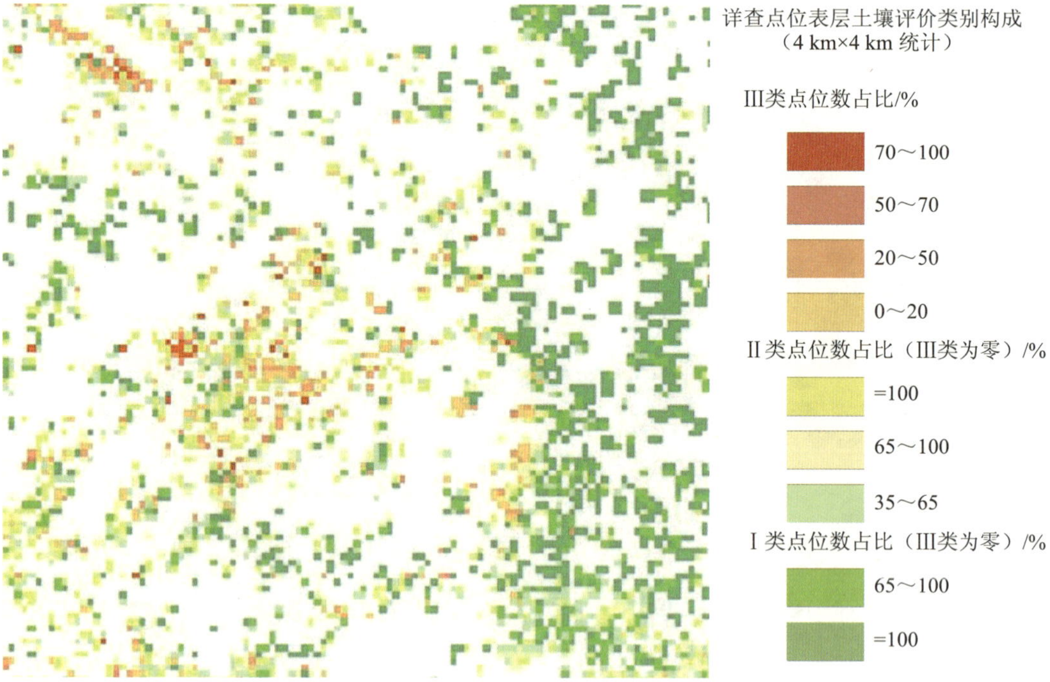

图 7-9　详查点位表层土壤综合评价图（样图）

7.6　农用地土壤污染影响因素分析

初步查明土壤污染对农产品质量的影响也是本次农用地土壤污染状况详查的目标之一。为此，本次结合农用地土壤环境质量空间格局，对地质高背景、工业活动及其他土壤环境质量影响因素，进行单一因素和多因素综合分析。

在制作中，重点行业污染源分布图使用了地理统计、要素分级等多种制图综合方法。对各县级行政区污染源数量进行统计后，在全国范围内划分了 7 个等级，并用由浅到深的色阶进行颜色渲染。同时，以点状符号表示污染源的具体信息，对于信息压盖特别严重的区域采用地图概化的方法，适当减少污染源点位。最终，图件通过点状、面状符号的叠加使用，突出污染源的分布模式和聚集特征（图 7-10）。

为了展示各类影响因素对农用地的影响程度，在制图中使用了要素分级、分区统计等多种制图综合方法。统计省级行政区划范围内地质高背景叠加工业活动，地质高背景叠加其他因素以及其他因素三种模式分别影响的超筛选值农用地面积比重，制作“风车”图，根据污染因素确定“风车叶片”色系。同时结合各因素影响的超筛选值农用地面积比重，确定“风车叶片”大小。最终，图件通过要素分级和分区统计方法，展示了各省（区、市）超筛选值农用地的主要影响因素（图 7-11）。

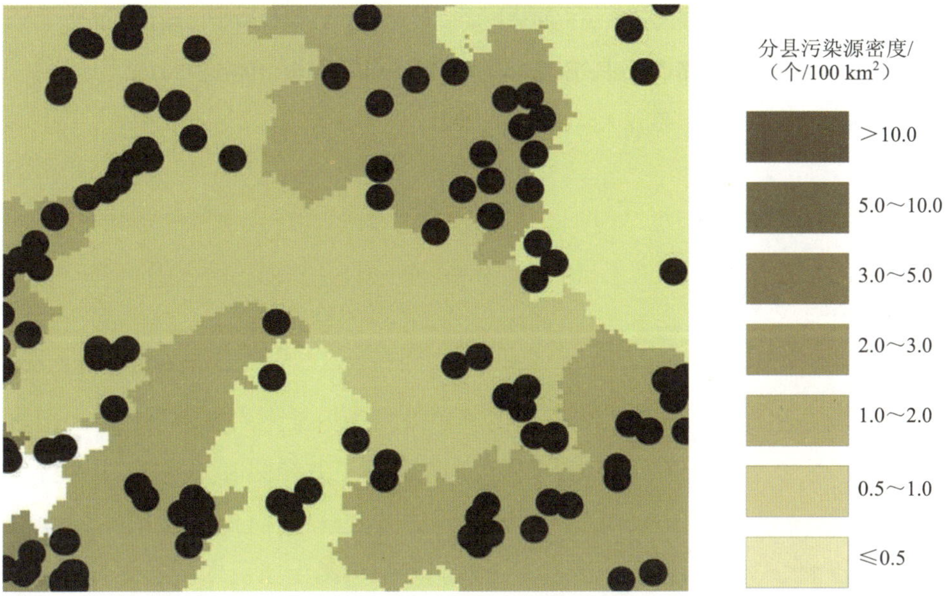

图 7-10　污染源分布图（样图）

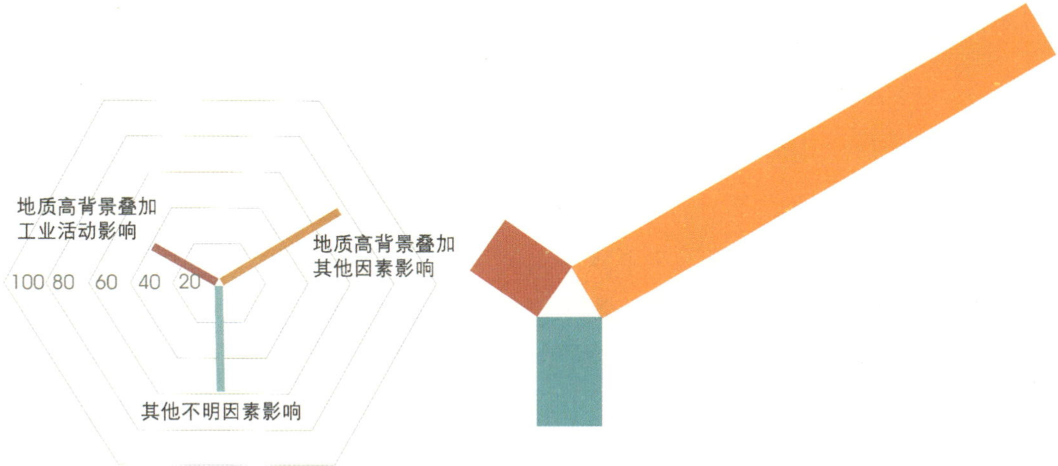

图 7-11　超筛选值农用地的主要影响因素（样图）

参考文献

[1] 汤国安. 地理信息系统教程[M]. 北京：高等教育出版社，2007.

[2] 汤国安，杨昕. ArcGIS 地理信息系统空间分析实验教程[M]. 北京：科学出版社，2012.

[3] 王家耀，孙群，王光霞，等. 地图学原理与方法[M]. 北京：科学出版社，2020.

[4] 王琴. 地图制图[M]. 武汉：武汉大学出版社，2021.

第 8 章　详查样品库建设与运维

土壤与农产品样品承载着丰富的生态环境信息，是掌握土壤环境质量信息的宝贵“标本”，规范、有效的管理与保藏详查样品可确保样品的可利用性，并支撑土壤环境状况数据的溯源与复查。按照农用地土壤污染状况详查工作要求，农用地土壤污染状况详查土壤和农产品样品分别送入国家和省级样品库进行长期保存。建立农用地土壤污染状况详查土壤和农产品样品库建设与运维技术体系，是长期保存农用地土壤污染状况详查样品的重要保障，也是农用地土壤污染状况详查的重要工作内容，对长期留存全国土壤和农产品实物样品资源、开展回顾性检测与数据分析、揭示土壤环境质量变化趋势具有重要意义。

8.1　国内外样品库概况

国内外相关研究[1-3]表明，部分发达国家和我国均已在环境类样品库建设方面进行了实践和探索，可为本次农用地土壤污染状况详查土壤和农产品样品库建设与运维技术体系的构建提供有力支撑。

8.1.1　国外样品库

美国、瑞典、德国、日本和韩国等发达国家自 20 世纪 60 年代开始逐步建立了一定规模的环境样品库（environmental specimen bank）。发达国家自 20 世纪 70 年代开始将环境样品库作为环境监测和科学研究的基本平台。目前，全球已建立了 28 个环境样品库（美国 3 个、法国 3 个、加拿大 2 个、丹麦 2 个、西班牙 2 个、英国 2 个、意大利 2 个、日本 2 个、韩国 2 个、瑞典 1 个、德国 1 个、挪威 1 个、芬兰 1 个、葡萄牙 1 个、南非 1 个、中国 1 个、澳大利亚 1 个），环境样品库的价值正日益得到科学界和管理界的广泛认可。其中，相对比较成熟的是依托于瑞典国家自然历史博物馆的瑞典环境样品库。该样品库有来自全国 60 个采样点超过 15 个物种的 26 万个生物样品，将国家污染物监测和生态毒理学研究、长期监测项目与特色研究项目相结合，积累了大量的管理经验。美国国家标准与技术研究院于 1979 年建立了国家生物环境样品库，2002 年又增建了海洋环境样品库，储存样品包括人体、贝类、海洋哺乳动物组织和禽流感样品等。1985 年建成的德国环境样品库是由德国联邦环境部管理的永久性国家机构，样本包括来自河流和湖泊的土壤、土壤中的动植物等地面样本，其中土壤样本主要包括取自城市绿地根际有机层、表土（A 层）和心土（B 层）。日本国家环境研究学会自 20 世纪 70 年代开始，每年在全国 54 个地区收集大气样品、水样、沉积物、土壤和生物样品等，并建立了环境样品库。总体来看，发达国家高度重视环境样品库的建设，并在环境样品库中均存储了土壤样品，但大部分国家尚未建立专门的土壤样品库。

8.1.2 国内样品库

我国环境样品库建设起步较晚，现阶段规模较大的环境样品库包括：

1）1994 年，由中国科学院建立的生物环境样本库；

2）1998 年，由中国科学院上海原子核研究所和上海市环境科学研究院共同建立的上海环境样本库，收纳了水和底泥样品以及飘尘样品；

3）2007 年，由南开大学国家环境保护城市空气颗粒物污染防治重点实验室建立的收集颗粒物的样品库，该样品库收纳了全国 30 个城市的 2 500 个颗粒物样品和约 2 200 个各类特殊源样品；

4）2013 年，长江环境样品库（YESB）主库在浙江嘉兴建立，该样品库有超过 2 000 m^2 的面积用于样品的制备、存储、预处理和分析，收纳样品主要包括土壤、海洋沉积物、污泥等，该样品库还制定了各种样品的标准操作程序，并初步建立了信息管理系统。

综上可知，国内现有存放土壤样品多以综合性环境样品库为主，而规范专业的土壤样品库相对较少。2010 年，中国环境监测总站在北京建成建筑面积 650 m^2、容量 10 万件的国家土壤样品库（图 8-1），该样品库安装了 1 套 180 m^3 的普通钢结构样品架，2 套智能土壤样品密集架（共 345 m^3），库房内安装运行室内空调机和保存土壤有机样品的冷藏设备。

图 8-1 国家土壤样品库

国家土壤样品库存储样品主要是原环境保护部及其所属单位组织开展的各类全国性土壤环境质量调查及例行监测、全国性土壤背景值调查与监测、全国性土壤污染科研及重特大土壤污染事故分析等项目所采集的土壤样品、河流湖泊底泥样品。样品库共保存土壤样品 6.6 万余件，包括全国“七五”期间全国土壤环境背景值调查样品 1.4 万余件，“十一五”期间全国土壤污染状况调查样品 5.2 万余件（土壤环境质量调查专题土壤样品 4 万余件，土壤背景调查专题样品 1.1 万余件），样品来自全国 31 个省（区、市）和新疆生产建设兵团，涉及近 5 万个采样点位，采样范围覆盖除港澳台地区以外的全部陆地国土。

8.1.3 问题与挑战

土壤样品和农产品样品的长期、稳定保存需要特定的环境条件和独立、专用的建筑。对于存放样品数量较大的国家级样品库，在建筑面积、功能设备，以及自动化方面应有较高的要求。目前，我国在土壤环境样品库建设和运维方面，亟须建立统一的技术体系，规范和保障土壤和农产品样品库建设、样品入库、样品的长期稳定保存、样品信息查询和样品出库等全过程工作有效运行。

8.2 样品库设计与建设

样品库设计与建设以持久性、安全性和可扩充性为基本原则。持久性是指要求建设样品库房用材设备及入库样品包装等必须经久耐用；安全性是指必须保证土壤样品基本性质不变；可扩充性是指样品库设计时应预留一定的使用面积，样品信息管理系统设计时应充分考虑入库样品数量、种类扩充、样品库设备设施升级等情况，确保信息管理系统功能的可扩充性。

样品库的设计与建设主要包括样品库房结构与面积、主要功能与室内环境要求、基本设施设备构成、入库样品来源、样品库的运行维护和管理等内容。

8.2.1 样品库房结构与面积

样品库一般应包括样品处理工作间、样品存储陈列间、监控和配电室等，有条件的单位可以设置土壤环境保护教育展示厅。样品存储陈列空间应采用开阔设计，便于样品展示和管理。样品存储陈列间的朝阳面可设参观走廊，但应避免阳光直射样品。楼板承重等指标参数应由专业人员结合样品库使用情况进行科学设计，样品库地面（楼板）须满足承重力（大于 600 kg/m^2）的特殊需求，建筑材料和施工须满足耐久、防震的要求。样品库房面积规划时，以收纳农用地土壤污染状况详查全部样品所需面积为最小库房面积，再适当预留出 1～2 倍的库房面积，以备收纳其他土壤样品。样品库数据机房只保留一个进出口，并安装入侵报警系统，其他所有房门应保持关闭状态，确保只有管理人员或其授权人具有房门开启权限。所有窗口均应安装防盗窗，窗口应保持封闭状态。

8.2.2 主要功能与室内环境要求

（1）土壤样品库

土壤样品库应具备保存、利用和展示 3 种主要功能。样品库除保证对土壤样品的有效存储和展示外，还应实现土壤样品采集现场记录信息和存储位置信息的规范化管理，实现多途径、方便快捷地获取土壤样品和信息。样品库室内须常年保持干燥、通风、避免阳光直射、无污染。结合我国南北方的气候条件，库房相对湿度要小于 70%，温度控制在 0～30℃。

（2）农产品样品库

农产品样品库应有杀菌和通风换气功能，安装紫外灯、新风系统和内吸式换气扇，对房间屋顶进行无尘化处理，并定期由专人打扫保持清洁。库内定点放置防虫、防鼠设施和药品，保持室内无害虫和老鼠。

样品库应具备影像监控、污染防控和环境条件控制能力。如参照种子库的保存温度，根据样品的保存期限，建议样品库温度如下：短期库 10℃、中期库 0℃、长期库−18℃。如果温度超过了±2℃，就会发出警报。

8.2.3 样品库基本设施设备构成

（1）土壤样品库

土壤样品库设备通常由样品陈列架、电脑设备、管理软件和监控设备等构成。样品库房结构及设备基本要求见表 8-1。

表 8-1 样品库房结构及设备基本要求

序号	库房结构及设备	基本要求	备注
1	房体结构	钢筋混凝土	禁用临时阳光板房
2	楼板承重	大于 600 kg/m^2	
3	样品处理工作间	一般应大于 30 m^2	用于整理样品和放置纸质文档柜
4	样品存储陈列间	房间开阔，便于展示和管理，每个陈列间面积一般应大于 50 m^2	可设置多个大小不等的样品陈列间；总面积应满足储存现有样品量，并可再预留 1～2 倍
5	参观走廊	避免阳光直射	非必须
6	电梯	满足货物运输	非必须
7	教育展示厅（土壤环境保护）	配备光影、视频、图片、实物展览等	非必须
8	配电室	配备照明和动力电源；设独立的配电间	非必须
9	样品陈列架	层高以样品瓶 2 倍以上高度易于存取为宜，也可根据实际情况确定；陈列架各层板两侧应带护边，以防样品瓶掉落	建议采用钢制样品架
10	电脑设备	电脑设备与管理软件系统匹配	
11	管理软件	至少包括样品信息管理及样品存取管理软件系统，实现样品管理及信息快速检索查询	
12	监控设备	监控设备与中控室或指定办公电脑相连；重要位置及出入通道监控无死角	满足 90 天原始影像数据的存储和查看

序号	库房结构及设备	基本要求	备注
13	空调及除湿设备	库房湿度小于 70%；温度保持在 0～30℃	
14	附属工程与设备	1. 采暖设备（北方地区）（符合相关要求）； 2. 给排水工程（符合相关要求）； 3. 消防栓和报警系统（符合相关要求）； 4. 电力综合布线工程（符合相关要求）； 5. 计算机网络系统（符合相关要求）	

土壤样品库配套设施包括但不限于空调及除湿设备，以及采暖设备（北方地区）、给排水工程、消防栓和报警系统、电力综合布线系统和计算机网络系统等确保土壤样品库正常运行的附属工程与设备。建筑及装饰材料应尽量使用挥发性低的环保耐久材料，满足样品长期保存的需要。样品库机房建筑应设置避雷装置，机房内应设置灭火设备。对穿过机房墙壁和楼板的水管增加必要的保护措施，采取措施防止雨水通过窗户、屋顶和墙壁渗透，避免影响入库样品状态。应在机房供电线路上配置符合特定性能指标的稳压器和过电压防护设备。

（2）农产品样品库

农产品样品存放应充分利用空间，将样品置于多层抽屉保存，样品抽屉架规格自定。样品抽屉架材料需考虑到样品承重，注意增加抽屉架的高度，以防架子变形。

8.3 土壤和农产品样品入库

农用地土壤污染状况详查样品的入库主要包括样品运输、接收、上架等工作，主要工作原则包括完整性、安全性和合理性。完整性主要考虑入库样品数量与详查数据库中样品数量一致，入库样品标签完好、信息完整。安全性主要考虑样品运送过程中可能发生丢失和破损等情况，为了避免此类情况发生，要按照相关要求做好样品批量打包工作，选择合适的交通工具，签订保证运输安全的相关协议。合理性主要考虑样品出入库使用与管理高效便捷，在样品上架保存前，要对存储区域进行合理分类分区。

8.3.1　入库样品来源范围

（1）土壤样品库

国家土壤样品库收纳详查工作中全国范围的农用地表层（0～20 cm）土壤样品；省级样品库收纳详查工作中本行政区域内的农用地表层（0～20 cm）土壤样品。农用地深层土壤样品、重点行业企业场地内土壤样品等其他样品，由各省（区、市）自行确定是否收入省级样品库，国家不作统一规定。国家网土壤环境质量例行监测、土壤环境重点科学研究项目及重特大土壤污染事故采集的土壤样品均可分别收入国家级或省级土壤样品库保存。

（2）农产品样品库

农产品样品库收纳的农产品样品，种类丰富，包括主要粮食作物和各地区特色作物或选采作物等。采集农产品样品时，每个点位采集样品量较多，统一打包后流转至检测机构，经处理后一份用于检测，一份流转至省级样品库保藏，一份流转至全国样品库保藏。各省根据实际情况进行农产品样品库建设并完成农产品样品保藏工作。此次详查全国农产品样品共计 9 万余份，包括水稻、小麦、玉米等主要粮食作物与各省自选作物，如青稞、高粱、豆类等，种类丰富，存储不易。农产品的长期保藏，为后期详查数据复核、溯源或样品再利用等提供了有利条件。

8.3.2　农产品样品入库前处理

农产品样品入库前，需要样品库工作人员按照清单核对所有的农产品样品，确保样品完整且无变质。

8.3.2.1　防霉

防霉方法可以采用冷藏防霉和干燥防霉。冷藏防霉是通过控制温度来使霉菌的繁殖能力下降，从而达到防霉的效果。一般来说，样品库的储藏温度在 10℃以下基本上可以做到防霉。干燥防霉主要是控制样品库的湿度和农产品样品的水分含量，样品库的相对湿度要保持在 70%以下，农产品样品的水分含量要在 15%以下。农产品样品的水分含量可采用粮食湿度检测仪来检测。若湿度高于 15%，则应尽快充分晾晒或者烘干。

（1）晾晒

选择晴朗有风且太阳辐射较大的天气，将样品均匀薄摊在无色、无菌且厚度不得超过 2 cm 的塑料布上，充分晾晒，并用便携式粮食湿度检测仪间隔一定时间监测湿度，直至样品含水量降至 15%以下。另外，在晾晒过程中，要尽可能去除样品中的杂质，通常采用风扬的方法，以除去样品中的害虫、生霉粒、生芽粒、瘪粒、破碎粒、植物尘和其他杂物。

（2）烘干

将样品放入干净的玻璃宽口容器中，放入烘箱进行干燥。对于需检测重金属的农产品样品首先在 105℃下干燥 15 min，然后将温度降至 65℃烘干至恒重；针对需检测有机污染物的农产品样品，需在 65℃条件下烘干至恒重。其间不断称重时，以人工或机械方式去除杂质。

8.3.2.2 防发芽

为防止农产品种子发芽，可对其进行充分晾晒，然后在低温干燥的地方保存。当达到防霉方法中对样品库和样品的要求时，一般不会发芽。

8.3.3 入库样分装和容器规格

8.3.3.1 土壤样品库

（1）样品分装

初步制备后的全部土壤样品过孔径为 2 mm 的尼龙筛，经充分混匀后分装国家样品库样品 1 份（250 g）、省级样品库样品 1 份（250 g）。

（2）容器规格

入库样品采用洁净的 250 ml、直径 7.5 cm、瓶高 13.5 cm 广口磨口棕色玻璃瓶盛装，封口膜或石蜡封口。

8.3.3.2 农产品样品库

将预处理好的农产品样品称重、记录并录入信息系统。采用铝箔包裹严实后装入无色聚乙烯密封袋中，抽出空气进行真空包装，并通过热封口方式，除去潮气。将样品袋装进棕色玻璃瓶内，石蜡封口。

对于需检测重金属的农产品样品，为预防虫害，可于每 500 g 样品中以均匀散落的方式加入无纺布包装的 0.25 g 谷虫净、6%防虫磷颗粒剂或 0.02 g 的保粮磷。

对于需检测有机污染物的样品，则在样品包装袋间加入无纺布包装的 0.25 g 谷虫净、6%防虫磷颗粒剂或 0.02 g 的保粮磷，以增加防护。

8.3.4　样品采集现场信息

样品采样信息是入库样品信息管理的重要内容。农用地土壤污染状况详查样品采样信息通过采样智能终端上传至数据库，相关数据可迁移至样品库信息化管理平台保存。样品入库前，整理样品采集现场信息，通过样品库管理软件导入样品采样信息数据，随土壤样品一同入库保存。

8.3.5　入库样品标签要求

8.3.5.1　土壤样品标签

传统的土壤样品标签均为普通纸质标签，不能满足电子化信息管理的要求。为实现入库样品信息电子化管理，与详查手持终端无缝衔接及保持标签长久保存，规定每份入库样品同时粘贴普通纸质标签（A）和亚银材质标签（B）。

（1）普通纸质标签

入库土壤样品要求机打标签，采用不干胶普通纸（白色），规格为 80 mm×60 mm，标签上应注明样品编码、采样地点、采样点经纬度、采样深度、土壤类型、土地利用类型、采样人员和采样时间等，标签粘贴要整齐美观，也要防止标签脱落、褪色或字迹不清，保证样品瓶内外双标签，内标签要先放入自封袋后再放入瓶内，普通纸质标签（A）如图 8-2 所示。

<table>
<tr><td colspan="2">样品编码：</td></tr>
<tr><td rowspan="3">采样地点</td><td>省（市、区）　　市（州、地区）</td></tr>
<tr><td>县（市、区）　　乡（镇）</td></tr>
<tr><td>村</td></tr>
<tr><td rowspan="2">经纬度</td><td>东经/（°）：</td></tr>
<tr><td>北纬/（°）：</td></tr>
<tr><td colspan="2">采样深度/cm：</td></tr>
<tr><td colspan="2">土壤类型：</td></tr>
<tr><td colspan="2">土地利用类型：
□耕地　□园地　□牧草地　□其他</td></tr>
<tr><td colspan="2">采样人员：</td></tr>
<tr><td colspan="2">采样时间：</td></tr>
</table>

图 8-2　土壤样品标签（A）

（2）亚银材质标签

入库样品亚银材质标签为外标签，规格为 80 mm×100 mm。标签内容由详查智能终端软件统一打印，[4]亚银材质标签如图 8-3 所示。

	主样编码：
入库样	样品类型：
二维码	样品库名称：
	样品库架号：

样品编号：
用地方式：
采样地址：
采样深度：
采样单位：
采样人员：
采样时间：
打印时间：

图 8-3　土壤样品标签（B）

8.3.5.2　农产品样品记录表

农产品样品入库需要填写入库记录表，记录表应包含样品编码、采样地点、经纬度、样品量、移交人、样品库管理员、交接时间等信息。每份样品需制作纸质版和电子版两种样品档案，并录入样品库信息管理系统。

需在样品容器内放置并在容器外粘贴相应的样品标签，样品标签信息要完整详尽，并保存在样品库信息系统中。

8.3.6　样品打包和运输要求

样品的打包和运输具体要求如下：

1）土壤和农产品样品运输入库前按照市（区、县）分类排序、提前准备好相应样品信息清单电子文件，同时准备好样品纸质清单，用于现场样品交接点验。电子版和纸质版资料均需由运输送样人员带至现场交接。

2）入库样品打包和运输等工作应由专人负责，打包过程要清点样品数量、核查样品信息。在包装外标注所属市（区、县）及样品个数。样品打包的原则是确保在运输和装卸过程中，样品瓶不会出现破损，标签不会脱落。样品打包的要求是：①样品打包装箱应紧实，确保运输和装卸过程不破损；②同一箱内各样品瓶之间采取缓冲措施，在箱盖下采取一定的缓冲措施，防止挤压造成破损；③若包装箱未装满样品瓶，须在空处做好填充，防止样品瓶松动；④每个样品瓶外须用包装袋包裹，避免破碎后样品散落，污染其他样品。

3）样品运送前，应再次清点样品数量和质量，核查样品相关信息，并在《土壤/农产品样品入库交接单》（表 8-2）上签字。

表 8-2　土壤/农产品样品入库交接单

交样单位：______________________

交样地址：______________________

序号	地市	县区	样品数量	点验情况 √或×	备注
1					
2					
3					
4					
5					
样品总计					

收样单位：　　　　　　　　收样人：　　　　　　　　日期：

4）国家级样品库入库样品数量大、持续时间长，可由国家样品库相关工作人员制定样品入库时间表，各地样品入库工作人员要在样品运送前与国家样品库工作人员沟通对接样品运送时间和运送方式。根据入库样品数量采取不同运送方式，若样品总数小于等于 3 万件，则所有样品一次性运送入库；若入库样品数量大于 3 万件，可分批次运送入库。

5）样品运输入库单位应安排本单位专门人员全程随车运输样品，运输过程中发生异常状况时，应及时采取应对措施。

8.3.7 入库样品交接

（1）装运前信息核对

样品运输前，将样品记录清单与入库样装箱信息进行核对，核对无误后分类装车。

（2）样品交接

各地详查样品运达样品库后立即清点核对，现场由样品入库管理人员、样品接收人员和运送负责人三方代表现场清点交接。清点内容包括总箱数、总样品数，并随机抽检至少 10 箱样品，抽检内容包括样品瓶的数量和破损情况、样品瓶编码和清单对应情况等，最终三方共同在样品入库交接单上签字确认，样品交接单由双方各存一份备查。对于重量不足、信息不全、包装不合格、标签字迹不清等不符合要求的样品，不予接收。

（3）样品入库管理

样品入库需要填写入库记录表，记录表应包含样品编码、采样地点、经纬度、样品量、移交人、样品库管理员、交接时间等信息。给每份样品制作的样品档案分为纸质版和电子版两种，相关样品信息需录入具备浏览查询功能的样品库信息管理系统，可在终端查询样品在样品库中的位置及其信息。

8.3.8 样品入库上架

样品入库上架主要是将样品分类分区摆放至样品架指定位置，各环节相关要求如下：

1）对接收的样品进行规整并分类分区存储；

2）将该省的样品信息导入样品库管理系统，核对并确保样品的编号、区域、采样时间等瓶身上的两个标签信息与系统内信息一致；

3）现场样品质检工作人员需按照各地入库样品总量的 20% 进行抽检，如发现样品信息错误的，将该样品所在市（区）的所有样品进行集中清点，由送样单位核实整改错误的样品信息。

4）装箱后将样品运输至对应的样品库库房指定位置，运输过程需减少样品晃动，避免样品破损；

5）样品上架工作人员根据纸质版样品位置信息将样品逐个上架并摆放整齐，上架过程轻拿轻放，避免样品破损。

8.3.9 样品入库技术路线

国家级样品库入库工作技术路线图如图 8-4 所示。

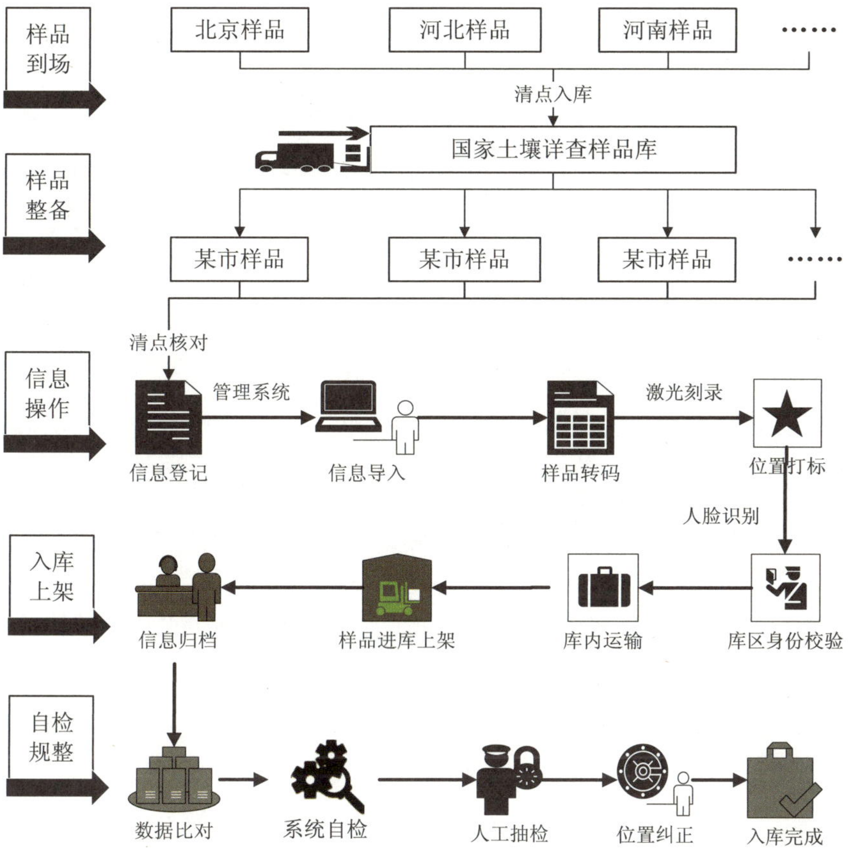

图 8-4　国家级样品库入库工作技术路线图

8.4　样品库运行维护管理

样品库运行维护管理包括样品库设备运行维护、样品出入库管理、人员管理和样品信息管理系统运行维护。

8.4.1　样品库设备运行维护

8.4.1.1　土壤样品库

按照土壤样品库规范化管理需求，应建立日常维护、巡查巡检制度，指定安全负责人定期检查，记录日常维护、巡查巡检结果，每半年至少全面细致地进行一次设备性能检查，具体内容如下。

1）定期启动库房内电脑及智能电动样品架等设备，确保其正常运行；定期进行数据备份，确保数据管理安全。

2）当发现样品瓶破损，标签脱落、老化及字迹不清时，应及时更换和修复，保障样品信息完好。

3）确保库房内防盗、防潮、防晒、防霉、防鼠等安全措施完好，南方潮湿地区还应考虑防蚂蚁、马蜂等昆虫筑巢做窝；不定期对样品库内设置的消防器材、监控设备进行检查，以保证其有效性。

8.4.1.2 农产品样品库

（1）样品的日常检查

在夏季高温季节，应每周检查一次，其他季节可以适当延长检查的间隔时间。检查时，要检查农产品样品的色泽、气味是否正常，样品是否结块，散落性是否良好，有无霉变现象。另外，要监测样品库内温度和湿度。

（2）样品的异常情况处理

如果检查农产品样品时，发现样品有色泽、气味异常、水分升高、结块等异常情况时，应立即将样品出库，晾晒在无色聚乙烯薄膜上进行降温、降水分处理，待样品正常后再入库保存。

（3）虫害防治

农产品样品虫害应以预防为主，如果样品发生了虫害，应当及时采取杀虫措施，以免造成更大的损失。夏季高温季节可选择晴朗无风的天气，太阳光下晾晒杀虫。

（4）鼠害防治

农产品样品鼠害防治应以预防为主，存放农产品样品的地基、墙壁、墙面、门窗、房顶和管道等均应做好防鼠处理，所有的缝隙不超过 1 cm。样品库内应保持整洁。若鼠害情况严重，可采用鼠药灭鼠法，选择国家允许、对人员安全且药效好的慢性鼠药。若鼠害较轻，可采用鼠夹、粘鼠胶或鼠笼等捕鼠器材灭鼠。

8.4.2 样品出入库管理

借用国家或省级土壤样品时，需办理借用审批和登记手续。土壤样品出入库时，土壤样品管理人员与送取样人员需清点样品数量和重量，核查样品相关信息，并分别在土壤样品交接单和出入库登记表上签字。归还样品时，管理人员应确认样品有无破损、有无遗失，并办理归还手续。入库的不同样品，应分类制定再利用限定条件，核定出库样品重量上限。

农产品样品领用同样需办理领用审批和登记手续。领用人需填写领用记录表，记录表包含样品编码、采样地点、经纬度、领用人、领用量、样品剩余量、样品库管理员、领用时间等信息。

8.4.3 人员管理

1）样品库管理应安排专人负责，对进入的人员进行控制、鉴别和记录。任何人进入样品库，需首先填写《样品库进出登记表》（表 8-3），并在样品库工作人员陪同下进入。除样品库工作人员外，进入样品库人员还应报备，经批准同意后才能进入样品库，严禁任何与工作不相关人员进入样品库。

表 8-3　样品库进出登记表

序号	进入时间	离开时间	带队人员	随同人员	工作内容	特殊事件	负责人
1							
2							
3							

2）进入样品库应遵守样品库管理规定并服从样品库工作人员安排，进入样品库不得携带任何易燃、易爆、腐蚀性、强电磁、辐射性、流体物质等对设备正常运行可能构成威胁或影响的物品，不得携带存储设备、通信设备等电子设备。

3）未经批准，禁止将样品库钥匙、设备密码等外借或透露给其他人员，进入样品库人员有责任对相关信息保密；对带有敏感信息的纸质资料和光盘要及时收集整理，在工作人员的陪同下集中销毁。

4）样品库实行 24 小时不间断视频监控，样品库工作人员或值班人员随时监控机房设备运行状况，发现异常情况须及时上报并做详细记录。

8.4.4 样品信息管理系统运行维护

利用土壤样品数据库系统对土壤样品编码、采样点经纬度、现场记录、数码照片、样品存放位置等信息进行管理，实现按照样品编码、行政区和样品存放位置等多种方式查询和管理。农产品样品库信息管理系统提供浏览查询功能，可在终端查询样品的位置及其附属信息。[5,6]

（1）权限设置

数据库系统的用户可分为普通用户、高级用户和系统管理员三类。普通用户可查询样品在样品库中的存放位置；高级用户可查询样品存放位置，浏览所查询样品的详细现场记录信息；系统管理员除拥有普通用户和高级用户的权限外，还具有增加、删除、维护样品数据、图片和文本信息等操作权限。

（2）信息录入

样品信息内容：样品采集现场记录信息、数码相片信息、样品存放位置、出入库记录及相关文档等。

信息录入方式：以原始记录电子版一次性导入或从原始纸质记录中手工录入。

（3）信息管理

1）分区管理模块。构建国家或省级土壤样品数据库系统，设计以不同行政区为单元的数据信息管理库，实现对土壤样品现场记录、数码相片、存放位置、文档资料、信息查询、样品出入库等方面的管理。

2）出入库管理。实现入库土壤样品的出库与归还入库相关信息的登记与管理，包括借出样品的编码、借用单位、借用人、借用日期、批准人、是否归还、归还日期、归还样品时的接收人和样品使用量等。样品出库使用及归还入库应有详细的纸质材料和电子记录。

（4）硬件设施

1）服务器应安置于专用机柜中，应将设备和主要部件进行固定，并设置明显不易除去的标记，保证服务器具有独立空间，并能 24 小时稳定运行。计算机只保留一个网络插口，用于连接服务器，每次导入和导出数据均由专门人员操作。

2）样品库内应安装监控设备，监控设备须具有红外夜视功能且分辨率达到相关要求，监控设备确保操作空间、专用电脑及其存储介质均在监控范围内，且保证 24 小时开启。

8.5 样品库建设典型案例介绍

8.5.1 国家土壤样品库

国家土壤样品库于 2021 年年底建成，2022 年 7 月底顺利完成 31 个省（区、市）和新疆生产建设兵团共计 55.8 万余个土壤样品的接收和上架管理工作。

样品库主要包括主库区、土壤样品制备和流转区以及详查成果展厅等。

8.5.1.1 主库区

库房地面设计承载能力在 5 000 kg/m^2 以上，达到承重要求。主库区根据原有建筑结构分割为 4 个独立的库房，总建筑面积 1 500 m^2，安装 926 组、共计 2 000 m^3 容量的智能存储密集架（图 8-5）。按照详查土壤样品瓶规格要求，主库区可存放 70 余万瓶土壤样品。

（a）　（b）　（c）　（d）

图 8-5　主库区智能存储密集架

密集架整体采用嵌入式智能密集架，钢架结构，外部喷塑，货架每层通过隔板卡扣的形式放置样品瓶；功能设计上配有电动驱动系统、照明及指示系统等，手动和电动操作可互换，密集架集成触控屏及控制器，同步显示日期、温度和湿度等；密集架材质环保；在密集架铺设坐标纸，防止样品瓶滑动并定位，同时保证无释放影响土壤样品的有害物质。智能存储密集架可实现防火、防夹人、防碰撞、电机保护、电机过载过流检测和防倾倒保护等功能，确保样品和操作人员安全。以 1 库为例，250 ml 样品瓶直径为 70～75 mm，每排可放置 13 个，左右合计 8 排，即每层可放置 104 个样品瓶。

8.5.1.2　土壤样品制备和流转区

土壤样品制备和流转区配备有通风系统、操作台和实验台等设施（图 8-6），同时配备有样品冷藏箱、样品干燥箱、冷冻干燥机、球磨机、分样仪等先进设备，实现土壤样品集中制备、暂存管理和质控样品编码发放等功能。

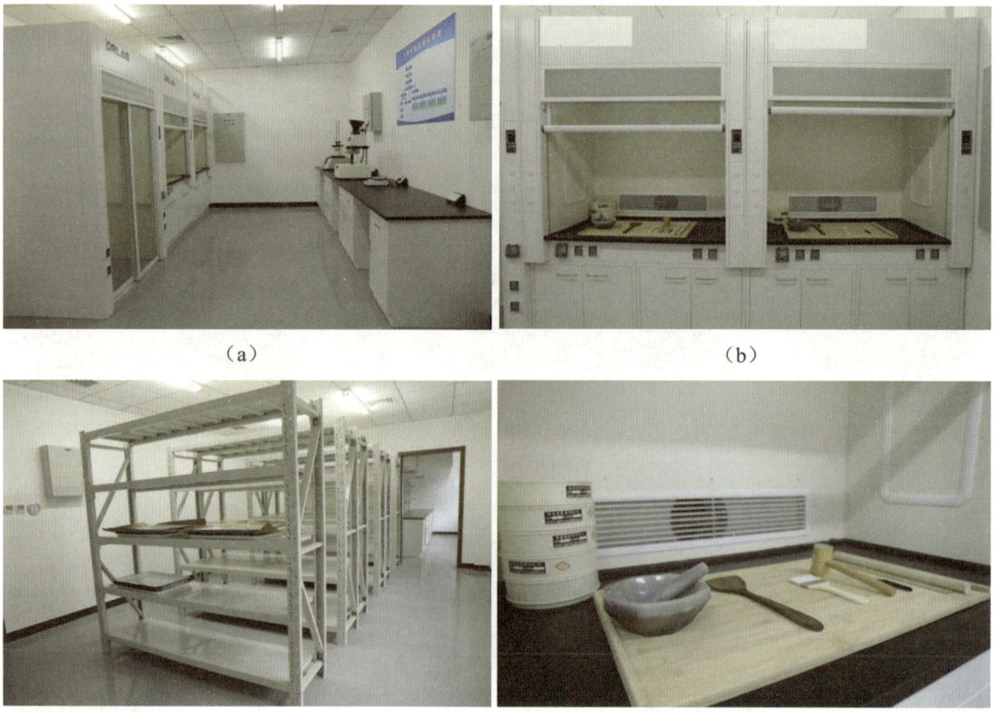

（a）（b）（c）（d）

图 8-6　土壤样品制备和流转区

8.5.1.3　详查成果展厅

详查成果展厅主要用于详查成果展示和宣传，同时兼具科普和教育等功能。利用图文展板、沙盘、LED 屏幕等现代化展陈手段，从土壤监测历史、土壤监测技术发展历程、详查工作成果、样品库建设、土壤实物标本等方面进行全方位展示（图 8-7）。

8.5.1.4　智能土壤样品库管理系统

为实现国家土壤样品库智能化管理，本次构建集成智能存储密集架、智能标签、手持终端、激光刻录机等设备的智能土壤样品库管理系统（图 8-8）。该系统搭载土壤样品信息和分布展示模块、样品出入库管理模块和手持端软件模块，实现土壤样品基本信息、分布、库存展示功能以及出入库管理、样品查询、语音控制等功能。

（a）

（b）

（c）

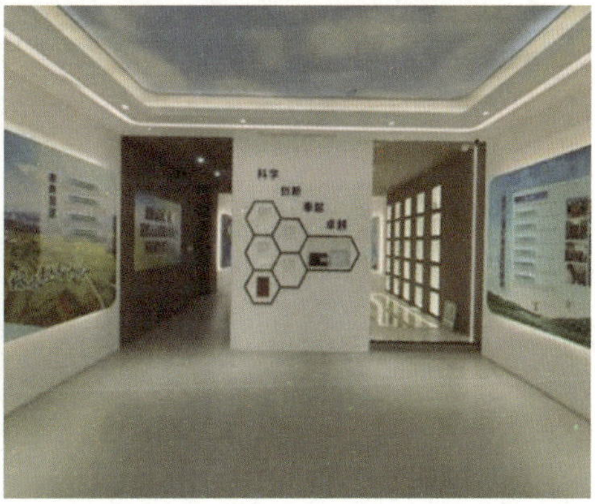

（d）

图 8-7　全国土壤污染状况详查成果展厅

图 8-8　智能土壤样品库管理系统

8.5.1.5　样品库其他功能

功能模块的电源管理，采用电感式接近开关。由于处于被动工作模式，该功能模块可以长期带电工作。

液晶屏的背光控制，可以实现在无人操作时，其背光处于自动熄灭状态，使用人员点击屏幕后自动点亮，无人操作的背光熄灭时间可由管理员根据需要自由调整。

智能 24 小时不间断运行措施：空闲状态下，管理员或系统自动切断所有活动列电源，以延长系统使用寿命、降低故障，并节约能源。

防挤压安全防护功能：满载土壤样品的密集架可重达数吨，挤压架内人员必然会导致人身伤害，人身安全高于一切。智能密集架运行过程中，当红外对射器、急停按钮、条形压力杆均失效时，工作人员用力推架体后，智能密集架可停止运行，做到自适应防夹功能。

全架体 24 V 直流供电，配合漏电开关，满足专人管理下的智能密集架系统的电器安全要求，另外可由非接触式传感器提供辅助保护。

设备安全方面：智能密集架具有运行时间保护功能、接近开关实效保护、拉杆保护故障自检及系统锁定等设备安全保护措施。

任何管理员对系统的关键设置操作均记录在案，包括设置时间、设置类型。任何用户对架体的操作均记录在案，包括操作时间、操作方式。

8.5.2 地方土壤样品库（以广东省为例）

广东省生态环境土壤样品库分为 4 个功能区，即样品检查扫码室、设备中控室、样品储存区域、科普区域、信息查询及智能化展示区域。

8.5.2.1 样品检查扫码室与设备中控室

样品检查扫码室和设备中控室存放了工作终端、联网电子秤、条码打印机、操作系统总体控制端及扫码枪等上架工具，为样品上架提供了必要的工具和空间。

8.5.2.2 样品储存区域

样品储存区域设置了 30 列存储密集架，经过精准计算承重后，每列架子设置 8 层存放空间，每层都以坐标的方式设置样品条形位置码规划区，仅以占地 196 m^2 的密集架空间供约 14 万瓶无机土壤样品整齐存放。样品存储区为应对南方潮湿多雨天气，特设 2 台超强抽湿机、4 台精密空调及 2 套新排风系统，确保室内环境干燥、低温且通风，保证一年四季样品存储库处于 30℃以下、避光、相对湿度小于 70%的干燥、防霉、防虫、通风等条件。样品库内设监控摄像和灵敏的温湿度传感器，自动监控库房内温度和相对湿度。定制适宜长期保存且低成本的亚银材质标签纸作为样品瓶标签及底座标识，确保长期保存的样品标签不模糊、不脱落。密集架的红外线感应开关功能，可防止人员进出架体开关时挤压事故发生。每列密集架控制面板的内置系统，准确记录每份样品在库情况。通过语音播报或短信方式，提供异常温度和湿度、架体异常开关等警报功能，为样品保存质量保驾护航。

8.5.2.3 科普区域

科普区域充分利用了样品库走廊的墙壁空间，展示“广东省 10 大典型土壤剖面标本”。该功能区满足了土壤环境的监测成果展示、资源保存、科普传播和科学研究的基本需求。

8.5.2.4 信息查询及智能化展示区域

土壤样品库信息管理平台主要包括样品库管理、3D 样品库展示、样品分布地图展示及样品数据统计四大管理和信息成果展示模块。联动建档采样点位地图、采样记录、样品分析数据，分行政区域展示样品收纳的分布比例。用户可在 3D 效果建模的模拟样品库，通过行政区域查询、样品编号精准查询、任务名称模糊查询、入库时间和采样时间精细查询，迅速在地图上获取该样品地理位置、周边情况、分析数据及样品采集和入库信息。

此外，还研发了土壤详查样品库管理应用软件，主要包括设备连接设置、入库、借出归还、样品查询、任务总览（用于预览样品入库总体情况）、标签打印、环境安全检查、样品质量抽查、架体远程控制监控及收藏夹等 10 个操作功能模块，实现了高效便捷的土壤样品出入库管理。

参考文献

[1] 赵晓军，孙聪，张朔，等. 土壤环境样品库建设及样品信息数据库管理[J]. 中国环境监测，2016（4）：5.

[2] 梁鹏，秦旭芝，黎宁，等. 广西土壤样品库建设及样品信息化系统管理研究[J]. 绿色科技，2021，23（22）：5.

[3] 肖乾芬，仇雁翎，刘海玲，等. 环境样品库的建设与管理[J]. 实验技术与管理，2014，31（10）：4.

[4] 杨晓曦，彭银霞，赵娟，等. 基于二维码和物联网技术的样品管理系统的构建和应用[J]. 环境科学导刊，2019，38（增刊 2）：77-80.

[5] 唐梦涵，陈焕然，司蔚，等. 江苏省环境监测智能土壤样品库的构建研究[J]. 环境科技，2020，33（5）：5.

[6] 杨懂艳，沈秀娥，田志仁，等. 基于物联网的土壤样品库建设与实践[J]. 中国环境监测，2021（1）：29-33.

第 9 章　农用地土壤污染状况详查信息技术体系构建

农用地土壤污染状况详查包括布点、采样、制样、流转、检测和数据分析评价等多个技术环节，具有调查任务重、专业性强，质控要求高等特点，项目实施质量和进度管理压力大。为在有限的时间内高质量完成农用地土壤污染状况详查任务，创新和构建先进的技术与方法体系，是其重要保障和前提。为此，充分发挥移动互联网、物联网终端、二维码、遥感、地理信息系统、全球定位系统和网络数据库等多种信息技术优势，研发了农用地土壤污染状况详查智能终端与信息管理系统（以下简称“农用地详查信息系统”）。农用地详查信息系统覆盖点位布设和样品采集、制备、流转、检测和数据分析评价等工作全过程，在详查工作质量管理和实施进展管理中发挥了重要支撑作用。

9.1　信息技术概述

9.1.1　移动互联网

移动互联网（mobile internet，MI）是移动通信网与互联网相互融合的产物，是用户使用手机、平台或其他无线终端设备，通过速率较高的移动网络，在移动状态下随时、随地访问互联网以获取信息，使用各种网络服务的技术。移动互联网包含终端、软件和应用三个层面。终端包括智能手机、平板电脑等；软件包括操作系统、中间件、数据库和安全软件等；应用包括各类功能性应用与服务软件。移动互联网网络结构见图 9-1。

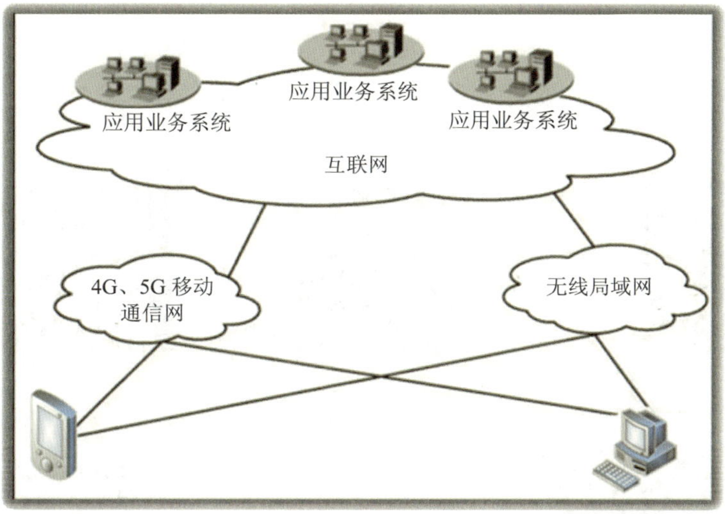

图 9-1　移动互联网网络结构

农用地土壤污染状况详查实施处于移动互联网技术的全面发展阶段。[1]农用地详查信息系统基于移动互联网技术，设计和研发了样品采集、制备、流转送检、收样检测等环节的智能终端应用程序，实现了各环节工作数据通过移动互联网实时上报，以及各单位调查进展实时统计，有效支撑了调查全过程进展调度与质量管理，切实保障了农用地土壤污染状况详查工作如期完成。

9.1.2　物联网终端

物联网是指将所有物品通过射频识别等信息传感设备与网络连接起来，实现智能化识别与管理。物联网终端是物联网中连接传感网络层和传输网络层，实现采集数据并向网络层发送数据的设备，担负着数据采集、初步处理、加密、传输等多种功能。

农用地土壤污染状况详查深度应用了物联网终端技术，开发了样品采集、样品制备、流转中心、样品测试等智能终端应用软件，将农用地土壤污染状况详查土壤和农产品样品采集、标签打印、样品制备分样和加密编码、样包建立与外部质控样品安插、实验室收样测试等关键环节信息流互联互通，支撑了农用地土壤污染状况详查进度信息的实时统计，切实保障项目实施过程对各环节、各任务承担单位实施进展的高效调度管理。

9.1.3　二维条码

二维条码又称二维码（2-dimensional bar code），是用某种特定的几何图形按一定规律在平面（二维方向上）分布的、黑白相间的、记录数据符号信息的图形。二维码是一种比一维条码更高级的条码格式。其在水平和垂直方向都可以存储信息，包括汉字、数字和图片等信息，应用领域更为广泛。常见二维码有 QR Code、Aztec Code、四一七条码、Data Matrix 和 Han Xin Code 等（图 9-2）。

（a）QR Code （b）Aztec Code （c）四一七条码

（d）Data Matrix （e）Han Xin Code

图 9-2 常见二维码

农用地土壤污染状况详查采用了快速响应矩阵码（QR Code）技术对调查样品进行了编码。快速响应矩阵码中的 QR 来自英文“Quick Response”的缩写，即快速响应的意思，源自发明者希望 QR Code 可让其内容快速被解码。QR Code 具有一维条码及其他二维码所具有的信息容量大、可靠性高、可表示汉字及图像多种文字信息、保密防伪性强等优点，在多个行业领域得到了广泛应用。

9.1.4 遥感

遥感（remote sensing，RS）技术，是根据电磁波理论，应用各种传感器对远距离目标所辐射和反射的电磁波信息，进行收集、处理，并最后成像，从而对地面各种地物进行探测和识别的一种综合技术。每种物质都会反射、吸收、透射及辐射电磁波，物体由于种类和环境条件不同，其反射或辐射电磁波的特性也有所差异，因此可以根据地物反射电磁波的特征差异，识别不同地物。遥感技术是 20 世纪 60 年代以来，在物理学、空间科学、地球科学和计算机科学等理论基础上发展起来的一门实用的空间探测技术。遥感技术具有远程探测、动态性和多传感器等特点，所获取的影像具有现势性强、信息量大、视野开阔以及易于掌握全貌等特点，已经广泛用于国土调查、林地调查、生态调查、环境监测和土壤调查等诸多领域。

遥感技术在典型区域土壤环境质量状况探查研究（2001 年）和全国土壤污染状况调查（2005—2013 年）中得到应用，当时的遥感影像是以中低分辨率为主（分辨率低于 30 m）的 Landsat/TM 系列数据、HJ-1 数据、MODIS 数据等，对于区域范围的土地利用方式、地形地貌等掌握具有显著的支撑作用，但是对于局部小范围尺度的地物目标如工业企业难以有效识别。

随着“精准治污”环境遥感监测需求增多，卫星传感器和载荷研发技术逐渐提升，卫星载荷也日趋增多，遥感影像分辨率逐渐提高。自“高分辨率对地观测系统重大专项”于 2010 年批准启动实施之后，“高分一号”“高分二号”等系列卫星发射升空，实现了国产卫星亚米级高空间分辨率与高时间分辨率的有机结合。高空间分辨率遥感使得地物类型更加多样，纹理类型和纹理区域明显增多，纹理特征更具变异性，对于工业企业形状、颜色、纹理、边界等识别更加高效快速。土壤污染状况详查共获取覆盖全国的 2 m 分辨率高分遥感数据 1.2 万余景，为农用地土壤污染状况详查土壤污染源识别、调查布点等工作的开展提供了重要支撑。

9.1.5 地理信息系统

地理信息系统（geographic information system，GIS）是一项空间信息系统的科学技术，它属于特定的较为重要的空间信息系统，是由计算机硬件、软件和空间模型组成的系统，可进行原始数据的录入、删除、编辑、查询，以及矢量数据叠加、基础匹配、联接、关联、提取等，能对多时态、多来源、多层次的地理空间数据进行整合、分类、分析和动态更新，从而实现数据汇总、面积量算、图件制作和数据可视化等工作。

农用地土壤污染状况详查大量应用了地理信息系统技术，主要体现在以下几个方面：

（1）构建管理数据库

地理信息系统技术能对多时态、多来源、多层次的地理空间数据进行分析和整合，将高分遥感影像、污染普查、环境统计、土壤和农产品样品检测结果等数据信息输入后，对信息进行整理编辑，进而构建土壤污染源数据库和重点行业企业用地空间信息整合数据库等，为调查数据整合和成果展示提供强有力的支撑。

（2）可视化地图制作

地理信息系统是一个功能性很强的数字化制图系统，它能根据用户的需求，对数据库中的信息进行整合，制作各种地图，如土壤污染源分布图、不同行业类型和规模以及生产年限分布图、土壤和地下水样品检测结果分布图等，具有直观化、空间化特征，可实现高效便捷的工作方式。

（3）空间分析功能

地理信息系统中最专业的功能就是进行空间查询分析，如可通过叠加高分遥感影像与污染普查和环境统计数据等，有效识别和定位土壤污染源；通过分析河流水系和地形地势以及企业类型等特点，分析土壤污染成因，为土壤污染风险防控和监管提供技术支撑。

9.1.6 全球定位系统

全球定位系统（global positioning system，GPS）是一种卫星导航和定位系统，通过定位卫星测量目标点的位置，实时快速获得目标点的经纬度坐标。1973 年，美国开始研究全球定位系统，至此全球定位系统研制工作正式启动，该系统是由卫星往地面发射无线电磁波的导航系统，能在全球范围内随时提供电磁波信号，且不受天气的影响，能为各个领域提供精准的三维位置、速度和时间。

全球定位系统由三部分组成，包括太空卫星群、地面控制装置和用户接收设备。全球定位系统具有全球性、全天候、连续、实时、精确的导航定位功能。除美国的 GPS 外，卫星导航系统还有欧盟的伽利略卫星导航系统、俄罗斯的格洛纳斯全球卫星导航系统和我国的北斗卫星导航系统。它们均能实现在全球范围内的定位和导航功能，并且定位导航精度都有一定程度的提高。全球定位系统在农用地土壤污染状况详查点位核实、采样定点、采样位置记录等关键环节发挥了重要作用。

9.1.7 网络数据库

网络就是用通信设备和线路，将处在不同地方和空间位置、操作相对独立的多个计算机连接起来，再配置一定的系统和应用软件，在原本独立的计算机之间实现软硬件资源共享和信息传递的系统。

数据库是按一定的结构和规则组织起来的相关数据集合，也是综合各类数据形成的数据集合，是存放数据的仓库。

网络数据库是指以后台数据库为基础，集成一定的前台应用程序，通过浏览器完成数据存储、查询等操作的系统。简单来说，网络数据库是用户利用浏览器作为输入接口，输入所需要的数据，浏览器将这些数据传送给网站，对这些数据进行处理，并将操作结果传回，再通过浏览器将结果告知用户。常见的网络数据库产品包括 MySQL、SQL Server、Oracle、PostgreSQL、人大金仓（KingBase）、达梦（DM）数据库等。

农用地土壤污染状况详查涉及调查点位管理、土壤和农产品采样调查、样品检测与数据报送等多个工作阶段，涉及任务承担单位和人员范围广，基于网络数据技术开发的农用地土壤污染状况详查信息平台软件，支持不同用户通过网页和智能终端应用软件实时采集调查数据，采集数据及时上传至农用地土壤污染状况详查数据库，支持相关用户通过网页端访问查询调查结果信息，实现了调查数据的规范采集、高效存储与实时应用，显著提升了调查数据报送的工作效率和数据内容的规范性。

9.2　农用地土壤污染状况详查信息管理系统总体设计

农用地土壤污染状况详查信息管理系统采用面向对象、基于分层的思想设计，从展现层、应用层、服务层、数据层、硬件层进行组织，各层被上层调用，并调用其下层实现其功能，尽量避免跨层调用（图 9-3）。系统采用浏览器/服务器（B/S）结构，业务终端应用运行在公网环境下，对外提供据数据上传、下载和任务安排反馈服务。数据处理和存储功能运行在内网环境下，利用内部网络建立安全的数据存储和处理环境。

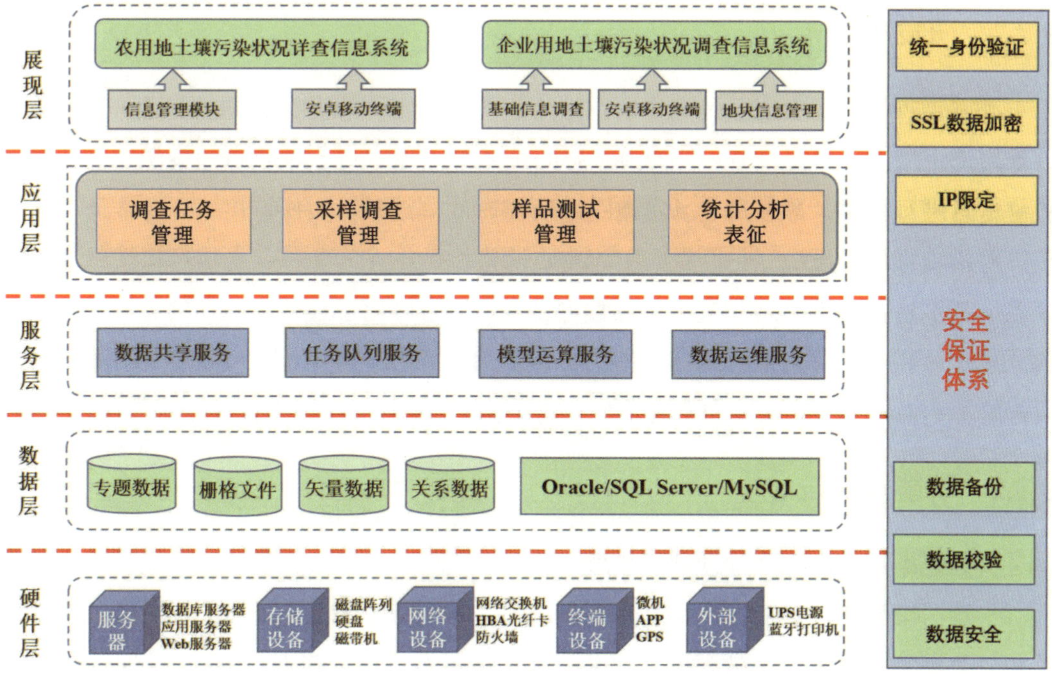

注：HBA 光纤卡——连接主机总线和计算机内存系统的适配器；UPS——不间断电源；SSL——安全套接层；IP——网络互连协议。

图 9-3　农用地土壤污染状况详查信息管理系统总体设计

根据农用地土壤污染状况详查业务需求，农用地土壤污染状况详查信息管理系统由以下子系统组成[2-5]：

1）土壤污染源核实管理子系统。支撑高分遥感影像生产、土壤污染源遥感核实和调查点位核实与调整管理。

2）采样调查管理子系统。支撑布点数据导入、采样调查任务下发、样品制备和样品流转送检等业务管理，相关业务由样品采集终端应用、样品制备终端应用、流转中心终端应用、样品测试终端应用共同支撑完成。

3）样品检测管理子系统。支撑检测实验室开展送检样品交接、样品检测、实验室基础信息登记和样品检测数据报送等调查业务。

4）数据分析评价管理子系统。支撑开展农用地土壤污染状况详查成果数据建库、检测数据统计分析、检测数据评价等业务。

9.3 土壤污染源核实管理子系统研发与应用

9.3.1 研发思路

土壤重点污染源影响区是确定农用地土壤污染状况详查范围的重要依据。为精准划分农用地土壤污染状况详查范围，国家层面统一组织地方对土壤重点污染源空间位置等关键信息进行核实。考虑到现场实地踏勘所需时间周期长、实操难度大，急需研发土壤污染源核实管理子系统，支撑完成土壤重点污染源数据在线审核。土壤污染源核实管理子系统基于自行生产的高分遥感影像数据开发，综合应用了遥感、地理信息系统等多项信息技术，高空间分辨率遥感使得地物类型更加多样，纹理类型和纹理区域明显增多，纹理特征更具变异性，为地物尤其是土壤污染源（工业企业）识别提供了强有力的支撑。

9.3.2 功能模块设计

（1）遥感数据库综合管理功能模块

土壤污染状况遥感数据库综合管理功能模块实现环境背景数据集、遥感数据集和详查成果数据等各类土壤污染源核查数据的流程化建库、综合管理、多源数据展示应用，为全国土壤污染状况遥感平台相关业务系统运行提供数据支撑。

高分遥感影像是支撑土壤重点污染源核实的重要基础数据，需按照相关技术要求进行高分遥感影像生产。高分遥感影像收集与处理技术路线如图 9-4 所示。影像生产主要包括数据挑选与整理、影像处理、质量检查、影像打包等内容。农用地土壤污染状况详查共获取 2 m 分辨率高分遥感数据 1.2 万余景，数据量合计约 231 TB。

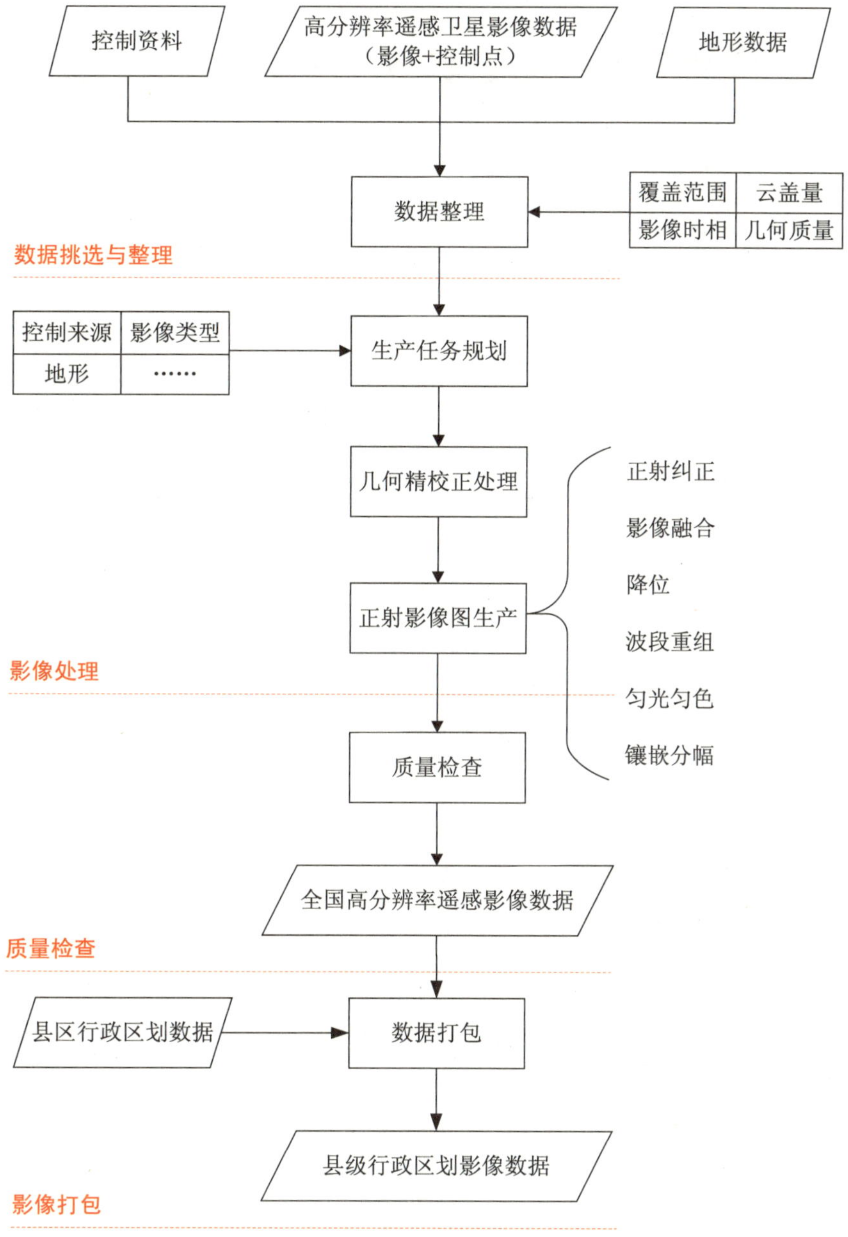

图 9-4　高分遥感影像收集与处理技术路线图

土壤污染状况遥感数据库需要对高分遥感影像原始数据、遥感影像产品数据、辅助核查数据、土壤污染源专题数据、土壤污染遥感核查数据等进行入库管理。主要功能包括数据质检、数据入库归档、数据查询浏览、数据目录管理、数据库安全与备份、平台配置与系统管理和业务运行监控等。土壤污染状况遥感数据库综合管理功能模块见表 9-1。

表 9-1　土壤污染状况遥感数据库综合管理功能模块表

功能名称	功能描述
数据质检	检查规则创建与管理
	依据检查规则对各分类数据进行名称、元数据、完整性等检查
	输出归档过程中各检查项的检查报告
数据入库归档	归档任务编辑：主要进行自动归档任务的编辑，可以完成自动归档任务的创建、任务信息修改、任务删除等工作
	扫描路径管理：主要进行自动归档扫描路径的管理，可以增加、删除扫描路径，设置扫描路径的扫描策略
	任务执行管理：主要进行自动归档任务执行的管理和调度，可以启设置、修改任务执行策略，包括启动、暂停、停止任务执行策略，任务执行节点分配策略
	归档报告管理：主要进行自动归档报告的管理，可以自动生成归档报告，并提供报告查询、查看的功能
	任务管理监控：主要进行自动归档任务管理进程监控，当出现自动归档任务管理进程失败时，对监测到的错误信息进行编码，传递给错误处理进程
	元数据信息提取监控：主要进行元数据信息提取监控，当出现元数据信息提取进程失败时，对监测到的错误信息进行编码，传递给错误处理进程
	元数据信息提取规则配置：主要进行元数据信息提取规则配置，可以完成各类数据元数据提取规则的创建修改和删除等功能，提取规则包含信息来源、信息格式等
	空间信息提取：依据元数据信息提取规则对各分类数据空间信息进行提取
	属性信息提取：依据元数据信息提取规则对各分类数据属性信息进行交互采编提取
数据查询浏览	用户输入元数据项，系统检索主表中的元数据字段，找到相应的数据返回给用户
	用户输入或选择一定的空间范围，支持矩形框、多边形、行政边界等多种空间范围，根据空间范围进行数据查询，将数据列表返回给用户
	底图浏览：提供底图浏览能力，显示基本行政区划等预定义底图
	图层控制：提供地图上叠加图层控制功能
	动态投影浏览：提供地图上动态切换坐标投影浏览功能
数据目录管理	数据目录管理是用户根据自己的业务需要创建、编辑、删除逻辑目录的过程
数据库安全与备份	数据库安全主要通过运行状态监控来保障，运行状态监控是通过监控程序定时对数据库运行的各种参数进行采样记录并提供报警功能的过程，常驻内存的监控程序对数据库运行状态进行监控，并及时发出警报。数据库运行状态良好时，在数据库监控之后定时上传监控信息，在出现重大故障时即时上传信息
	用户根据实际需要选择备份的库表进行备份

功能名称	功能描述
平台配置与系统管理	权限配置主要动态维护系统操作权限信息，包括新增权限代码、修改删除权限代码等操作。代码按照“子系统编码+权限类别码+权限编码”规则进行组织
业务运行监控	对系统所涉及的子系统和工具机器所在机器的状态进行监控，以查看各子系统是在正常运行或出现故障
	监控显示系统归档任务的状态，以查看各任务是否正常归档完成，包括手动归档任务、自动归档任务和接口归档任务
	对提取下载任务的状态进行监控，查看提取下载的进度、下载人员、下载数据量、下载时间等信息

（2）土壤污染源遥感甄别与核查功能模块

土壤污染源遥感甄别与核查功能模块是面向农用地土壤污染状况详查土壤污染源甄别与核查业务需求的模块，采用客户/服务器（C/S）架构，基于组件化模式开发，支持各个功能模块的扩展、抽取以及第三方组件的嵌入。该模块可提供用户登录、任务下载与分配、影像数据预处理、核查管理、标准工具、辅助甄别、空间定位、底图服务、在线填报、地图浏览、数据上传、成果审核、数据导出、进度监控、维护与帮助等功能。土壤污染源遥感甄别与核查功能模块见图 9-5。

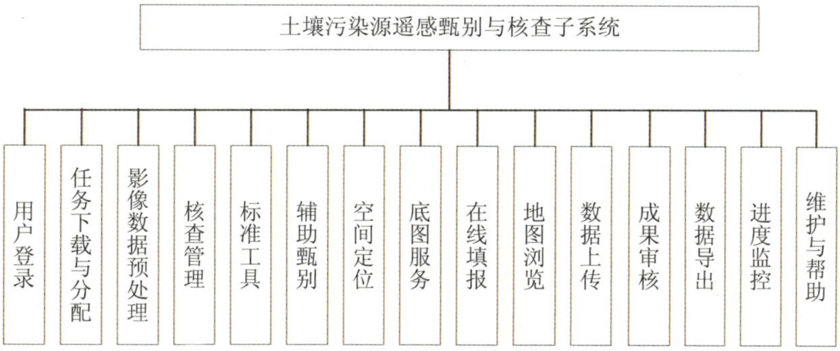

图 9-5　土壤污染源遥感甄别与核查功能模块

土壤污染源遥感甄别与核查功能模块登录页面见图 9-6。模块服务于农用地土壤污染状况详查工作，针对核查业务时间短、范围大的特点，利用数据在线/离线发布、数据在线采编、核查成果实时交互式质检、数据安全加密、用户权限认证等技术，确保核查工作高效运行。

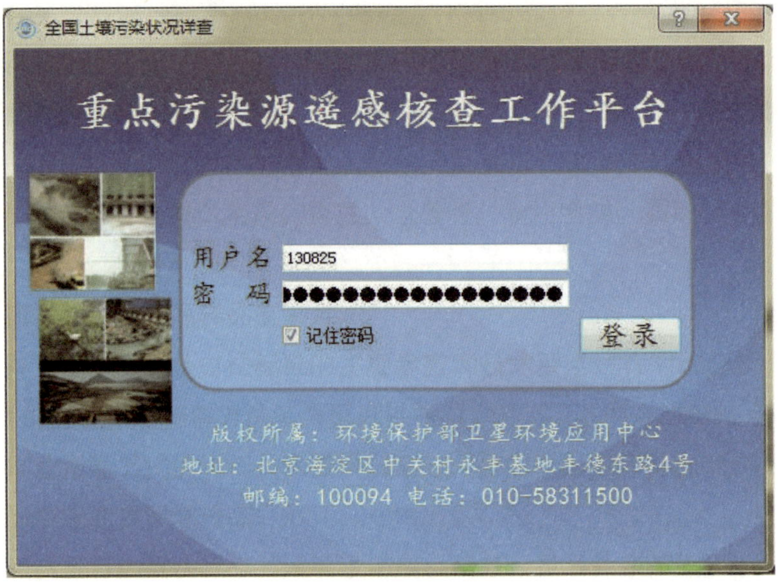

图 9-6 登录页面

（3）遥感数据分发与信息可视化集成功能模块

土壤污染状况遥感数据分发与信息可视化集成功能模块面向土壤污染管理应用需求，通过系统优化设计，实现土壤重点污染源核查信息成果的专题、图表的时空一体化展现与交互式联动分析，以及在线图表制作、相关应用产品成果发布等。土壤污染状况遥感数据分发与信息可视化集成功能模块服务于全国土地污染核查成果数据的在线统计、分析、图件制作与发布，可实现成果数据在线多专题、多样式的分析展示，图件制作与应用产品成果发布。系统采用 B/S 架构，组件化开发模式，具备成果综合统计分析、统计分析样式调整、在线图表制作、成果在线发布等功能模块，如图 9-7 所示。

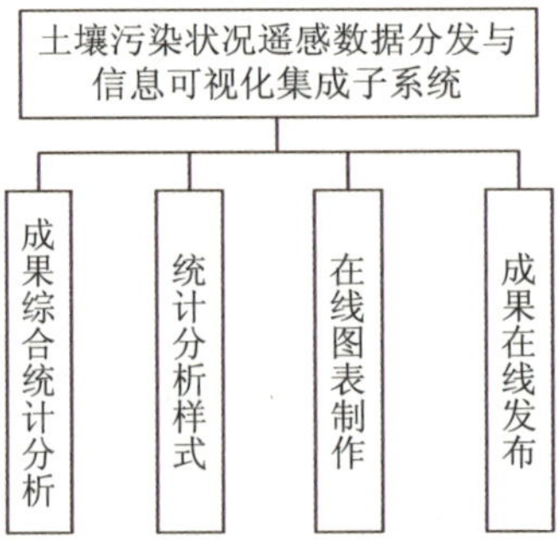

图 9-7 土壤污染状况遥感数据分发与信息可视化集成功能模块图

土壤污染状况遥感数据分发与信息可视化集成功能模块主界面见图 9-8。

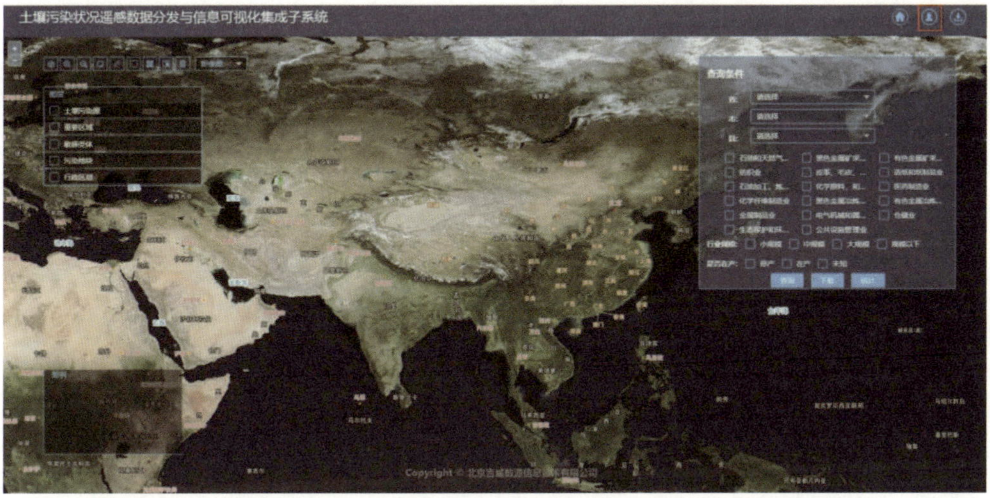

图 9-8　土壤污染状况遥感数据分发与信息可视化集成功能模块主界面

9.3.3　用户类型与业务操作

土壤污染源核实管理子系统主要用户类型包括国家级单位用户、县级单位用户、市级单位用户和省级单位用户。

（1）国家级单位用户

国家级单位用户负责向县级人员下发土壤污染源点位数据和高分遥感影像等业务数据和文件；综合各省级单位提交数据，整合全国数据，完成对土壤污染源核实数据的质控检查与整理入库。

（2）县级单位用户

县级单位用户以土壤污染源数据和外业踏勘数据为支撑，在土壤污染源遥感甄别与核查功能模块开展土壤污染源遥感核实工作，完善污染源行业类型、生产规模、生产年限等相关信息，完成自审后将数据打包整理提交至市级单位。

（3）市级单位用户

市级单位用户收集市域范围内所有县提交的成果数据，解压后进行质检与数据整合，以市为单位提交至省级单位。

（4）省级单位用户

省级单位用户收集整理省域范围内所有市提交的成果数据，进行数据解压、质检、整合后，以省为单位并提交至国家级单位。

9.3.4 对污染源核实的关键支撑作用

（1）显著提升土壤污染源甄别与核查工作效率

传统的土壤污染源核查多采用现场查勘等工作方式，费时、费力，成果非空间化，缺乏统一规范，且存在污染源漏报、错报等问题，无法实现对数量庞大且不断变化的各类污染企业空间化、动态化的监控。研发的土壤污染源核实管理子系统，可支撑形成标准化、全面化、系统化的污染源核查数据集，显著提升各级用户污染源甄别与核查工作效率。

（2）实现土壤污染源核实结果数据的实时上传

传统方式组织污染源核实，核实成果材料存在报送滞后等问题。研发构建的土壤污染源核实管理子系统，支持地方对国家下发的待核查企业进行逐一核查，实时上传企业边界勾画等业务数据。市级、省级用户可实时进行土壤污染企业边界勾画、抽检、复核、质检与上传，国家级用户可实时进行数据抽检、复核、质检、整理与入库等工作，各级用户对土壤污染源数据实时互动联通。

9.4 采样调查管理子系统研发与应用

9.4.1 研发思路

农用地土壤污染状况详查采样调查主要包括点位布设、样品采集、样品制备、样品检测等关键环节。采样调查管理子系统集成移动互联网、物联网终端、二维码、遥感、地理信息系统、全球定位系统和网络数据库等多项信息技术研究开发，支撑采样调查样点数据入库管理、调查任务精准派发、样品采集制备分样和样品编码、样品建包送检等各环节工作有序开展。

9.4.2 功能模块设计

（1）样品采集业务模块

农用地土壤污染状况详查样品采集业务模块包括点位布设和野外采样调查。按照农用地土壤污染状况详查点位布设相关技术要求完成布点后，可形成详查点位数据集，点位信息是开展野外采样调查的任务基础和依据。

农用地详查样品采集业务模块基于移动互联网、物联网终端、二维码、地理信息系统和网络数据库等信息技术开发。样品采集业务模块由 Web 端（详查点位数据入库和采样任务精准管理）和采样智能终端应用软件（以下简称“样品采集终端 App”）共同组成。详查点位数据入库支持各省（区、市）点位按照统一的模板导入农用地详查数据库，并支持以列表和地图方式在 Web 端查询。采样任务精准管理支持省级管理部门将农用地土壤污染状况详查采样任务（点位）下发分配至采样单位，采样单位再将任务下发分配至本单位赴野外调查的采样小组，支持采样单位和小组任务的撤销调整。已完成采样的样点支持查询通过样品采集终端 App 提交的采样调查信息。样品采集终端 App 支持采样任务下载与查询、样品信息采集上传、样品编码和标签打印、扫描样品二维码流转样品。农用地土壤污染状况详查样品采集业务模块主要功能见图 9-9。

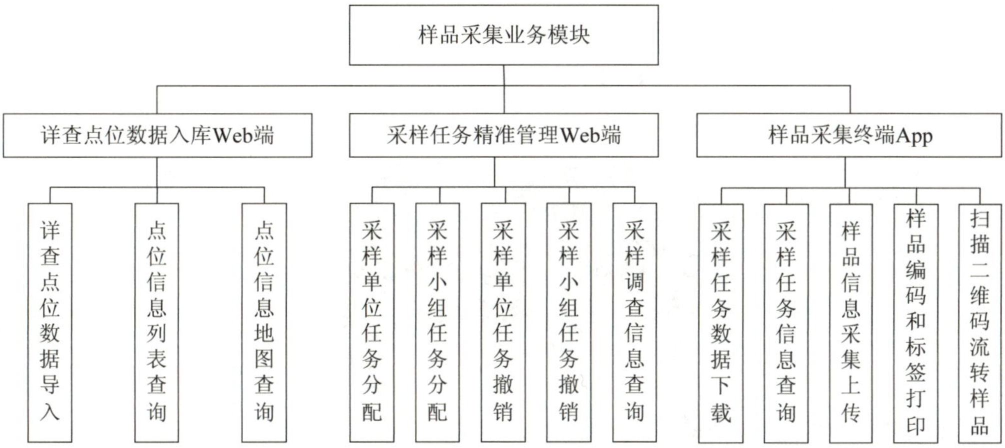

图 9-9　样品采集业务模块主要功能

调查样点维护、采样单位任务分配和样品采集终端 App 操作页面见图 9-10～图 9-12。

样点编码	计划地区	采样地址	计划经度	计划纬度	样点类型	质控样点	表层土壤测试项目	深层土壤测试项目	农产品测试项目
3200010011	江苏省南京市玄武区	采样地址11	118.80354	32.07209	复合调查样点	非密码平行样点	重金属8种总量及5种有效态和pH、多环芳烃15种、土壤理化性质3种	重金属8种总量及5种有效态和pH、多环芳烃15种、土壤理化性质3种	重金属8种总量及5种有效态和pH、多环芳烃15种、土壤理化性质3种
3200010009	江苏省南京市玄武区	采样地址9	118.80682	32.07431	表层土壤调查点位	非密码平行样点	重金属8种总量及5种有效态和pH、多环芳烃15种、土壤理化性质3种		
3200010010	江苏省南京市玄武区	采样地址10	118.80375	32.07354	深层土壤调查点位	非密码平行样点	重金属8种总量及5种有效态和pH、多环芳烃15种、土壤理化性质3种	重金属8种总量及5种有效态和pH、多环芳烃15种、土壤理化性质3种	
3200010003	江苏省南京市玄武区	采样地址3	118.80272	32.07343	农产品协同调查点位	复合密码平行样点	重金属8种总量及5种有效态和pH、多环芳烃15种、土壤理化性质3种		重金属8种总量及5种有效态和pH、多环芳烃15种、土壤理化性质3种
3200010004	江苏省南京市玄武区	采样地址4	118.80584	32.06967	表层土壤调查点位	非密码平行样点	重金属8种总量及5种有效态和pH、多环芳烃15种、土壤理化性质3种		
3200010005	江苏省南京市玄武区	采样地址5	118.80359	32.07247	深层土壤调查点位	非密码平行样点	重金属8种总量及5种有效态和pH、多环芳烃15种、土壤理化性质3种	重金属8种总量及5种有效态和pH、多环芳烃15种、土壤理化性质3种	

图 9-10　调查样点维护页面

图 9-11　采样单位任务分配页面

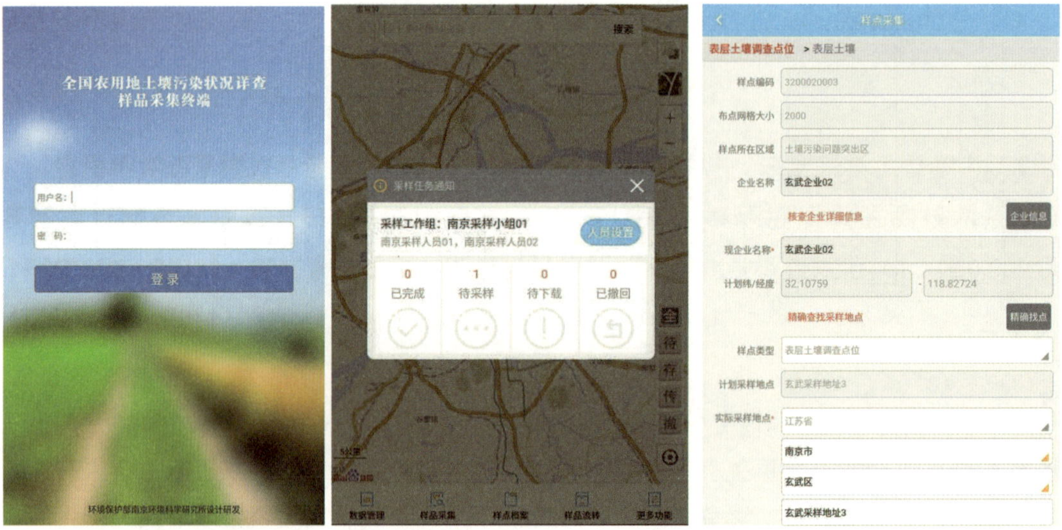

图 9-12　样品采集终端 App 操作页面

（2）样品制备业务模块

农用地土壤污染状况详查在相对集中的实施周期内，需要完成大量土壤、农产品样品的初步制备工作。为此，各省（区、市）专门委托样品制备单位成立专门工作机构，进行大批量土壤、农产品样品的风干、研磨、过筛、分装制备。按照农用地土壤污染状况详查样品制备相关技术要求，农用地土壤污染状况详查样品风干、研磨过筛完成后，需要分装不同测试项目的检测子样、国家入库样、省级入库样和备用样品。

农用地土壤污染状况详查样品制备业务模块基于移动互联网、物联网终端、二维码和网络数据库等信息技术开发。样品制备业务模块由样品制备业务管理 Web 端和样品制备智能终端应用软件（以下简称“样品制备终端 App”）共同组成。样品制备业务管理 Web 端主要功能包括制样单位任务分配、制样单位任务调整、样品交接表单管理、样品交接信息查询和样品制备信息查询，样品制备终端 App 主要功能包括制样基地信息查询、扫描样品标签二维码交接送检样品、按照测试项目等进行样品制备与子样分装、子样样品加密编码与标签打印、扫描制备后子样标签二维码完成样品流转（至流转中心）等功能。农用地土壤污染状况详查样品制备业务模块主要功能见图 9-13。

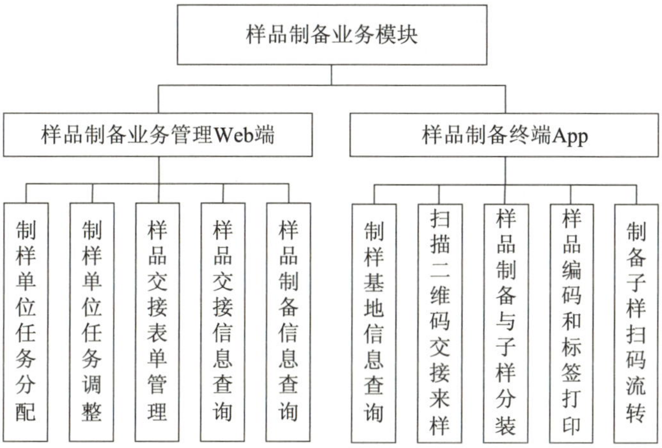

图 9-13　样品制备业务模块主要功能

样品制备单位任务分配页面和样品制备终端 App 操作页面分别见图 9-14 和图 9-15。

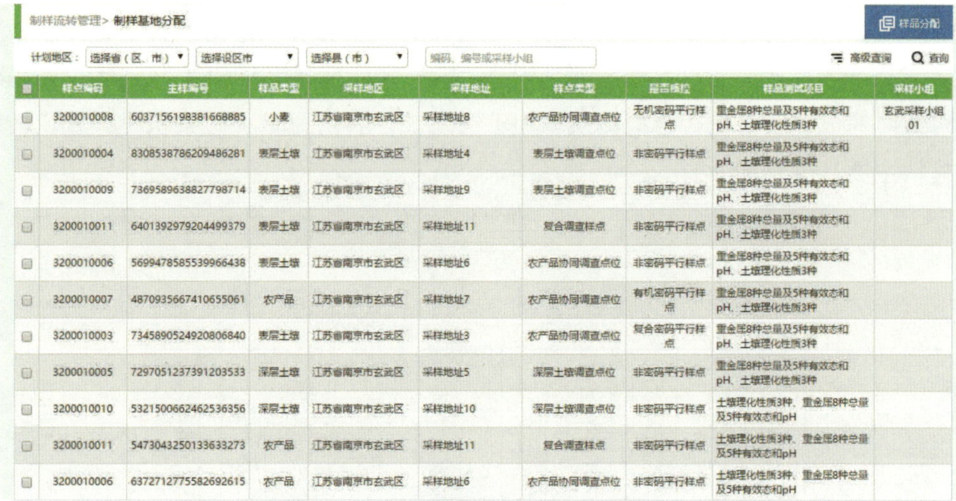

样点编码	主样编号	样品类型	采样地区	采样地址	样点类型	是否质控	样品测试项目	采样小组
3200010008	6037156198381668885	小麦	江苏省南京市玄武区	采样地址8	农产品协同调查点位	无机密码平行样点	重金属8种总量及5种有效态和pH、土壤理化性质3种	玄武采样小组01
3200010004	8308538786209486281	表层土壤	江苏省南京市玄武区	采样地址4	表层土壤调查点位	非密码平行样点	重金属8种总量及5种有效态和pH、土壤理化性质3种	
3200010009	7369589638827798714	表层土壤	江苏省南京市玄武区	采样地址9	表层土壤调查点位	非密码平行样点	重金属8种总量及5种有效态和pH、土壤理化性质3种	
3200010011	6401392979204499379	表层土壤	江苏省南京市玄武区	采样地址11	复合调查样点	非密码平行样点	重金属8种总量及5种有效态和pH、土壤理化性质3种	
3200010006	5699478585539966438	表层土壤	江苏省南京市玄武区	采样地址6	农产品协同调查点位	非密码平行样点	重金属8种总量及5种有效态和pH、土壤理化性质3种	
3200010007	4870935667410655061	农产品	江苏省南京市玄武区	采样地址7	农产品协同调查点位	有机密码平行样点	重金属8种总量及5种有效态和pH、土壤理化性质3种	
3200010003	7345890524920806840	表层土壤	江苏省南京市玄武区	采样地址3	农产品协同调查点位	复合密码平行样点	重金属8种总量及5种有效态和pH、土壤理化性质3种	
3200010005	7297051237391203533	深层土壤	江苏省南京市玄武区	采样地址5	深层土壤调查点位	非密码平行样点	重金属8种总量及5种有效态和pH、土壤理化性质3种	
3200010010	5321500662462536356	深层土壤	江苏省南京市玄武区	采样地址10	深层土壤调查点位	非密码平行样点	土壤理化性质3种、重金属8种总量及5种有效态和pH	
3200010011	5473043250133633273	农产品	江苏省南京市玄武区	采样地址11	复合调查样点	非密码平行样点	土壤理化性质3种、重金属8种总量及5种有效态和pH	
3200010006	6372712775582692615	农产品	江苏省南京市玄武区	采样地址6	农产品协同调查点位	非密码平行样点	土壤理化性质3种、重金属8种总量及5种有效态和pH	

图 9-14　样品制备单位任务分配页面

图 9-15 样品制备终端 App 操作页面

（3）流转送检业务模块

农用地土壤污染状况详查需要在相对较短的时间内，完成大批量土壤、农产品样品的检测。为强化样品检测质量评估与管理，有效推进样品流转送检工作，各省（区、市）专门成立农用地土壤污染状况详查专门机构“流转中心”。流转中心负责农用地土壤污染状况详查样品的流转送检业务，紧密连接样品制备环节。经制备后的样品统一送达指定流转中心，按照各类测试项目样品检测质控要求，流转中心人员新建样品送检样包，在送检样包中按照比例插入密码平行样和统一监控样后送检测实验室。

农用地土壤污染状况详查样品流转送检业务模块基于移动互联网、物联网终端、二维码和网络数据库等信息技术开发。流转送检业务模块由流转送检业务管理 Web 端和流转中心智能终端应用软件（以下简称“流转中心终端 App”）共同组成，流转送检业务管理 Web 端主要功能包括流转送检任务分配、流转送检任务调整、来样交接表单管理、来样收样批号查询、送检样包信息查询等功能。流转中心终端 App 主要功能包括样品信息查询、扫描样品标签二维码交接来样、按照测试项目和检测实验室新建流转送检样包（支持插入密码平行样和统一监控样）、扫描来样标签二维码关联样包，扫描样包标签二维码完成流转送检（至检测实验室）等功能。农用地土壤污染状况详查流转送检业务模块主要功能见图 9-16。

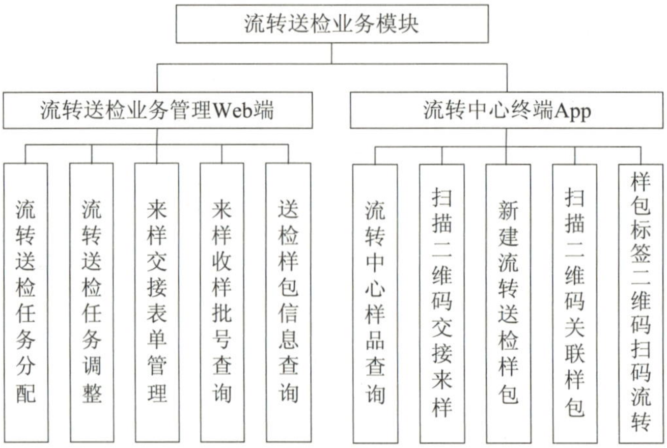

图 9-16 流转送检业务模块主要功能

流转送检任务分配页面和流转中心终端 App 操作页面分别见图 9-17 和图 9-18。

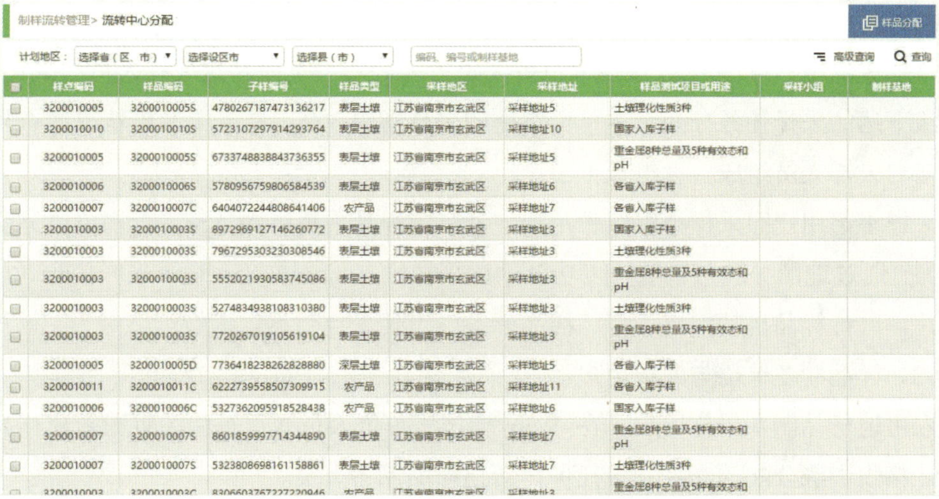

样点编码	样品编码	子样编号	样品类型	采样地区	采样地址	样品测试项目或用途	采样小组	制样基地
3200010005	3200010005S	4780267187473136217	表层土壤	江苏省南京市玄武区	采样地址5	土壤理化性质3种		
3200010010	3200010010S	5723107297914293764	表层土壤	江苏省南京市玄武区	采样地址10	国家入库子样		
3200010005	3200010005S	6733748838843736355	表层土壤	江苏省南京市玄武区	采样地址5	重金属8种总量及5种有效态和pH		
3200010006	3200010006S	5780956759806584539	表层土壤	江苏省南京市玄武区	采样地址6	各省入库子样		
3200010007	3200010007C	6404072244808641406	农产品	江苏省南京市玄武区	采样地址7	各省入库子样		
3200010003	3200010003S	8972969127146260772	表层土壤	江苏省南京市玄武区	采样地址3	国家入库子样		
3200010003	3200010003S	7967295303230308546	表层土壤	江苏省南京市玄武区	采样地址3	土壤理化性质3种		
3200010003	3200010003S	5552021930583745086	表层土壤	江苏省南京市玄武区	采样地址3	重金属8种总量及5种有效态和pH		
3200010003	3200010003S	5274834938108310380	表层土壤	江苏省南京市玄武区	采样地址3	土壤理化性质3种		
3200010003	3200010003S	7720267019105619104	表层土壤	江苏省南京市玄武区	采样地址3	重金属8种总量及5种有效态和pH		
3200010005	3200010005D	7736418238262828880	深层土壤	江苏省南京市玄武区	采样地址5	各省入库子样		
3200010011	3200010011C	6222739558507309915	农产品	江苏省南京市玄武区	采样地址11	各省入库子样		
3200010006	3200010006C	5327362095918528438	农产品	江苏省南京市玄武区	采样地址6	国家入库子样		
3200010007	3200010007S	8601859997714344890	表层土壤	江苏省南京市玄武区	采样地址7	重金属8种总量及5种有效态和pH		
3200010007	3200010007S	5323808698161158861	表层土壤	江苏省南京市玄武区	采样地址7	土壤理化性质3种		

图 9-17　流转送检任务分配页面

图 9-18　流转中心终端 App 操作页面

9.4.3　用户类型与业务操作

农用地土壤污染状况详查采样调查管理子系统主要用户类型包括省级管理部门用户、采样单位与采样小组用户、样品制备单位与人员用户、流转中心与流转送检人员用户。

（1）省级管理部门用户

省级管理部门用户可在 Web 端技术单位人员管理和调查任务派发等页面新建承担本省调查任务的技术单位，将样品采集、样品制备、样品流转送检等调查任务分配至承担任务的技术单位。

（2）采样单位与采样小组用户

采样单位用户可在 Web 端技术单位人员管理等相关页面新建采样人员和采样小组，将省级下达的采样任务分配至本单位组建的采样小组，农用地土壤污染状况详查采样小组由多名采样人员组成，设组长 1 名。

采样小组用户即采样小组组长用户，可登录样品采集终端 App，查询单位分配的采样任务，通过地图导航与精准找点功能到达采样位置，通过 App 记录采样信息、拍摄采样照片，进行样品自动编码，打印样品标签，上传采样数据。

（3）样品制备单位与人员用户

农用地样品制备单位用户可在 Web 端技术单位人员管理等相关页面新建样品制备基地，接收省级分配的样品制备任务，新建样品制备人员。

样品制备人员用户登录样品制备终端 App，查询和接收待制备样品，进行样品分装后打印样品标签，进行制备后样品的流转操作，在 Web 页面打印待制备样品交接单。

（4）流转中心与流转送检人员用户

流转中心用户可在 Web 端技术单位人员管理等相关页面新建流转中心人员，接收省级分配的样品建包流转送检任务。

流转送检人员登录流转中心终端 App，查询和接收待流转送检样品，按照测试项目类别与检测实验室新建样包，扫码建立待流转样品与样包关联关系，按照要求插入密码平行样和统一监控样，完成样品流转送检。

9.4.4 对采样调查的关键支撑作用

（1）实现调查任务精准派发

采样调查管理子系统根据导入的农用地土壤污染状况详查布点数据，可自动生成采样调查任务。采样调查管理子系统的样品采集业务模块、样品制备业务模块、流转送检业务模块，支持农用地土壤污染状况详查各环节调查任务精准派发与调整，保障农用地土壤污染状况详查各任务承担单位按照系统任务信息，有序推进调查工作。

（2）支撑采样信息实时上传

传统采样方式采用纸质文件记录采样信息，易发生文件丢失、字迹不清、采样信息报送滞后等问题。农用地土壤污染状况详查专门研发了样品采集终端 App，支撑采样信息的实时采集与上传。样品采集终端 App 根据农用地土壤污染状况详查采样技术文件要求设计开发，支持采样人员通过智能终端设备录入采样信息、拍摄采样工作照片，录入信息可在终端本地暂存，野外有移动互联网时实时上传至详查数据库。

（3）实现采样位置的智能管理

样品采集终端 App 结合智能终端配备的北斗卫星导航系统定位模块或全球定位系统模块，实时获取野外采样人员的位置信息，与计划采样点信息进行对比分析后，可精准捕捉实际采样位置与计划点位位置的偏移距离，并在采样提交时校核。当采样单位偏移超过 50 m 时，要求采样人员必须填写偏移理由，以实现对农用地土壤污染状况详查采样位置的智能管理。

（4）实现调查样品的有序流转交接

农用地土壤污染状况详查需在有限时间内完成大量样品的采集、制备和检测，样品数量大，研发的样品采集终端 App、样品制备终端 App、流转中心终端 App 支持调查各环节技术单位人员通过扫描样品标签二维码进行样品流转交接，从而确保样品从采样现场到制样基地，再到流转中心的有序流转与交接。

（5）支持制备后样品分装与加密编码

样品制备终端 App 支持按照选中的检测项目进行分样，生成各类污染物的检测样、省级入库样和国家入库样。根据样品分装情况，自动对生成的各类分装样品进行加密编码，实现了农用地土壤污染状况详查大批量土壤和农产品样品制备和分装过程的精准管理。

（6）支持质控样安插与样包流转送检

流转中心终端 App 实现对制备后待送检样品的分类建包，并对制备后的样品进行二次加密编码。按照质控技术规定要求，该环节要在样包中插入密码平行样和统一监控样，并自动核查样包内统一监控样的合规性，确保质控样安插符合样品检测质控要求。

9.5 样品检测管理子系统研发与应用

9.5.1 研发思路

农用地土壤污染状况详查样品检测工作包括实验室接收待检测样品、检测完成后报送检测数据、检测数据质量审核等关键环节。样品检测管理子系统集成了移动互联网、物联网终端和网络数据库等多项信息技术，研发了实验室收样检测模块、实验室基础数据管理模块、检测数据报送模块、数据质量质控审核模块等，有效支撑送检样品交接、规范检测数据报送和数据质量审核。

9.5.2 功能模块设计

（1）实验室收样检测模块

农用地土壤污染状况详查委托具备一定资质的专业机构承担土壤、农产品等样品检测任务。实验室收样检测业务紧密衔接流转中心送检业务，流转中心建立样包后，将待检测样品送往实验室，实验室与送检单位进行样品交接，获得样品分析测试项目信息，在完成样品检测后，按照统一要求报送检测数据、检测报告和质控报告等文件。

农用地土壤污染状况详查实验室收样检测业务模块基于移动互联网、物联网终端、二维码和网络数据库等信息技术开发。收样检测业务模块由收样检测业务管理 Web 端和样品测试智能终端应用软件（以下简称“样品测试终端 App”）共同组成。Web 端主要包括样品测试任务分配与调整、来样交接表单管理、来样收样批号查询、测试样品信息下载等功能。样品测试终端 App 主要包括测试样品信息查询、扫描样品标签二维码交接来样、扫描样品标签二维码查询样品信息（测试项目、有效保存时间等）、扫描样品标签二维码完成样品测试状态变更等功能。农用地土壤污染状况详查样品实验室收样检测业务模块主要功能见图 9-19。

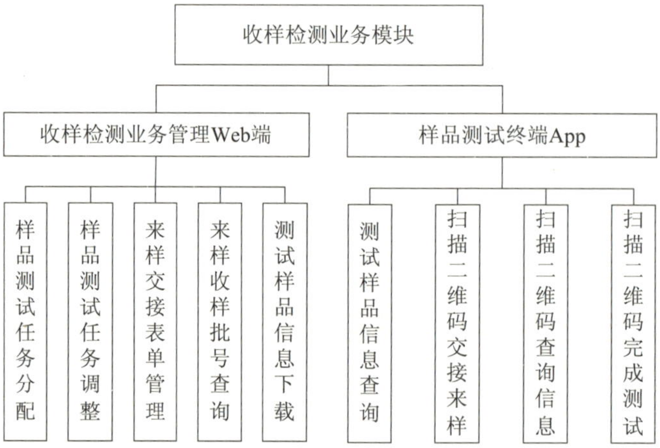

图 9-19 收样检测业务模块主要功能

收样检测业务管理 Web 端样品测试任务分配页面、样品交接表下载页面和样品测试终端 App 页面分别见图 9-20～图 9-22。

图 9-20　样品测试任务分配页面

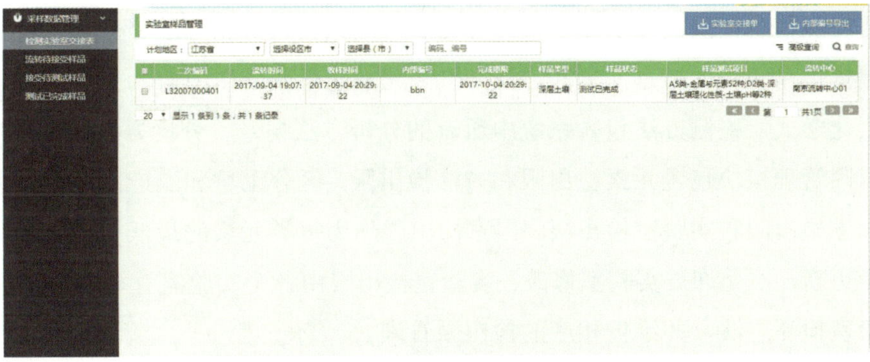

图 9-21　样品交接表下载页面

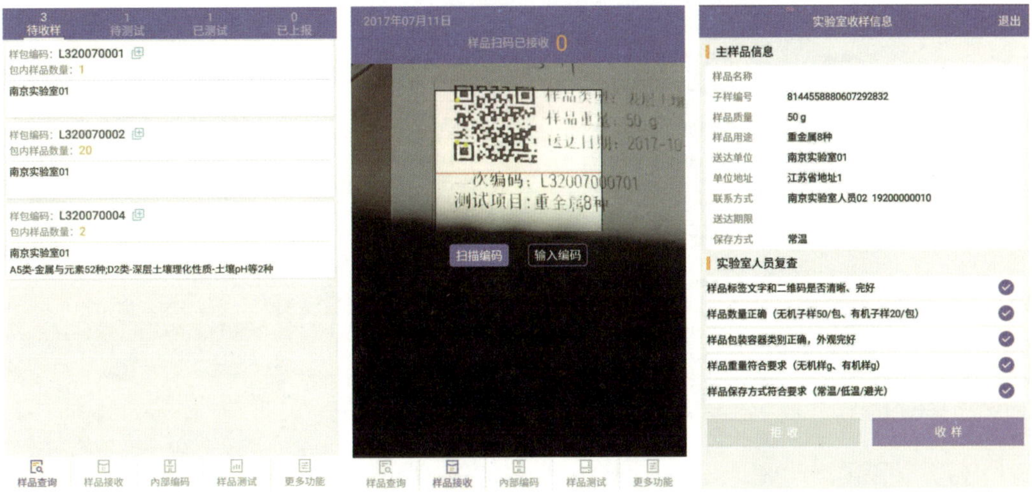

图 9-22　样品测试终端 App 页面

（2）实验室基础数据管理模块

实验室基础数据管理模块是为了确保承担任务的实验室具备相应的行业资质和任务承担能力，针对检测实验室基础信息、检测人员、仪器设备、项目检测能力进行全方位登记备案管理。

实验室基础信息管理包括基础信息、检测人员信息、仪器设备信息、项目检测信息和检出限管理等模块，支持相关内容的录入与管理。

基础信息模块收集实验室声明、实验室组织结构图、CMA 认证、中国合格评定国家认可委员会（CNAS）认证和实验室资质等信息。

检测人员信息模块收集检测人员、审核人员、岗位职责和专业技能等信息。

仪器设备信息模块收集型号、编号、生产厂家、主要技术指标、检定/校准时间、检定/校准有效期等信息。

项目检测信息模块收集实验室检测能力、检测元素、检测方法等信息。检测元素与方法管理提供系统中的所有元素和方法，检测元素包含系统中所有的元素编号、元素名称和元素化学式。检测方法包含系统中所有的分析方法编号、分析方法名称。

检出限管理模块包含元素检出限和方法检出限，区分土壤和农产品两大类型，并分别设置国家检出限和实验室检出限。国家检出限作为每类元素的最低检出要求，由国家系统同步更新，不允许被实验室修改；实验室检出限由各个实验室针对各个元素单独设定本实验室检测方法，并维护相应的检出限管理。

检测实验室基础信息、检测实验室认证信息、检测实验室人员、检测实验室仪器设备和检测实验室分析方法填报页面见图 9-23～图 9-27。

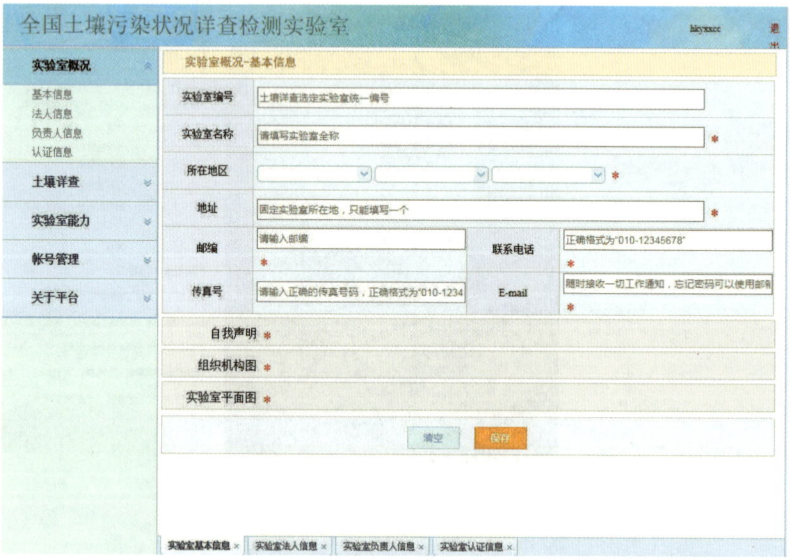

图 9-23　检测实验室基础信息填报页面

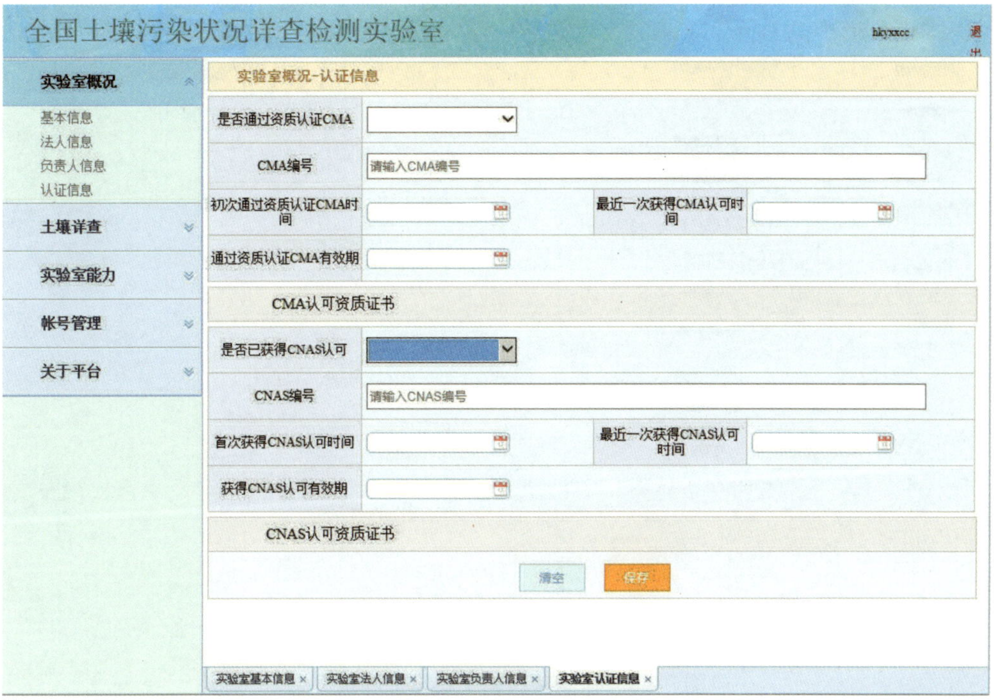

图 9-24　检测实验室认证信息填报页面

图 9-25　检测实验室人员填报页面

图 9-26 检测实验室仪器设备填报页面

图 9-27 检测实验室分析方法填报页面

（3）检测数据报送模块

检测数据报送模块是通过统一检测结果录入模板，智能预警漏报、错报数据，开展实验室内部复核，在数据传输过程中加密上报数据，开展质控对标评价，以提高检测实验室检测结果录入效率，确保数据录入质量，维护数据安全，做好数据质控审核。

检测数据报送模块实现样品管理、检测项目管理、数据质控管理，完成样品制备、分析、质控、录入、入库等实验室内部的全流程工作。样品在检测实验室完成检测任务后，通过统一模板填报检测结果，上传检测报告和内部质控报告，通过系统质控校验规则后，由实验室人员加密导出，送至省级质控实验室，统一进行数据报送。

检测结果填报、样包导出操作页面分别见图 9-28 和图 9-29。

图 9-28　检测结果填报页面

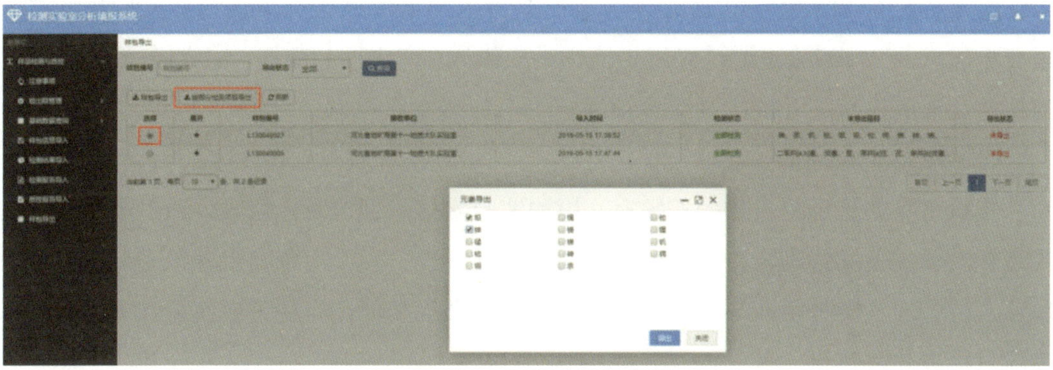

图 9-29　样包导出操作页面

（4）数据质量质控审核模块

数据质量质控审核模块根据系统内置的平行样比对算法模型，针对实验室批量报送的测试数据，自动监控分析比对结果，针对密码平行样和统一监控样比对结果，智能提示质控实验室综合评定样品检测结果是否异常，并针对异常数据启动复核、复检工作，若确认样品异常，则进行重采、重测，重新上报数据，并全程留痕。

9.5.3 用户类型与业务操作

农用地土壤污染状况详查样品检测管理子系统主要用户类型包括省级管理部门用户、检测实验室用户和实验室人员用户。

（1）省级管理部门用户

省级管理部门用户可在Web端收样检测业务管理相关页面将样品测试任务分配至承担任务的检测实验室，一般检测样测试任务分配至检测实验室，实验室间密码平行样测试任务分配给质控实验室。

（2）检测实验室用户

检测实验室用户可在Web端技术单位人员管理相关页面新建实验室人员。

（3）实验室人员用户

实验室人员可在Web端收样检测业务管理相关页面查询和下载待测试样品信息，在实验室完成样品测试后，按照统一要求完成检测数据文件、检测报告和内部质控报告的编制与上传，并按照外部数据质量审核反馈意见，完成样品检测问题整改。

9.5.4 对样品检测的关键支撑作用

（1）保障样品交接有序开展

研发的样品测试终端软件充分考虑了农用地土壤污染状况详查检测实验室收样管理业务需求，支持实验室通过终端扫描样品二维码，完成样品交接，生成样品交接表单，支持检测实验室有序开展样品交接管理。

（2）规范实验室备案管理

实验室备案管理提供质控实验室、检测实验室信息规范录入管理，通过材料审核方式进行实验室备案管理，并支持实验室动态增补管理。实验室备案管理包含基础信息管理、人员管理、检测元素与方法管理和检出限管理等功能，实现了备案全流程跟踪，备案信息标准化、信息化管理。

（3）实现检测数据批量报送与数据质量智能预警

检测数据报送模块支持按照数据报送要求批量报送检测数据，实现数据加密传输，模块内置密码平行样、统一监控样和实验室内部质控样比对分析，完成对样品检测数据上报流程和结果智能预警。模块对异常子样、平行样和监控样进行明显提示，方便省级质控人员精确查询异常信息，确保检测数据的准确性与完整性。

9.6 数据分析评价管理子系统研发与应用

9.6.1 研发思路

数据分析评价管理子系统集成研发了详查成果数据库建设、检测数据统计分析、检测数据对标评价模块等业务，用于支撑成果集成阶段农用地详查表层土壤、深层土壤农产品检测数据的统计分析和对标评价。

9.6.2 功能模块设计

9.6.2.1 详查成果数据库建设

详查成果数据库整合农用地土壤污染状况详查各个阶段产生的数据成果，以详查点位数据为核心，统筹布点、采样、分析测试、质控等数据，实现数据处理、分析、评价成图等工作。

详查成果数据库结合已有历史数据、污染源数据、自然地理背景数据、农用地土地斑块以及其他辅助数据，实现详查点位评价、详查单元优化、评价单元确定，通过数据统计和空间分析功能，实现详查成果数据（一套表、一张图、一个库）的管理工作。

9.6.2.2 检测数据统计分析模块

检测数据统计分析模块主要针对表层土壤调查数据、深层土壤调查数据、累积程度、环境质量初步评价、农产品安全程度等五个维度开展统计信息。

（1）表层土壤调查数据

主要针对表层土壤 8 种重金属、pH 值、多环芳烃、重金属元素可提取态、石油烃（C_{10}～C_{40}）、氟化物、特征污染物及其他理化性质，以及省定特征污染物等信息进行统计。

（2）深层土壤调查数据

主要对深层土壤中 52 项无机物含量进行统计，并且支持跨区域、跨项目组合统计。

（3）累积程度

主要针对深层土壤点位、根据表层土壤中污染物含量与深层土壤中污染物含量的比值，进行土壤点位单项污染物累积性分析。

（4）环境质量初步评价

主要针对表层土壤 5 项元素综合评价，表层土壤铜、锌、镍综合评价，表层土壤有机 3 项综合评价，无机污染物风险筛选等进行统计分析。

（5）农产品安全程度

主要针对农产品协同调查点位和复合调查点位的表层土壤 8 种重金属含量、污染物超标情况、土壤重金属综合超标与农产品超标情况、土壤重金属元素可提取态、镉与农产品相关性等进行统计分析。

9.6.2.3 检测数据对标评价模块

检测数据对标评价模块通过应用系统内置模型，对表层土壤、深层土壤、农产品等 3 类详查数据，完成数理统计分析、数据离散程度分析、数据分布特征等数据清洗工作，实现最终对标评价。

数据清洗与对标评价功能主要包括以下几点：

1）数据清洗工作通过集成各省农用地“二调”更新数据、河流水系数据、详查基础数据（详查点位、详查单元、重点行业企业数据）和各省农用地土壤污染状况详查成果数据，结合历史调查数据，完成数据合理性排查、数据范围排查和数据异常值排查，开展数理统计分析、数据离散程度分析、数据分布特征分析，完成数据准备工作。

2）检测数据对标评价模块包含环境质量初步评价、农产品安全性评价、土壤累积性评价、多因子综合评价。

①环境质量初步评价主要针对表层土壤必测项目，根据相关技术规定进行比对评价，根据评价结果在空间上进行展示。

②农产品安全性评价主要针对水稻和小麦，根据相关技术规定进行比对评价，根据评价结果在空间上进行展示。

③土壤累积性评价通过比对农用地表层土壤中污染物含量和同一点位深层土壤中污染物含量，或单个区域表层土壤污染物含量水平和历史上同区域表层土壤污染物含量水平，评判表层土壤中污染物累积程度。

④多因子综合评价主要区分为 5 项因子、8 项因子、11 项因子三大类，通过提取多项因子中的最大评价值作为综合评价值，并将最大评价值对应的元素作为综合评价首要污染物。其中，5 项因子主要指镉、汞、砷、铅、铬，8 项因子主要指镉、汞、砷、铅、铬、铜、锌、镍，11 项因子主要指镉、汞、砷、铅、铬、铜、锌、镍、苯并[*a*]芘、六六六、滴滴涕。

9.6.3　用户类型与业务操作

（1）省级管理部门用户

可在 Web 端检测数据统计分析、对标评价相关页面，查询本省（区、市）农用地详查数据库数据成果；查询农用地详查土壤、农产品等检测数据统计结果，查询各类样品检测数据对标评价结果。

（2）国家管理部门

可在 Web 端检测数据统计分析、对标评价相关页面，查询全国农用地详查成果数据及其统计分析、对标评价结果，查询调查数据空间表征图件。

9.6.4　对数据分析评价的关键支撑作用

（1）规范样品检测数据分析评价

样品检测数据统计以样包、样点和单元分为不同统计口径，通过实验室上报检测数据情况，实现不同维度统计分析，并对样品检测结果采用单因子和综合因子分析方法，在空间位置上展示样点各项检测值的评价结果。

（2）优化数据分析结果图表展示

系统具有不同区域、不同类型样品详查数据统计和空间图形整饰功能，支持展示详查点位不同样品、不同检测指标评价结果的地图。

参考文献

[1] 郭书海，吴波，张玲妍，等. 土壤环境大数据：构建与应用[J]. 中国科学院院刊，2017，32（2）：202-208.

[2] 生态环境部南京环境科学研究所. 农用地土壤污染状况详查手持终端与信息管理系统用户手册-省级详查工作机构[Z]. 2018.

[3] 生态环境部南京环境科学研究所. 农用地土壤污染状况详查手持终端与信息管理系统用户手册-采样单位与采样小组[Z]. 2018.

[4] 生态环境部南京环境科学研究所. 农用地土壤污染状况详查手持终端与信息管理系统用户手册-检测实验室与工作人员[Z]. 2018.

[5] 生态环境部南京环境科学研究所. 农用地土壤污染状况详查手持终端与信息管理系统用户手册-质控单位与质控小组[Z]. 2018.

第 10 章　总结与展望

农用地土壤污染状况详查是国内首次由生态环境部（原环境保护部）、自然资源部（原国土资源部）、农业农村部（原农业部）共同组织开展的大规模、综合性调查工作。按照《土壤污染防治行动计划》和《全国土壤污染状况详查总体方案》的要求，历时两年，如期高质量圆满完成了农用地土壤污染状况详查目标和任务，取得了显著的生态效益、社会效益和经济效益。

10.1　主要成果和经验

10.1.1　主要成果

农用地土壤污染状况详查取得了四个方面的主要成果。

一是基本摸清全国农用地土壤污染面积、分布及对主要农产品质量的影响。

二是边查边用，有力支撑了耕地土壤环境质量类别划定和受污染耕地安全利用，农用地土壤污染状况详查数据已实现部门共享。

三是形成了一整套覆盖调查全过程的技术体系、方法和组织管理模式，为今后开展全国土壤污染状况普查等工作积累了宝贵经验。

四是为我国土壤生态环境保护事业锤炼了一支专业强、本领硬、意志坚、敢担当的专业队伍。

10.1.2　主要经验

农用地土壤污染状况详查是目前国内外开展的覆盖面最广、系统性最强、工作量最大、质量管理最严、工作程度最深、部门合作最好的土壤环境调查工作之一，是一项多部门强强联合、团结协作并取得高质量成果的典范工程。通过农用地土壤污染状况详查工作实践，探索形成了一整套覆盖农用地调查全过程的技术体系与方法、组织管理模式，为今后开展同类调查工作积累了宝贵经验。回顾农用地土壤污染状况详查工作，有六条经验值得总结。

一是高度重视，形成合力。各部委切实加强土壤详查工作组织领导，共享已有调查数据和信息资源，充分发挥部门专业优势，让专业的队伍干专业的事。

二是系统设计，科技支撑。加强顶层设计，科学合理制定详查技术路线，实现调查方案、实验室筛选、评价标准、质量控制、调查时限“五统一”。充分利用地理信息系统、物联网终端和遥感等先进技术手段，提升工作效率。

三是统一规范，强化质控。质量是详查工作的生命线。组织上，建立起“国家—省—市”任务承担单位三级质量管理体系，国家加强对地方的技术指导和监督检查；技术上，借助密码平行样、统一监控样严格控制各环节内、外部质量；手段上，利用数字影像监控、信息化管理平台实现信息化质控。

四是强化调度，帮扶指导。建立重大事项请示报告，定期会商，周调度、月评估等制度，及时评估工作进展和工作质量；充分利用质量管理周报、答疑解惑、专业纠偏等方式和手段，分省施策，开展有针对性的行政指导与技术帮扶。

五是试点先行，平稳推进。针对详查关键技术环节，经过专家充分论证，开展试点，取得经验后，通过集中培训和实操训练等方式推广，确保工作有序推进。

六是敢于担当、无私奉献。土壤详查队伍来自生态环境、自然资源、地质调查、农业农村、质检海关等部门及广大社会技术服务机构。大家顾全大局、团结协作、勇于创新、无私奉献，向党中央、国务院和全国人民交上了一份满意的答卷，为详查留下了最为宝贵的精神财富。

10.2　主要技术创新与突破

10.2.1　农用地土壤污染状况详查技术体系构建

农用地土壤污染状况详查首次由生态环境部、自然资源部、农业农村部三部委共同组织实施，在充分总结和吸取各自技术方法的优点和实践经验的基础上，形成了一整套覆盖农用地土壤污染状况详查全过程的调查技术体系，由以下六个部分组成。

（1）点位布设方法体系

包括详查范围确定方法、详查单元划分方法、点位布设方法、点位核实方法。

（2）采样调查方法体系

包括土壤样品采集方法、土壤样品制备方法、农产品样品采集方法、农产品样品制备方法、样品保存方法、样品流转方法。

（3）分析测试方法体系

包括土壤样品前处理技术、土壤重金属分析测试方法、土壤重金属可提取态分析测试方法、土壤有机物分析测试方法、农产品样品前处理方法、农产品重金属分析测试方法。

（4）综合评价方法体系

包括表层土壤质量类别判定方法、土壤重金属活性评价方法、土壤重金属累积性评价方法、农产品质量安全评价方法、评价单元划分方法、土壤环境质量类别面积确定方法。

（5）成果集成方法体系

包括调查数据入库审核技术、调查数据统计方法、评价结果综合分析方法、多源数据专题分析方法、成果图件编制与制作方法。

（6）农用地土壤污染状况详查信息技术体系

开发了适用于农用地土壤污染状况详查全过程各环节手持智能终端和信息管理系统，实现了各环节信息采集、保存、打印、上报等功能一体化，确保了数据信息准确、安全、有效，减轻了人工操作工作强度，提高了调查工作效率。

10.2.2 详查范围、单元划分、点位布设方法突破

（1）采用了高分辨率遥感影像分析及地理信息系统等技术

基于我国自主生产的高分辨率遥感影像数据，开发了适用于农用地土壤污染状况详查的土壤重点污染源核查系统，实现了土壤污染源信息空间分析和准确定位，提高了多源数据信息共享。

（2）采用了多源数据融合分析方法

农用地土壤污染状况详查首次整合了不同部门以往的全国或区域性土壤环境调查数据等大量资料和信息，通过规范统一数据属性、评价方法和污染源影响程度等，融合不同时期、不同地区、不同部门的多源调查数据，最终分析确定农用地土壤污染状况详查范围。

（3）采用了详查单元划分和差异化布点方法

传统的网格布点方法仅能得出点位超标率，无法合理测算农用地土壤污染面积。基于土壤污染特征的相同或相似性，综合考虑土壤污染路径或影响因素，按地形地貌、污染影响特征、灌区分布等信息，结合矿山、尾矿库或固体废物堆存、洪水泛滥淹没等因

素，在详查范围内划分污染成因、特征相对一致的详查单元，利用地理空间分析技术，通过遥感影像、实地踏勘等方式，合理确定详查单元边界。在详查范围内，综合考核农用地分布特征、可能受污染程度等要素，采用不同的调查精度差异化布设点位，解决“怎么查”的问题。

10.2.3 样品采集、制备、保存、流转方法突破

（1）采用了快速、精准、高效样品采集技术

为了解决土壤样品采集和制备质量和进度管理难题，农用地土壤污染状况详查结合新技术发展，增加 GPS、智能终端、视频监控等技术手段，在样品采集、制备、保存和流转工作中广泛应用。土壤样品采集人员在现场采用采样智能终端软件接收采样任务指令，进行导航、定位操作。定位识别技术确保了采样人员必须到达预设样点位置才能完成采样，实现了对调查点位偏移的高效、精准管理（点位偏移控制在 50 m 以内）。制备中心配备视频监控设备，可实时监控和随时调取历史监控画面，确保可对样品制备质量进行全程监管。样品自动加密编码转码技术，实现了全链条样品回溯机制，确保全程留痕。

（2）采用了土壤与农产品协同采样方法

农用地土壤污染状况详查时间紧、任务重，各地气候环境条件、农产品成熟季节不同，采样工作统筹难。国家层面明确要求各地区制订采样计划，统一调度掌握各地调查进展。各地区根据采样量、制样量和农产品收获季节，统筹规划辖区内采样工作任务，实现协同调查同点、同时、同步采样。

依据日采样能力和流转中心流转送检能力，统筹规划，合理制订农用地土壤污染状况详查样品采集与送检计划。样品采集与送检计划包括：合理划分采样任务片区、采样任务分配、安排采样时间先后次序、样品采集、制备、流转送检及保存注意事项等。科学制订采样计划，确保了农用地土壤污染状况详查及时、高效完成调查任务。

（3）采用了集中式、专业化样品采集制备方法

农用地土壤污染状况详查样品采集由专业人员组成的采样小组完成。重视和通过多种方式开展技术培训，建设农用地土壤污染状况详查技术人员队伍。国家和各地区负责对样品采集、制备、保存和流转技术人员和管理人员进行培训，各地区分别制订参加国家级培训的方案以及组织本辖区培训的工作方案，明确培训次数、培训人数、培训内容和培训时间安排等。

根据各地实际需求，各省（区、市）建设专用的样品制备基地，集中开展土壤样品的制备工作，保障土壤样品制备操作的规范性和流程的统一性，有效提高样品制备效率，保障了样品制备工作质量。各地区在制样基地的建设、运行、人员队伍建设、工作机制

建立方面涌现出诸多特色鲜明的典型案例，对于规模化制样工作的组织实施，具有重要的借鉴意义。

各省（区、市）建立样品制备技术规范，严格规范技术要求，推动了各地配备大量专业化样品制备设备设施，提高了土壤样品制备效率。同时，通过开展样品制备技术培训，提标样品制备质控措施和监督检查力度。提升人员能力，配备先进设备设施，提升了我国土壤样品制备专业化技术能力和水平。

（4）运用了大通量、集中式样品流转模式

为了满足大规模样品集中流转的需要，各地组建了省级或地市级农用地土壤污染状况详查样品流转中心，负责该区域土壤和农产品样品流转送检工作，有效保障了样品流转的及时性。流转中心在样品管理、质量控制方面起着非常关键的作用。在农用地土壤污染状况详查工作中，流转中心除负责样品接收、流转及质量控制外，还承担样品采集及送样计划跟踪、样品制备进度跟踪及制样调度、检测任务分配及检测进度跟踪等任务，作为采样、制样、实验室检测三个关键环节的指挥调度中枢，对于确保按计划、高质量、高效率完成调查任务发挥了重要作用。

（5）采用了严格的样品保存方法

通过详细规范样品流转与保存的时间要求、温度要求和包装要求等操作细节，制定细化、完善的样品流转与保存质量控制措施，实现了样品在流转与保存过程中环境条件的严格控制，最大限度保留土壤样品和农产品样品的原样特性，保证样品代表性和数据准确性。

（6）创建了大通量样品流转送检高效运行机制

各地根据农用地土壤污染状况详查工作需要，组建了样品流转中心。流转中心日收样能力通常可达 3 000 份检测样，日流转能力可达近 1 000 份检测样。通过实践，建立了样品交接、建包送检技术路线和工作流程，明确了工作岗位职责，构建了大通量样品流转送检的高效工作机制。

10.2.4 运用最佳可行样品分析测试技术和方法

针对农用地土壤污染状况详查测试任务重、测试项目复杂和质量控制要求高等特点，基于我国现阶段土壤环境分析测试实验室整体技术装备水平，结合现代分析测试技术发展方向和方法标准化成果，完善建立了准确度好、工作效率高、环境友好、多种污染物同时检测的分析测试方法体系，满足了农用地土壤污染状况详查大批量样品测试的工作需求。

10.2.5 运用基于风险的土壤污染评估方法

依据我国新发布的农用地土壤污染风险管控标准，结合土壤重金属累积性评价、土壤重金属活性评价、农产品超标评价，创新建立了“多要素、多维度”农用地土壤污染风险评价方法，提高了评价结果的科学性和合理性，有效支撑了农用地土壤环境质量类别的划分。

10.3 存在的不足与未来展望

农用地土壤污染状况详查是一项边探索、边实践、边总结的系统性调查工程。无论从组织管理、工作推进，还是从技术方法运用等方面，仍有许多不足之处，希望今后在理论和实践两个方面继续改进、完善和提高。

10.3.1 存在的不足

（1）农用地调查技术体系有待进一步完善

农用地土壤污染状况详查是在特殊时期开展的一次组织方式和管理模式高度集中的全国性大调查，农用地土壤污染状况详查形成的调查技术体系仍有其局限性。针对不同组织方式和管理模式的土壤调查，农用地土壤污染状况详查技术体系仍需继续完善，以提高其普适性。

（2）农用地调查方法标准化水平有待进一步提升

农用地土壤污染状况详查中的大部分技术和方法仍处于探索试用阶段。本次详查需要全面总结和客观评价农用地土壤污染状况详查中各种方法的应用效果，找出关键技术难点，提出解决方案，不断优化方法原理、技术要求和操作规范，推进提高调查工作的标准化水平。

（3）农用地调查前期技术准备有待进一步加强

农用地土壤污染状况详查属于全国或区域性土壤环境调查，是一项系统性强、工作量庞大的工程项目，根据调查工作目标和任务，对调查技术路线和方法有更高的要求，需要做好前期各项技术准备工作，针对技术难点和“瓶颈”问题，提前开展相应研究和验证工作。

10.3.2 未来展望

从农用地土壤污染状况详查实践来看，用两年时间圆满完成了通常需要 5 年或更长时间才能完成的全国性土壤环境调查，挑战了不可能，除了组织方式、工作模式与机制进行了创新外，先进技术和科技手段的支撑是最重要的因素。

从未来科技发展水平来看，全国或区域性的土壤环境调查技术和方法发展趋势，必然朝着数字化、信息化、自动化、标准化、智能化、智慧化方向发展。不断运用先进的调查技术和方法，如大数据技术、云计算技术、三维可视化技术等，可大大提升农用地调查从数字化、信息化数据采集，自动化实时监测监控，标准化数据传送，智能化数据处理与评价，智慧化成果表达等一体化水平，实现动态表征和展示，增强调查工作科学化、精准化、精细化效能。